高等学校电子信息类系列教材

专用集成电路设计基础教程

来新泉　主编

王松林　李先锐　刘鸿雁　曹玉　编著

U0378972

西安电子科技大学出版社

内 容 简 介

　　本书循序渐进地介绍了集成电路的基本知识和设计方法。全书共分8章，主要包括专用集成电路概述、集成电路的基本制造工艺及版图设计、器件的物理基础及其SPICE模型、数字集成电路设计技术、模拟集成电路设计技术、专用集成电路设计方法、专用集成电路测试与可测性设计以及专用集成电路计算机辅助设计简介等内容。

　　本书可作为高等院校通信工程、电子信息工程、电子科学与技术、测控技术与仪器、计算机技术以及自动化等专业高年级本科生或研究生的教材，也可供有关科技人员参考。

　　本书若与西安电子科技大学出版社同时出版的《专用集成电路设计实践》一书配套使用，效果更好。

　　★本书配有电子教案，需要者可登录出版社网站，免费下载。

图书在版编目(CIP)数据

专用集成电路设计基础教程/来新泉主编．
—西安：西安电子科技大学出版社，2008.10(2025.2重印)
ISBN 978 - 7 - 5606 - 2088 - 6

Ⅰ．专… Ⅱ．来… Ⅲ．集成电路—电路设计—高等学校—教材 Ⅳ．TN402

中国版本图书馆 CIP 数据核字(2008)第 111054 号

责任编辑　阎　彬　云立实　李惠萍
出版发行　西安电子科技大学出版社(西安市太白南路 2 号)
电　　话　(029)88202421　88201467　　　邮　编　710071
http://www.xduph.com　　　E-mail：xdupfxb001@163.com
经　　销　新华书店
印刷单位　西安日报社印务中心
版　　次　2008 年 10 月第 1 版　2025 年 2 月第 5 次印刷
开　　本　787 毫米×1092 毫米　1/16　印张 14.25
字　　数　335 千字
定　　价　36.00 元
ISBN 978 - 7 - 5606 - 2088 - 6

XDUP 2380001 - 5

＊＊＊如有印装问题可调换＊＊＊

前　　言

自 1958 年美国 TI 公司试制成功第一块集成电路(Integrated Circuit，IC)以来，IC 技术的发展速度令人瞠目。IC 的生产已经发展成为新兴的支柱产业，并且继续保持着迅猛发展的势头。随着 IC 技术的飞速发展，系统、电路、器件之间的界限正在逐渐消失。不管是工业界还是学术界，自行设计 IC 已成为电子信息领域的一个方向。

IC 行业已经形成芯片设计、制造、封装三业并起的局面，IC 设计业逐渐成为一个新兴的、独立的高技术产业。目前以 Fabless(无生产线)公司与 Foundry(芯片代工)厂商合作形成的 F/F 模式将会扩大半导体市场领域，推动集成电路技术的发展。

对集成电路设计工程师来说，现在虽然不需要去关心具体的集成电路工艺制造细节，但了解不同工艺的基本步骤、不同器件的特点和基本电路形式还是非常必要的。

本书以电子系统设计者的角度介绍集成电路设计所必需的基本知识和设计方法，涉及集成电路的基本制造工艺及版图设计、器件的模型、数字和模拟集成电路设计方法、集成电路测试与可测性设计以及集成电路计算机辅助设计等方面的内容。

学习本书时，必须结合具体工程设计实例进行大量实践，才能掌握集成电路设计的一些基本知识，领悟集成电路的设计方法和技巧，将自己的理念实现在芯片中。这里推荐使用由西安电子科技大学出版社同时出版的《专用集成电路设计实践》一书来进行实践。

集成电路设计毕竟是相当复杂的技术，涉及电子学、数字逻辑电路设计、程序设计语言、计算机图形学等，需要多门课程的广泛知识。本书主要是为电子信息类专业高年级学生或研究生编写的。读者学习前应该掌握电子学、数字电路、计算机语言等方面的知识。

来新泉教授规划了本书的基本架构和主要内容。来新泉教授、王松林教授、李先锐、刘鸿雁、曹玉等参与了全书的编写。叶强、袁冰、陈富吉、李演明、韩敏、韩艳丽、徐自有、王惠、刘斌、曲玲玲、路璐、张伟、罗鹏、张震等参与了书稿的录入、绘图和校对工作。

限于编者水平，书中难免有疏漏之处，敬请读者批评赐教。来信请寄西安电子科技大学电路 CAD 研究所 376 信箱(邮编 710071)，或通过以下邮箱或网址联系：

来新泉　E-mail：xqlai@mail. xidian. edu. cn
王松林　E-mail：slwang@mail. xidian. edu. cn

编　者

2008 年 9 月

目 录

第1章 专用集成电路概述 ………………………………………………… 1

1.1 集成电路的发展 ……………………………………………………… 1

1.2 集成电路的分类 ……………………………………………………… 2

1.2.1 按集成规模分类 ………………………………………………… 2

1.2.2 按制作工艺分类 ………………………………………………… 3

1.2.3 按生产形式(按适用性)分类 …………………………………… 4

1.2.4 按设计风格分类 ………………………………………………… 4

1.2.5 按用途分类 ……………………………………………………… 5

1.3 ASIC 及其发展趋势 ………………………………………………… 5

1.4 专用集成电路设计流程 ……………………………………………… 6

第2章 集成电路的基本制造工艺及版图设计 …………………………… 11

2.1 集成电路的基本制造工艺 …………………………………………… 12

2.1.1 双极工艺 ………………………………………………………… 14

2.1.2 CMOS 工艺 ……………………………………………………… 18

2.1.3 BiCMOS 工艺 …………………………………………………… 23

2.2 集成电路的封装工艺 ………………………………………………… 26

2.2.1 集成电路的封装类型 …………………………………………… 26

2.2.2 集成电路封装工艺流程 ………………………………………… 27

2.2.3 封装材料 ………………………………………………………… 28

2.2.4 互连级别 ………………………………………………………… 28

2.2.5 在封装中对于热学方面问题的考虑 …………………………… 29

2.3 集成电路版图设计 …………………………………………………… 30

2.3.1 版图概述 ………………………………………………………… 30

2.3.2 版图设计规则 …………………………………………………… 30

2.3.3 版图检查与验证 ………………………………………………… 34

2.3.4 IC 版图格式 ……………………………………………………… 36

第3章 器件的物理基础及其 SPICE 模型 ……………………………… 39

3.1 PN 结 ………………………………………………………………… 39

3.1.1 PN 结的形成 …………………………………………………… 39

3.1.2 PN 结的理想伏安特性 ………………………………………… 40

3.1.3 PN 结的单向导电性 …………………………………………… 40

3.2 有源器件 ……………………………………………………………… 42

3.2.1 双极型晶体管及其 SPICE 模型 ……………………………… 42

3.2.2 MOS 晶体管及其 SPICE 模型 ………………………………… 48

3.3 无源器件 ……………………………………………………………… 53

3.3.1 电阻及其 SPICE 模型 ………………………………………… 53

  3.3.2 电容及其 SPICE 模型 ……………………………………………… 58

  3.3.3 集成二极管及其 SPICE 模型 …………………………………… 60

 3.4 模型参数提取 …………………………………………………………… 62

第 4 章 数字集成电路设计技术 ……………………………………………… 64

 4.1 MOS 开关及 CMOS 传输门 …………………………………………… 64

  4.1.1 MOS 开关 …………………………………………………………… 64

  4.1.2 CMOS 传输门 …………………………………………………… 66

 4.2 CMOS 反相器 …………………………………………………………… 67

  4.2.1 CMOS 反相器的工作原理 ……………………………………… 68

  4.2.2 CMOS 反相器的直流传输特性 ………………………………… 69

  4.2.3 CMOS 反相器的静态特性 ……………………………………… 71

  4.2.4 CMOS 反相器的动态特性 ……………………………………… 74

  4.2.5 CMOS 反相器的功耗和速度 …………………………………… 76

  4.2.6 BiCMOS 反相器 ………………………………………………… 78

 4.3 CMOS 组合逻辑 ………………………………………………………… 79

  4.3.1 CMOS 与非门 …………………………………………………… 79

  4.3.2 CMOS 或非门 …………………………………………………… 82

  4.3.3 CMOS 与或非门 ………………………………………………… 84

  4.3.4 CMOS 组合逻辑门电路设计方法 ……………………………… 85

 4.4 触发器 …………………………………………………………………… 87

  4.4.1 RS 触发器 ………………………………………………………… 87

  4.4.2 D 触发器 …………………………………………………………… 89

  4.4.3 施密特触发器 …………………………………………………… 92

 4.5 存储器 …………………………………………………………………… 95

  4.5.1 随机存取存储器(RAM) ………………………………………… 95

  4.5.2 只读存储器(ROM) ……………………………………………… 100

第 5 章 模拟集成电路设计技术 ……………………………………………… 103

 5.1 电流源 …………………………………………………………………… 103

  5.1.1 双极型电流源电路 ……………………………………………… 103

  5.1.2 MOS 电流源 ……………………………………………………… 108

 5.2 差分放大器 ……………………………………………………………… 110

  5.2.1 双极 IC 中的放大电路 ………………………………………… 111

  5.2.2 CMOS 差动放大器 ……………………………………………… 116

 5.3 集成运算放大器电路 …………………………………………………… 128

  5.3.1 双极集成运算放大器 …………………………………………… 128

  5.3.2 CMOS 集成运算放大器 ………………………………………… 132

  5.3.3 集成运算放大器的主要性能指标 ……………………………… 136

 5.4 比较器 …………………………………………………………………… 137

  5.4.1 比较器的基本特性 ……………………………………………… 138

  5.4.2 两级开环比较器 ………………………………………………… 141

  5.4.3 其他开环比较器 ………………………………………………… 145

  5.4.4 开环比较器性能的改进 ………………………………………… 147

 5.5 带隙基准 ………………………………………………………………… 154

    5.5.1 基本原理分析 ·· 154

    5.5.2 实际电路分析 ·· 156

  5.6 振荡器 ··· 157

    5.6.1 概述 ·· 157

    5.6.2 环形振荡器 ··· 158

    5.6.3 压控振荡器(VCO) ·· 159

第 6 章　专用集成电路设计方法 ··· 162

  6.1 全定制设计方法(Full - Custom Design Approach) ························ 162

  6.2 半定制设计方法(Semi - Custom Design Approach) ······················ 163

    6.2.1 标准单元设计方法 ··· 163

    6.2.2 门阵列设计方法 ·· 166

    6.2.3 标准单元法与门阵列法的比较 ·· 169

    6.2.4 设计实例 ·· 171

  6.3 可编程逻辑器件(PLD)设计方法 ··· 174

    6.3.1 概述 ·· 174

    6.3.2 PLD 的结构与分类 ··· 174

    6.3.3 宏单元设计方法 ·· 177

    6.3.4 设计流程 ·· 178

  6.4 现场可编程门阵列(FPGA)设计方法 ··· 179

    6.4.1 现场可编程门阵列(FPGA)的基本组成 ······································· 179

    6.4.2 现场可编程门阵列(FPGA)的优点及设计过程 ······························· 180

  6.5 不同设计方法的比较 ·· 180

第 7 章　专用集成电路测试与可测性设计 ···································· 183

  7.1 测试的重要性 ··· 183

  7.2 故障模型与模拟 ·· 184

    7.2.1 故障模型 ·· 184

    7.2.2 故障模拟 ·· 186

  7.3 可测性设计 ·· 187

    7.3.1 针对性(Ad Hoc)测试法 ·· 189

    7.3.2 基于扫描的测试技术 ··· 190

    7.3.3 内建自测试(BIST)技术 ··· 193

  7.4 自动测试模板生成 ·· 196

第 8 章　专用集成电路计算机辅助设计简介 ·································· 197

  8.1 概述 ··· 197

  8.2 专用集成电路 CAD 工具简介 ·· 200

    8.2.1 Cadence ·· 200

    8.2.2 Tanner Tools ·· 210

参考文献 ·· 218

第1章　专用集成电路概述

1.1　集成电路的发展

1. 集成电路的发明

集成电路(Integrated Circuit，IC)指通过一系列特定的加工工艺，将晶体管、二极管等有源器件和电阻、电容等无源器件，按照一定的电路互连，"集成"在一块半导体单晶片(如硅或砷化镓)上并封装在一个外壳内，可执行特定电路或系统功能。

1959 年 2 月，美国德州仪器公司的杰克·基尔比(Jack Kilby)在锗(Ge)衬底上形成台面双极型晶体管和电阻，再用超声波焊接将这些元器件用金属导线连接起来形成小型电子电路，并申请了专利(1964 年获得美国专利)。严格地说这是一种混合集成电路，而不是一种布线和元器件同时形成的单片集成电路。但是这一发明为后来集成电路的飞速发展奠定了基础。

2. 集成电路的发展及未来

1) 集成电路的发展

最早的 IC 使用双极型工艺，多数的逻辑 IC 使用晶体管—晶体管逻辑(Transistor - Transistor Logic，TTL)或发射极耦合逻辑(Emitter - Coupled Logic，ECL)。虽然金属—氧化物—硅(Metal - Oxide - Silicon，MOS)晶体管的发明早于双极型晶体管，但氧化物界面的质量问题使得最初的 MOS 晶体管很难制造。随着上述问题的逐步解决，20 世纪 70 年代出现了金属栅 N 沟道 MOS(NMOS)工艺。当时的 MOS 工艺只需要较少的掩膜步骤，而且与功能相当的双极型 IC 相比，MOS IC 的密度大、功耗小。这表明当性能一定时，采用 MOS IC 比采用双极型 IC 更便宜，由此导致了对 MOS IC 的投资以及市场的增长。

20 世纪 80 年代初，晶体管中的铝栅被多晶硅栅替代，但仍保留了 MOS 管的名称。多晶硅作为栅材料的引入使得在同一 IC 上很容易制造 N 沟道 MOS 和 P 沟道 MOS 两种类型的晶体管，这就是 CMOS 技术，即互补型 MOS(Complementary MOS，CMOS)工艺技术的主要改进。CMOS 与 NMOS 相比，其主要优点是功耗较低，且多晶硅栅的生产工艺更为简单，便于器件尺寸按比例缩小。

近代亚微米 CMOS 工艺与亚微米双极型或 BiCMOS(双极型和 CMOS 的组合)工艺同样复杂，但 CMOS IC 更容易大批量制造而且成本更低。因此，CMOS IC 已确立了其主导地位。但双极型或 BiCMOS IC 仍用在一些有特殊要求的场合，如双极型晶体管通常比

CMOS 晶体管的耐压高，这使得双极型或 BiCMOS IC 在电力电子（Power Electronics）、汽车、电话等电路中非常有用。

2）专用集成电路

IEEE 定制集成电路会议（Custom Integrated Circuits Conference，CICC）是最早致力于 IC 行业这一快速发展分支的会议之一，该年会的论文集成了定制 IC 发展中很有用的参考资料。当各种定制 IC 逐步形成各种不同应用时，出现了新的 IC 术语——专用集成电路（Application Specific Integrated Circuit，ASIC）。对 ASIC 给出确切定义很困难，相对于市场上通用的集成电路而言，ASIC 一般指面向特定的用户或特定用途而设计制造的集成电路。但现在各个领域都需要专用集成电路，要明显地划分对于某个用户或专业来说比较特殊、性能比较好的集成电路不太容易。此处仅举一些例子来帮助读者加深对这一术语的理解。

不属于 ASIC 的 IC 例子包括：标准部件，如作为商品出售的存储器芯片——ROM、DRAM、SRAM；微处理器；SSI、MSI、LSI 等各种集成规模的 TTL 或等效 TTL IC。属于ASIC 的 IC 例子包括：会说话的玩具熊芯片；卫星芯片；工作站 CPU 中存储器与微处理器之间的接口芯片；微处理器与其他逻辑一起作为一个单元的芯片等。

一般而言，可以在数据手册中查到的就不是 ASIC，当然也会有一些例外。比如，PC控制器芯片和调制解调器既可认为是 ASIC，也可以认为不是 ASIC，它们在具体应用中都是专用的（似乎是 ASIC），但它们可以出售给不同的系统制造商（似乎又是标准部件）。这样的 ASIC 有时就称为专用标准产品（Application Specific Standard Product，ASSP）。

3）集成电路的未来发展

近年来，集成电路朝着两个方向发展：

（1）在发展微细加工技术的基础上，开发超高速、超高集成度的电路。

（2）迅速、全面地利用已达到的或已成熟的工艺技术、设计技术、封装技术和测试技术等发展各种专用集成电路。

1.2　集成电路的分类

1.2.1　按集成规模分类

通常，IC 的大小由 IC 所含逻辑门数目或晶体管数目来确定。作为衡量单位，等效逻辑门对应于 2 输入与非门（NAND），如 10 万门的 IC 等效于包含了 10 万个 2 输入与非门。

半导体工业从 20 世纪 70 年代初开始发展并迅速趋于成熟。早期的小规模集成（Small - Scale Integration，SSI）IC 仅包含几个（1～10 个）逻辑门——与非门、或非门（NOR）等，相当于几十个晶体管。中规摸集成（Medium - Scale Integration，MSI）时期增加了逻辑集成的范围，可得到计数器和类似的较大规模的逻辑功能。大规模集成（Large - Scale Integration，LSI）时期在单个芯片上集成了更强的逻辑功能，诸如第一代微处理器之类。如今的超大规模集成（Very - Large - Scale - Integration，VLSI）时代可提供 64 位微处理器，并在单个硅芯片上拥有高速缓冲存储器和浮点运算单元，远远超过百万个晶体管。随着 CMOS工艺技术的改进，晶体管尺寸继续变小，使 IC 可容纳更多的晶体管。有人已经使用了特大规模集成(Ultra-Large-Scale-Integration，ULSI)的术语。

小规模集成(SSI)电路：每片含有 100 个元件或 10 个逻辑门以下的集成电路，出现于20 世纪 60 年代；

中规模集成(MSI)电路：每片含有 100～1000 个元件或 10～100 个逻辑门的集成电路，出现于 20 世纪 70 年代；

大规模集成(LSI)电路：每片含有 1000～100 000 个元件或 5000 个逻辑门的集成电路，出现于 20 世纪 80 年代；

超大规模集成(VLSI)电路：每片含有 100 000 个元件或 5000 个逻辑门以上的集成电路，出现于 20 世纪 90 年代；

特大规模集成(ULSI)电路：每片含有 10^6～10^7 个逻辑门的集成电路，出现在 21 世纪后。

对 IC 集成规模的经典预测之一称为摩尔定律(Moore's Law)。戈登·摩尔(Gordon Moore)是 Intel 公司的创始人之一，他在 20 世纪 70 年代就预测到了芯片制造技术将快速发展。他预计，在一个芯片上晶体管的数目大约每 18 个月就将翻倍。虽然由于技术问题或经济发展的原因，晶体管数目与增长速度会有所不同，但摩尔定律已经被证明与实际趋势惊人地相近。图 1-1 是微处理器芯片的器件数目随年度变化的关系图。

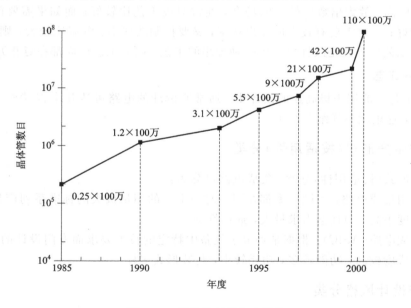

图 1-1　器件数目随年度增长

由于尺寸的缩小受到技术上的限制，晶体管数目的增长速度还能保持多久，一直引起人们的争论。然而不管实际的增长率将如何，有一点是清楚的，即对 IC 设计的投入将在今后许多年中保持强劲的增长势头。

1.2.2　按制作工艺分类

1. Bipolar 工艺

Bipolar(双极)工艺的发展历史最长，技术已很成熟，成本也比较低廉。双极电路噪声小，漂移小，匹配性好，速度快，但很大的不足是器件的工作原理决定了工作电流较大，效率难以大幅度提高。它的集成度也较低，目前主要用于中小规模集成电路和一些高速大电流的集成电路中。

2. CMOS 工艺

CMOS 工艺近些年发展很快，已经成为集成电路制造的主流工艺。它的突出优点是集成度高，静态功耗低，适用于大规模集成电路和低功耗设计。它的不足之处是噪声较大，匹配性不如 Bipolar 工艺好，速度也没有 Bipolar 电路高，但最近几年有所改善。

3. BiCMOS 工艺

采用 BiCMOS 工艺既可以制作 Bipolar 型晶体管，又可以制作 MOS 型晶体管，所以在设计中可以充分发挥两类晶体管各自的优势，设计自由度高、灵活性好。采用 BiCMOS 工艺可以实现功耗低、速度快的高性能芯片。但它同上面两种工艺相比，要复杂得多，因此也昂贵得多。

4. BCD

BCD 工艺是近些年发展起来的一种新工艺，其中 B 代表双极工艺，C 代表 CMOS，D 代表 DMOS（双扩散型的 MOS）。BCD 工艺是比较完整的可以制作任何器件的一种工艺。在需要线性度高、放大倍数比较大的场合，通常双极工艺比较好；而如果需要低功耗，则 CMOS 比较好；一旦需要有较大的输出功率，又要控制功率小、电流比较大，则 DMOS 比较好。BCD 工艺应该说是线性电路中一种理想的工艺，因而工艺厂商都在竞相开发。

5. GaAs 工艺

GaAs 工艺一般用于极高速的设计中，通常所设计的电路可达几个吉赫兹。这种工艺用得比较少，这里就不详细介绍了。

1.2.3 按生产形式（按适用性）分类

按生产形式（按适用性）分类，集成电路可分为：

标准通用集成电路：不同厂家都在同一时间生产的用量极大的标准系列产品。这类产品往往集成度不高，但社会需求量大，通用性强。

专用集成电路（ASIC）：根据某种电子设备中特定的技术要求而专门设计的集成电路。其特点是集成度较高，功能较多，功耗较小，封装形式多样。

1.2.4 按设计风格分类

定制设计的电路通常也被称为专用集成电路（Application Specific Integrated Circuit，ASIC）。

ASIC 按照设计方法的不同可分为全定制（Full‑Custom）ASIC、半定制（Semi‑Custom）ASIC 和可编程（Programmable Logic Device，PLD）ASIC（也称为可编程逻辑器件）。

设计全定制 ASIC 芯片时，设计师要定义芯片上所有晶体管的几何图形和工艺规则，最后将设计结果交由 IC 厂家掩膜制造完成。其优点是：芯片可以获得最优的性能，即面积利用率高、速度快、功耗低。其缺点是：开发周期长，费用高，只适合大批量产品的开发。

半定制 ASIC 芯片的版图设计方法有所不同，分为门阵列设计法和标准单元设计法，这两种方法都是约束性的设计方法，其主要目的就是简化设计，以牺牲芯片性能为代价来缩短开发时间。

可编程逻辑芯片与上述掩膜 ASIC 的不同之处在于：设计人员完成版图设计后，在实验室内就可以烧制出自己的芯片，无需 IC 厂家的参与，这就大大缩短了开发周期。可编程逻辑器件自 20 世纪 70 年代以来，经历了 PAL、GAL、CPLD、FPGA 等几个发展阶段，其中 CPLD/FPGA 属高密度可编程逻辑器件，目前的集成度已高达 200 万门/片。它将掩膜 ASIC 集成度高的优点和可编程逻辑器件设计生产方便的特点结合在一起，特别适合于样品研制或小批量产品开发，使产品能以最快的速度上市，而当市场扩大时，它可以很容易地转由掩膜 ASIC 实现，因此开发风险也大为降低。

上述 ASIC 芯片，尤其是 CPLD/FPGA 器件，已成为现代高层次电子设计方法的实现载体。

1.2.5　按用途分类

按用途分类，集成电路可分为：

数字集成电路：专门用来处理数字信号的 IC，如各种逻辑门、触发器、存储器等都是数字集成电路。通常，数字信号是二进制信号。电路输出的二进制信号与输入的二进制信号有一定的逻辑关系，这种逻辑关系就称为电路的逻辑函数。

模拟集成电路：模拟集成电路是对随时间连续变化的模拟量(电压或电流等)进行处理(放大或变换)的一类集成电路。更广义些，人们把数字集成电路以外的各种集成电路统称为模拟集成电路。

数模混合集成电路：在同一芯片上同时兼有数字电路、模拟电路、模/数(A/D)转换电路和数/模(D/A)转换电路的集成电路。

1.3　ASIC 及其发展趋势

ASIC 并不是一个学术名词，它的含义很不确切。按字面来解释，凡是用于某一类专用系统的电路都可以称为 ASIC，而不管它是卖给一个用户还是多个用户。

目前在集成电路界，ASIC 被认为是用户专用集成电路(Customer Specific IC)，即它是专门为一个用户而设计和制造的。换言之，它是根据某一用户的特定要求，以低研制成本、短交货周期供货的半定制、定制电路以及 PLD 和 FPGA 电路。这包括采用门阵列和标准单元设计并制造的电路。PLD 和 FPGA 也包括在内，因为一个用户采用 PLD 或 FPGA 电路并进行"编程"只是为了本身的需要。

现在出现了一个新的名词，即专用标准产品(Application Specific Standard Products，ASSP)。在很多情况下，这类集成电路也是采用 ASIC 技术设计和制造的，但它是作为标准产品卖给多个用户，且被列入制造商的产品目录中的。这类产品目前越来越多，如 LAN 用电路、图形处理用集成电路、通信用 CODEC 等，近年来还有以 32 位 RISC MPU 为内核的 ASSP 产品出现。

ASSP 的增长是否意味着 ASIC 市场的萎缩和终止呢？回答是否定的。虽然 ASSP 产品可以使系统得以改进而迅速进入市场，但 ASIC 器件可以使系统生产者所制造的产品有别于其他竞争者，因而获得更大的市场份额和更多的利润。

ASIC 电路的蓬勃发展正推动着设计方法学和设计工具的完善，同时也促进着系统设计人员与芯片设计人员的结合和相互渗透。

目前，ASIC 设计正经历着一个从常规设计向高难设计发展的过程。对于今后 ASIC 芯片的设计特点，可以归纳为以下几点：

(1) 高密度。根据摩尔定律，每 3 年时间芯片的最大规模将大致翻两番。规模大的 ASIC 芯片的情况基本与此接近，大致规律是经过 5 年时间，其芯片规模为原来的 10 倍。例如：1985 年 ASIC 的最大规模为 1 千门/单片；1990 年则为 1 万门/单片；1995 年为 10 万门/单片；2000 年为 100 万门/单片；2005 年为 1000 万门/单片。显然，在芯片内的器件密度将越来越高，这是实现系统功能单片集成的基础。

(2) 高 I/O 引脚数。随着单片规模的变大，要求的输入/输出(I/O)引脚数必将越来越多。

(3) 小逻辑摆幅。逻辑摆幅(Swing)是指逻辑 0、1 电平之差。由于芯片工作电压的降低，其逻辑摆幅越来越小。

(4) 高系统时钟频率。由于系统的工作速度越来越快，要求片内时钟频率不断提高。

(5) 低功耗。芯片规模大了，功耗问题越来越突出，所以低功耗设计越来越被重视。

(6) 先进封装。芯片的引脚增多使封装难度增大，为了缩小封装后的体积，减少封装互连影响，更进一步地要求必须采用先进封装技术，如 BGA 封装等。

1.4　专用集成电路设计流程

当半导体技术从分立器件跨入集成电路的初期，元件产品几乎没有改变其通用的属性。随着集成电路技术的迅猛发展，当一个电子部件甚至一个系统可以集成在一个半导体芯片上的时候，部件(系统)的功能设计和芯片的物理设计就越来越难以分离。就半导体集成电路工艺技术而言，ASIC 似乎没有引入任何新的原理或新的概念，但是却造就了电子系统和集成电路设计概念上的根本变革。ASIC 的设计涉及从电子系统到集成电路制造的整个过程。

1. 简化的设计流程

设计流程有多个步骤，如图 1-2 所示，简要地概括如下：

(1) 系统描述(System Specification)。它包括系统功能、性能、物理尺寸、设计模式、制造工艺、设计周期、设计费用等的描述。

(2) 功能设计(Function Design)。功能设计用来设计系统功能的实现方案，通常是给出系统的时序图及各子模块之间的数据流图。

(3) 逻辑设计(Logic Design)。这一步是将系统功能结构化。通常以文本、原理图、逻辑图等表示设计结果，有时也采用布尔表达式来表示设计结果。

(4) 电路设计(Circuit Design)。电路设计是将逻辑设计表达式转换成电路实现。

(5) 物理设计(Physical Design or Layout Design)。物理设计或称版图设计是 VLSI 设计中最费时的一步。它要将电路设计中的每一个元器件，包括晶体管、电阻、电容、电感等以及它们之间的连线转换成集成电路制造所需要的版图信息。

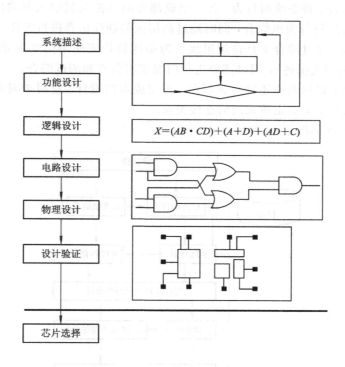

图 1-2　ASIC 简化的设计流程

（6）设计验证（Design Verification）。在版图设计完成以后，非常重要的一步工作是设计（版图）验证。它主要包括：设计规则检查（DRC）、版图与电路图的一致性检查（LVS）、电学规则检查（ERC）和寄生参数提取（LPE）。

2. 详细的设计流程

从总体来讲，集成电路设计要经历 3 个子过程，如图 1-3 所示。

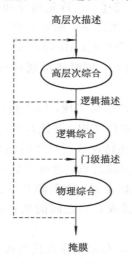

图 1-3　总体的设计流程

（1）高层次综合。将系统的行为、各个组成部分的功能及其输入和输出用硬件描述语言加以描述，然后进行行为级综合，同时通过高层次的硬件仿真进行验证。

（2）逻辑综合。通过综合工具将逻辑级行为描述转换成使用门级单元的结构描述（门级的结构描述称为网表描述），同时还要进行门级逻辑仿真和测试综合。

（3）物理综合。将网表描述转换成版图，即完成布图设计。这时要对每个单元确定其几何形状、大小及位置，确定单元间的连接关系。

详细的设计流程如图1-4所示。

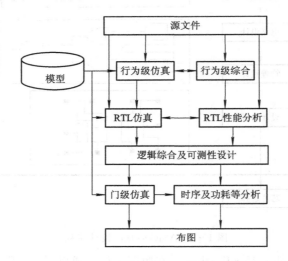

图1-4　详细的设计流程

一般来讲，设计综合被定义为两种不同的设计描述之间的转换，这里谈到的综合是指一种将设计的行为描述转换成设计的结构描述的过程。

高层次综合也称为行为级综合（Behavioral Synthesis）。它的任务是将一个设计的行为级描述转换成寄存器传输级的结构描述。它首先翻译和分析设计的HDL语言描述，并在给定的一组性能、面积和/或功耗的条件下，确定需要哪些硬件资源，如执行单元、存储器、控制器、总线等（通常称这一步为分配（Allocation）），以及确定在这一结构中各种操作的次序（通常称之为调度（Scheduling）），同时还可通过行为级和寄存器传输级硬件仿真进行验证。

由于设计的功能可能由多种硬件结构实现，因而高层次综合的目的是要在满足目标和约束条件下，找到一个代价最小的硬件结构，并使设计的功能最佳。

逻辑综合是将逻辑级的行为描述转换成逻辑级的结构描述，即逻辑门的网表。逻辑级的行为描述可以是状态转移图、有限状态机，也可以是布尔方程、真值表或硬件描述语言。

逻辑综合过程还包括一系列优化步骤，如资源共享、连接优化和时钟分配等。优化目标是面积最小、速度最快、功耗最低或它们之间的某种折中。一般来讲，逻辑综合分成以下两个阶段：

① 与工艺无关的阶段，这时采用布尔操作或代数操作技术来优化逻辑；

② 工艺映像阶段，这时根据电路的性质（如组合型或时序型）及采用的结构（多层逻辑、PLD或FPGA）做出具体的映像，将与工艺无关的描述转换成门级网表或PLD或

FPGA 的执行文件。

　　逻辑综合优化完成后，还需要进行细致的时延分析和时延优化。此外还要进行逻辑仿真。

　　逻辑仿真是保证设计正确的关键步骤。过去通常采用软件模拟的方法，近年来则强调硬件仿真手段，如通过 PLD 或 FPGA 进行仿真。

　　测试综合可提供自动测试图形生成（Automatic Test Pattern Generation，ATPG），为可测性设计提供高故障覆盖率的测试图形。测试综合还可消除设计中的冗余逻辑，诊断不可测的逻辑结构，还能自动插入可测性结构。

　　物理综合也称版图综合（Layout Synthesis）。它的任务是将门级网表自动转换成版图，即完成布图。布图的详细步骤见图 1－5。

图 1－5　布图的详细步骤

　　布图规划（Floorplan）对设计进行物理划分，同时对设计的布局进行规划和分析。在这一步骤中，面向物理的划分的层次结构可以与逻辑设计时的划分有所不同。布图规划可以估算出较为精确的互连延迟信息，预算芯片的面积以及分析得到何处为拥挤的布线区域。

　　布局是指将模块安置在芯片上的适当位置，并能满足一定的目标函数。一般布局时总是要求芯片面积最小，连线总长最短和电性能最优且容易布线。布局又分为初始布局和迭代改善两个子步骤。进行初始布局的目的是提高布局质量及减少下一步迭代改善时的迭代次数；而迭代改善是设法对布局加以优化的过程，它是决定布局质量的关键。

布线是根据电路的连接关系描述（即连接表），在满足工艺规则的条件和电学性能的要求下，在指定的区域（面积、形状、层次等）内百分之百地完成所需的互连，同时要求尽可能优化连线长度和通孔数目。一般有两种布线方法：一种是面向线网的布线方法，它是直接对整个电路进行布线，布线时通常采取顺序方式；另一种称为分级布线，它将布线问题分为全局布线（Global Routing）和详细布线（Detailed Routing）。分级布线是一种面向布线区域的布线方法，这种方法通过适当的划分，将整个布线区域分为若干个布线通道区（Channel），然后进行适当的布线分配，即将一个线网的所有端点的走线路径分配到相应的通道区中；接着进行详细布线，即对分配到当前通道区中的所有线网段的集合，按照一定的规则，确定它们在通道中的具体位置。

在完成布局、布线后，要对版图进行设计规则检查、电学规则检查以及版图与电路图的一致性检查，在版图参数提取的基础上再次进行电路分析（即后模拟）。

只有在所有的检查都通过并被证明正确无误后，才将布图结果转换为掩膜文件，然后由掩膜文件设法生成掩膜版，通常这是通过掩膜版发生器或电子束制版系统得到的。

第2章 集成电路的基本制造工艺及版图设计

半个多世纪前的 1947 年贝尔实验室发明了晶体管；1949 年 Schockley 发明了双极 (Bipolar)晶体管；1962 年仙童公司首家推出 TTL(Transistor-Transistor Logic)系列器件；1974 年 ECL(Emitter-Coupled Logic)系列问世。双极系列速度快，但其缺点是功耗大，难以实现大规模集成。

20 世纪 70 年代初期，MOSFET(Metal-Oxide-Semiconductor Field-Effect Transistor)晶体管异军突起。现在，CMOS(Complementary MOS)已经无以替代地占据统治地位，对其不断的改进，包括采用硅栅、多层铜连线等，使得其速度和规模都已达到相当高度。然而功耗又重新变成 CMOS 设计中的重大难题，人们在不断地寻求突破性进展。

目前，GaAs(Gallium Arsenide，砷化镓)工艺仍然是使器件速度最快的半导体工艺，它使器件可以工作在几个吉赫兹的频率上，但功耗较大，单级门功耗可达几个毫瓦。其他还有 SiGe(Silicon-Germanium，锗化硅)工艺，情况也基本相当。

除此之外，还有崭露头角的超导(Superconducting)工艺等。

1. ASIC 主要工艺及选择依据

目前适用于 ASIC 的工艺主要有下述 5 种：

(1) CMOS 工艺：属单极工艺，主要靠少数载流子工作，其特点是功耗低、集成度高。

(2) TTL/ECL 工艺：属双极工艺，多子和少子均参与导电，其突出的优点是工作速度快，但是工艺相对复杂。

(3) BiCMOS 工艺：是一种同时兼容双极和 CMOS 的工艺，适用于工作速度和驱动能力要求较高的场合，例如模拟类型的 ASIC。

(4) GaAs 工艺：通常用于微波和高频频段的器件制作，目前不如硅工艺那样成熟。

(5) BCD 工艺：即 Bipolar＋CMOS＋DMOS(高压 MOS)，一般在 IC 的控制部分中用 CMOS。

根据用户和设计的需要，一般从以下 5 个方面选择合适的工艺：

(1) 集成度和功耗。如果对集成度和功耗有较高的要求，则 CMOS 工艺是最佳选择。

(2) 速度(门传播延迟)。TTL 和 ECL 工艺适合于对速度要求较高的 ASIC。对速度要求特别高的微波应用场合，则必须选择 GaAs 工艺。

(3) 驱动能力。几种工艺中，TTL/ECL 的驱动能力最强。

(4) 成本造价。相对来说，CMOS 工艺为首选工艺。对于模拟类型的 ASIC，则需要选用相对复杂的 BiCMOS 工艺。

(5) 有无 IP 库和设计继承性。

2．深亚微米工艺特点

通常将 0.35 μm 以下的工艺称为深亚微米(DSM)工艺。目前，国际上 0.18 μm 工艺已很成熟，0.13 μm 工艺也趋成熟。深亚微米工艺的特点包括：

（1）面积(Size)缩小。特征尺寸的减小使得芯片面积相应减小，集成度随之得到很大提高。例如，采用 0.13 μm 工艺生产的 ASIC，其芯片尺寸比采用 0.18 μm 工艺的同类产品小 50%。

（2）速度（Speed）提高。寄生电容的减小使得器件的速度进一步提高。目前采用 0.13 μm 工艺已生产出主频超过 1 GHz 的微处理器。

（3）功耗（Power Consumption)降低。

深亚微米的互连线分布参数的影响随着集成度的提高也越来越突出，线延迟对电路的影响可能超过门延迟的影响，而成为其发展的主要制约因素，并极大地制约着前端设计的概念和过程。

3．制造影响设计

芯片的制造技术引导并制约着芯片的设计技术，其影响有以下几个方面：

（1）扩展了设计技术空间。

（2）提高了对设计技术的要求。

（3）促成了新的设计技术文化。

2.1 集成电路的基本制造工艺

CMOS 集成电路制作在一片圆形的硅薄片（Wafer）上。每个硅片含有多个独立芯片或称为管芯。量产时，一个硅片上的管芯通常相同。硅片上除管芯外，一般还有测试图形和工艺检测图形，用来监测工艺参数，如图 2-1 所示。

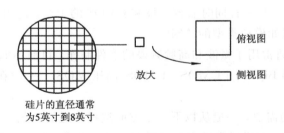

图 2-1 硅片上的管芯

简化的 IC 制造过程如图 2-2 所示。

简化的 IC 制造工艺步骤如图 2-3 所示。

图 2-3 只列出了主要的工序，没有列出化学清洗及中测以后的工序，如裂片、压焊、封装等后工序。但我们对后工序要有足够的重视，因为后工序所占的成本比例较大，对产品成品率的影响也较大。

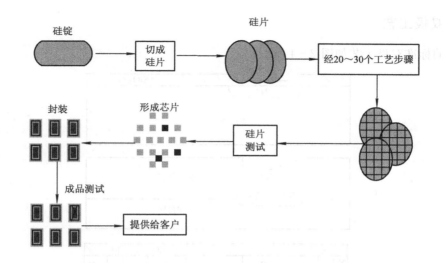

图 2-2　IC 制造过程

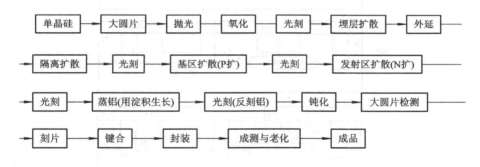

图 2-3　IC 制造工艺步骤

IC 制造工艺主要有：

氧化：在单晶体上或外延层上生长一层二氧化硅的过程。

光刻：就是利用感光胶感光后的抗腐蚀特性，在硅片表面的掩膜层上刻制出所要求的图形。光刻版是记载有图形的一系列玻璃版或铬版等，不同版上的图形在工艺制造时有先后顺序和相互制约关系，图形数据来源于我们设计的集成电路版图，其作用是控制工艺过程，以便有选择地实现指定器件。

扩散：就是在高温下将 N 型或 P 型杂质从硅表面扩散到体内的过程。

淀积：就是在一特定的装置中，通过通入不同的反应气体而在一定的工艺条件下往硅片表面沉淀一层介质或薄膜，如 Poly。

目前，对设计 ASIC 来说，可供选择的制造工艺有：通用的 CMOS 工艺；适宜高速大电流的 ECL/TTL，即双极（Bipolar）工艺；将两者相结合的 BiCMOS 工艺；极高速的 GaAs 工艺等。这些制造工艺在一段时期将同时并存。然而对 ASIC 设计而言，主流工艺还是 CMOS 工艺。当然目前还有一种正在发展中的 BCD（Bipolar＋CMOS＋DMOS（高压））工艺。

2.1.1 双极工艺

简化的标准双极工艺如图 2-4 所示。

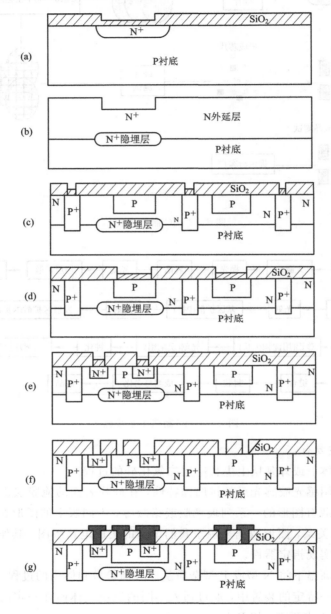

图 2-4　标准双极型 IC 工艺流程

图中：

（a）为隐埋层（Buried Layer BL）扩散；

（b）为外延层（epitaxial layer，简写为 epi）生成；

（c）为隔离扩散；

（d）为硼扩散，即基区扩散；

(e) 为磷扩散，即发射区扩散；

(f) 为刻蚀，即将所有需引线地方的氧化层全部刻掉，露出硅表面而形成引线欧姆洞；

(g) 为铝线的形成过程，即首先在整个硅片表面蒸一层铝，接着把不需要的地方的铝再反刻掉，就形成了芯片内部的内连线。

最后还要经过钝化，即生长保护膜的过程。

由典型的 PN 结隔离的掺金 TTL 电路工艺制作的集成电路中的 NPN 晶体管剖面图如图 2-5 所示，它基本上由表面图形(光刻掩膜)和杂质浓度分布决定。

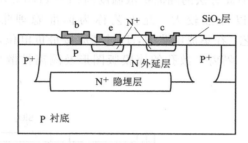

图 2-5　典型数字集成电路中 NPN 晶体管的剖面图

下面结合主要工艺流程来介绍双极型集成电路中元器件的形成过程及其结构。

1. 衬底选择

对于典型的 PN 结隔离双极集成电路来说，衬底一般选用 P 型硅。为了提高隔离结的击穿电压而又不使外延层在后续工艺中下推太多，衬底电阻率选 $\rho \approx 10\ \Omega \cdot cm$。

2. 第一次光刻——N$^+$ 隐埋层扩散孔光刻

第一次光刻(即光1)的掩膜版图形及隐埋层扩散后的芯片剖面图如图 2-6 所示。由于集成电路中的晶体管是三结四层结构，故集成电路中各元件的端点都从上表面引出，并在上表面实现互连。为了减小晶体管集电极的串联电阻和寄生 PNP 管的影响，在制作元器件的外延层和衬底之间需要作 N$^+$ 隐埋层。

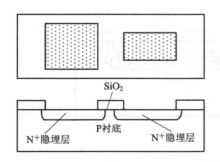

图 2-6　第一次光刻的掩膜版图形及隐埋层扩散后的芯片剖面图

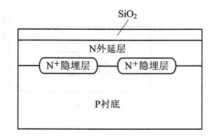

图 2-7　外延层淀积后的芯片剖面图

3. 外延层淀积

外延层淀积后的芯片剖面图如图 2-7 所示。外延层淀积时应考虑的设计参数主要是外延层电阻率 ρ_{epi} 和外延层厚度 τ_{epi}。为了使结电容 C_{jb}、C_{jc} 小，击穿电压 $U_{(BR)CBO}$ 高，以及在以后的热处理过程中外延层下推的距离小，ρ_{epi}应选得高一些；为了使集电极串联电阻r_{cs}和饱和压降U_{CES}都小，又希望ρ_{epi}低一些。这两者是矛盾的，需加以折中。

4. 第二次光刻——P$^+$隔离扩散孔光刻

隔离扩散的目的是在硅衬底上形成许多孤立的外延层岛，以实现各元件间的电绝缘。实现隔离的方法很多，有反偏PN结隔离、介质隔离、PN结—介质混合隔离等。各种隔离方法各有优缺点。由于反偏PN结隔离的工艺简单，与元件制作工艺基本相容，因而成为目前最常用的隔离方法，但此方法的隔离扩散温度高（$T=1175℃$），时间长（$t=2.5\sim3$ h），结深可达$5\sim7$ μm，所以外推较大。此工艺称为标准隐埋集电极（Standard Buried Collecuor，SBC）隔离工艺。在集成电路中，P衬底应接最负电位，以使隔离结处于反偏，达到各岛间电绝缘的目的。隔离扩散孔的掩膜版图形及隔离扩散后的芯片剖面如图2-8所示。

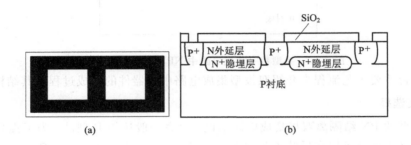

图 2-8 隔离扩散

(a) 隔离扩散孔的掩膜版图形(阴影区)；(b) 隔离扩散后硅片的剖面图

5. 第三次光刻——P 型基区扩散孔光刻

此次光刻决定NPN管的基区以及基区扩散电阻的图形。基区扩散孔的掩膜版图形及基区扩散后的芯片剖面如图2-9所示。

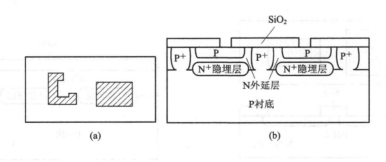

图 2-9 基区扩散

（a）基区扩散孔的掩膜版图形(阴影区)；（b）基区扩散后硅片的剖面图

6. 第四次光刻——N$^+$发射区扩散孔光刻

此次光刻还包括集电极和N型电阻的接触孔以及外延层的反偏孔。由于Al和N-Si接触，只有当N型硅的杂质浓度N_P大于等于10^{19} cm^{-3}时，才能形成欧姆接触，因此必须进行集电极接触孔N$^+$扩散。

此次光刻版的掩膜图形和 N^+ 发射区扩散后的芯片剖面如图 2 - 10 所示。

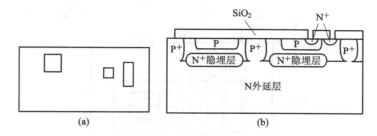

图 2 - 10　N^+ 发射区和引线接触区扩散

（a）掩膜版图形（阴影区）；（b）基区扩散后硅片的剖面图

7. 第五次光刻——引线接触孔光刻

此次光刻的掩膜版图形如图 2 - 11 所示。

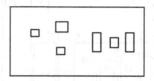

图 2 - 11　引线接触孔图形（阴影区）

8. 第六次光刻——金属化内连线光刻

此次光刻版的掩膜版图形及反刻铝形成金属化内连线后的芯片复合图及剖面图如图 2 - 12 所示。图 2 - 13 给出了在双极型模拟电路中使用的放大管和双极型数字电路中使用的开关管的复合工艺图。由图可见，模拟电路中的放大管的版图面积比数字集成电路中用的开关管的面积大，这是由于模拟电路的电源电压高，要求放大管的击穿电压 $U_{(BR)}$ 高，因此选用外延层的电阻率 ρ_{epi} 较高、厚度 τ_{epi} 较厚、结深 χ_{jc} 较深，于是耗尽区宽度增加，横向扩散严重。

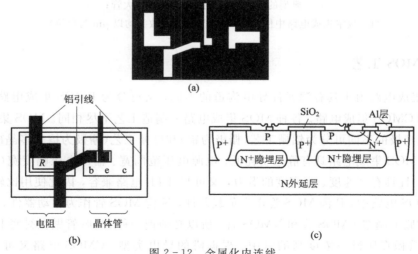

图 2 - 12　金属化内连线

（a）第六次光刻的掩膜版图形；（b）形成内连线后的芯片复合图形；（c）剖面图

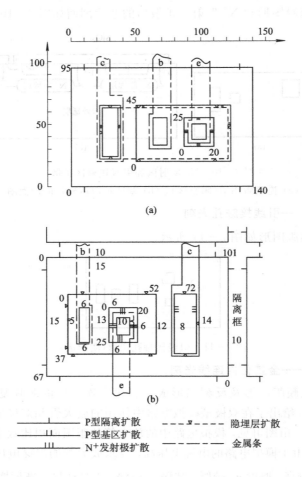

图 2-13　集成电路中双极型晶体管的复合工艺图
(a) 典型的模拟集成电路中使用的放大管；
(b) 数字集成电路中使用的开关管(图中各数字均以 μm 为单位)

2.1.2　CMOS 工艺

MOS 集成电路由于其有源元件导电沟道的不同，又可分为 PMOS 集成电路、NMOS 集成电路和 CMOS 集成电路。各种 MOS 集成电路的制造工艺不尽相同。MOS 集成电路制造工艺根据栅极的不同可分为铝栅工艺(栅极为铝)和硅栅工艺(栅极为掺杂多晶硅)。

由于 CMOS 集成电路具有静态功耗低、电源电压范围宽、输出电压幅度宽(无阈值损失)等优点，且具有高速度、高密度的潜力，又可与 TTL 电路兼容，因此使用比较广泛。

在 CMOS 电路中，P 沟 MOS 管作为负载器件，N 沟 MOS 管作为驱动器件，这就要求在同一个衬底上制造 PMOS 管和 NMOS 管，所以必须把一种 MOS 管做在衬底上，而把另一种 MOS 管做在比衬底浓度高的阱中。根据阱的导电类型，CMOS 电路又可分为 P 阱 CMOS、N 阱 CMOS 和双阱 CMOS 电路。传统的 CMOS IC 工艺采用 P 阱工艺，这种工艺中用来制作 NMOS 管的 P 阱，是通过向高阻 N 型硅衬底中扩散(或注入)硼而形成的。

N 阱工艺与之相反,是向高阻 P 型硅衬底中扩散(或注入)磷,形成一个做 PMOS 管的阱,由于 NMOS 管做在高阻的 P 型硅衬底上,因而降低了 NMOS 管的结电容及衬底偏置效应。这种工艺的最大优点是同 NMOS 器件具有良好的兼容性。双阱工艺是在高阻的硅衬底上,同时形成具有较高杂质浓度的 P 阱和 N 阱,NMOS 管和 PMOS 管分别做在这两个阱中。这样,可以独立调节两种沟道 MOS 管的参数,以使 CMOS 电路达到最优的特性,而且两种器件之间的距离也因采用独立的阱而减小,以适合于高密度的集成,但其工艺比较复杂。

以上统称为体硅 CMOS 工艺。此外,还有 SOS-CMOS 工艺(蓝宝石上外延硅膜)、SOI-CMOS 工艺(绝缘体上生长硅单晶薄膜)等,它们从根本上消除了体硅 CMOS 电路中固有的寄生闩锁效应。而且由于元器件间是空气隔离的,有利于高密度集成,且结电容和寄生电容小,速度快,抗辐照性能好,SOI-CMOS 工艺还可望做成立体电路。但这些工艺成本高,硅膜质量不如体硅,所以只在一些特殊用途(如军用、航天)中才采用。

下面介绍几种常用的 CMOS 集成电路的工艺及其元器件的形成过程。

1. P 阱硅栅 CMOS 工艺

典型的 P 阱硅栅 CMOS 工艺从衬底清洗到中间测试,总共 50 多道工序,需要 5 次离子注入,连同刻钝化窗口,共 10 次光刻。下面结合主要工艺流程(5 次离子注入、10 次光刻)来介绍 P 阱硅栅 CMOS 集成电路中元件的形成过程。图 2-14 是 P 阱硅栅 CMOS 反相器的工艺流程及芯片剖面示意图。

(1) 光 I:阱区光刻,刻出阱区注入孔(见图 2-14(a))。

(2) 阱区注入及推进,形成阱区(见图 2-14(b))。

(3) 去除 SiO_2,长薄氧,长 Si_3N_4(见图 2-14(c))。

(4) 光 II:有源区光刻,刻出 P 管、N 管的源、漏和栅区(见图 2-14(d))。

(5) 光 III:N 管场区光刻,刻出 N 管场区注入孔。N 管场区注入,以提高场开启,减少闩锁效应及改善阱的接触(见图 2-14(e))。

(6) 长场氧,漂去 SiO_2 及 Si_3N_4(见图 2-14(f)),然后长栅氧。

(7) 光 IV:P 管区光刻(用光 I 的负版)。P 管区注入,调节 PMOS 管的开启电压(见图 2-14(g)),然后长多晶。

(8) 光 V:多晶硅光刻,形成多晶硅栅及多晶硅电阻(见图 2-14(h))。

(9) 光 VI:P^+ 区光刻,刻去 P 管区上的胶。P^+ 区注入,形成 PMOS 管的源、漏区及 P^+ 保护环(见图 2-14(i))。

(10) 光 VII:N^+ 区光刻,刻去 N^+ 区上的胶(可用光 VI 的负版)。N^+ 区注入,形成 NMOS 管的源、漏区及 N^+ 保护环(见图 2-14(j))。

(11) 长 PSG:(见图 2-14(k))。

(12) 光 VIII:引线孔光刻。可在生长磷硅玻璃后先开一次孔,然后在磷硅玻璃回流及结注入推进后再开第二次孔(见图 2-14(l))。

(13) 光 IX:铝引线光刻。

(14) 光 X:压焊块光刻(见图 2-14(m))。

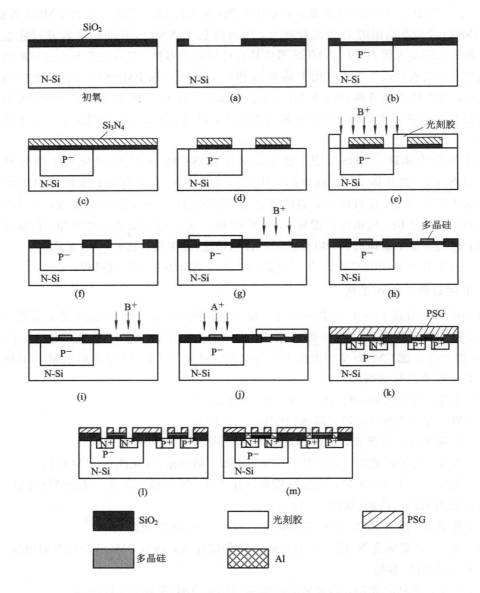

图 2-14　P 阱硅栅 CMOS 反相器的工艺流程及芯片剖面示意图

2. N 阱硅栅 CMOS 工艺

N 阱 CMOS 工艺的优点之一是只要对现有的 NMOS 工艺作一些改进，就可以形成 N 阱工艺。

图 2-15 是典型的 N 阱硅栅 CMOS 反相器的工艺流程及芯片剖面的示意图。由图可见其工艺制造步骤类似于 P 阱 CMOS 工艺(除了采用 N 阱外)。第一步是确定 N 阱区，第二步是低剂量的磷注入，然后在高温下扩散推进，形成 N 阱。接下来的步骤是确定器件的位置和其他扩散区，生长场氧化层，生长栅氧化层，长多晶硅，刻多晶硅栅，淀积 CVD 氧化层，光刻引线接触孔，进行金属化。

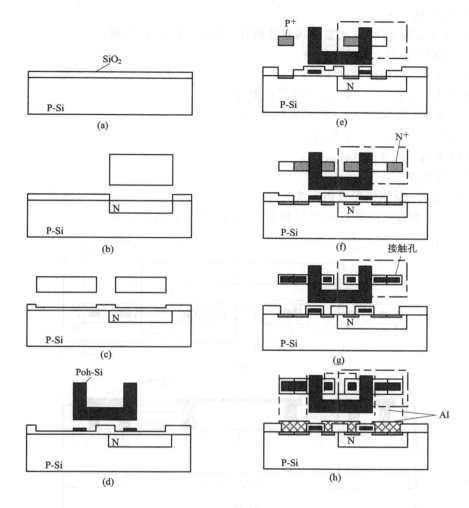

图 2-15 N 阱硅栅 CMOS 反相器的工艺流程、芯片剖面及器件形成过程示意图

3. 双阱硅栅 CMOS 工艺

双阱 CMOS 工艺为 P 沟 MOS 管和 N 沟 MOS 管提供了可各自独立优化的阱区,因此,与传统的 P 阱工艺相比,可以做出性能更好的 N 沟 MOS 管(较低的电容,较小的衬底偏置效应)。同样,P 沟 MOS 管的性能也比 N 阱工艺的好。

通常,双阱 CMOS 工艺采用的廉价材料是在 N^+ 或 P^+ 衬底上外延一层轻掺杂的外延层,以防止闩锁效应。其工艺流程除了阱的形成(此时要分别形成 P 阱和 N 阱)这一步外,其余都与 P 阱工艺类似。主要步骤如下:

(1) 光 I:确定阱区。

(2) N 阱注入和选择氧化。

(3) P 阱注入。

(4) 推进,形成 N 阱、P 阱。

(5) 场区氧化。

(6) 光 II:确定需要生长栅氧化层的区域。

（7）生长栅氧化层。

（8）光Ⅲ：确定注硼（调整 P 沟器件的开启电压）区域，注入硼。

（9）淀积多晶硅，多晶硅掺杂。

（10）光Ⅳ：形成多晶硅图形。

（11）光Ⅴ：确定 P^+ 区域，注硼形成 P^+ 区。

（12）光Ⅵ：确定 N^+ 区，注磷形成 N^+ 区。

（13）LPCVD 生长二氧化硅层。

（14）光Ⅶ：刻蚀接触孔。

（15）淀积铝。

（16）光Ⅷ：反刻铝形成铝连线。

图 2-16 为双阱硅栅 CMOS 反相器的版图和芯片剖面示意图。

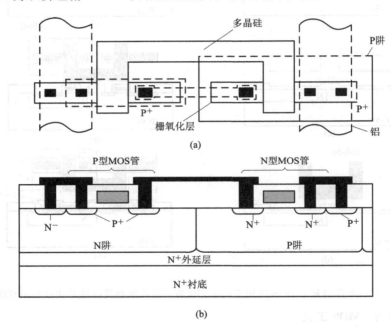

图 2-16　双阱硅栅 CMOS 反相器的版图和芯片剖面示意图

（a）双阱硅栅 CMOS 反相器的版图；（b）双阱硅栅 CMOS 反相器的剖面图

CMOS 制造工艺进展的标志以能够加工的半导体层最细线条宽度作为特征尺寸。按照特征尺寸的不同，CMOS 工艺可分为以下几种：

微米级（M）：1.0 μm 以上，系统时钟频率在 40 MHz 以下，集成度规模在 20 万门以下；

亚微米级（SM）：0.6 μm 左右，系统时钟频率在 100 MHz 以下，集成度规模在 50 万门以下；

深亚微米级（DSM）：0.35 μm 以下，系统时钟频率在 100 MHz 以上，集成度规模在 100 万门以上；

超深亚微米级（VDSM）：0.18 μm 以下，系统时钟频率在 200 MHz 以下，集成度规模在 500 万门以上；

在设计 ASIC 时设计师可以根据 ASIC 的应用要求,选择合适的工艺。

2.1.3　BiCMOS 工艺

用双极工艺可以制造出速度高、驱动能力强、模拟精度高的器件,但双极器件在功耗和集成度方面却无法满足集成规模越来越大的系统集成的要求。而 CMOS 工艺可以制造出功耗低、集成度高和抗干扰能力强的 CMOS 器件,但其速度低、驱动能力差。BiCMOS 工艺把双极器件和 CMOS 器件同时集成在同一芯片上,它综合了双极器件高跨导、强负载驱动能力和 CMOS 器件高集成度、低功耗的优点,使其互相取长补短,发挥各自的优势。它给高速、高集成度、高性能的 LSI 及 VLSI 的发展开辟了一条新的道路。

对 BiCMOS 工艺的基本要求是要将两种器件组合在同一芯片上,两种器件各有其优点,由此得到的芯片具有良好的综合性能,而且相对双极和 CMOS 工艺来说,不增加过多的工艺步骤。

目前,已开发出许多种各具特色的 BiCMOS 工艺,归纳起来,大致可分为两大类:一类是以 CMOS 工艺为基础的 BiCMOS 工艺,其中包括 P 阱 BiCMOS 和 N 阱 BiCMOS 两种工艺;另一类是以标准双极工艺为基础的 BiCMOS 工艺,其中包括 P 阱 BiCMOS 和双阱 BiCMOS 两种工艺。当然,以 CMOS 工艺为基础的 BiCMOS 工艺对保证其器件中的 CMOS 器件的性能比较有利,而以双极工艺为基础的 BiCMOS 工艺,对提高其器件中的双极器件的性能有利。影响 BiCMOS 器件性能的主要是双极部分,因此以双极工艺为基础的 BiCMOS 工艺用得较多。下面简要介绍这两大类 BiCMOS 工艺的主要步骤及其芯片的剖面情况。

1. 以 CMOS 工艺为基础的 BiCMOS 工艺

1) 以 P 阱 CMOS 为基础的 BiCMOS 工艺

此工艺出现较早。其基本结构如图 2-17 所示。它以 P 阱作为 NPN 管的基区,以 N^+ 衬底作为 NPN 管的集电区。以 N^+ 源、漏扩散(或注入)作为 NPN 管的发射区扩散及集电极的接触扩散。这种结构的主要优点是:

(1) 工艺简单。

(2) MOS 晶体管的开启电压可通过一次离子注入进行调整。

(3) NPN 管自隔离。

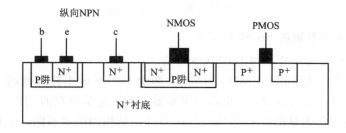

图 2-17　以 P 阱 CMOS 工艺为基础的 BiCOMS 器件剖面图

但由图 2-17 可见,此种结构中 NPN 管的基区太宽,基极和集电极串联电阻太大。另外,NPN 管和 PMOS 管共衬底,限制了 NPN 管的使用。

为了克服上述缺点，可对此结构作如下的修改：

（1）用 N-N 外延衬底，以降低 NPN 管的集电极串联电阻。

（2）增加一次掩膜，进行基区注入、推进，以减小基区宽度和基极串联电阻。

（3）采用多晶硅发射极以提高速度。

（4）在 P 阱中制作横向 NPN 管，以提高 NPN 管的使用范围。

2）以 N 阱 CMOS 为基础的 BiCMOS 工艺

此工艺中的双极器件与 PMOS 管一样，是在 N 阱中形成的。其结构如图 2-18(a) 所示。这种结构的主要缺点是 NPN 管的集电极串联电阻 r_{cs} 太大，影响了双极器件的性能，特别是驱动能力。若以 P-Si 为衬底，并在 N 阱下设置 N^+ 隐埋层，然后进行 P 型外延，如图 2-18(b) 所示，则可使 NPN 管的集电极串联电阻 r_{cs} 减小为原来的 $1/5\sim1/6$，而且可以使 CMOS 器件的抗闩锁性能大大提高。

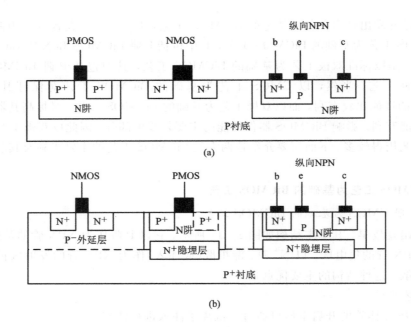

图 2-18　以 N 阱 CMOS 为基础的 BiCMOS 结构

（a）体硅衬底；（b）外延衬底

2. 以双极工艺为基础的 BiCMOS 工艺

1）以双极工艺为基础的 P 阱 BiCMOS 工艺

以 CMOS 工艺为基础的 BiCMOS 工艺中，影响 BiCMOS 电路性能的主要是双极型器件。显然，若以双极工艺为基础，对提高双极型器件的性能是有利的。图 2-19 是以典型的 PN 结隔离双极型工艺为基础的 P 阱 BiCMOS 器件的结构剖面示意图。它采用 P 衬底、N^+ 隐埋层、N 外延层，在外延层上形成 P 阱结构。该工艺采用成熟的 PN 结对通隔离技术；为了获得大电流下低的饱和压降，采用高浓度的集电极接触扩散；为防止表面反型，采用沟道截止环。NPN 管的发射区扩散与 NMOS 管的源（S）、漏（D）区掺杂和横向 PNP 管及纵向 PNP 管的基区接触扩散同时进行；NPN 管的基区扩散与横向 PNP 管的集电区、发射区扩散,纵向 PNP 管的发射区扩散,PMOS 管的源、漏区的扩散同时完成。栅氧化在 PMOS 管沟道注入之后进行。

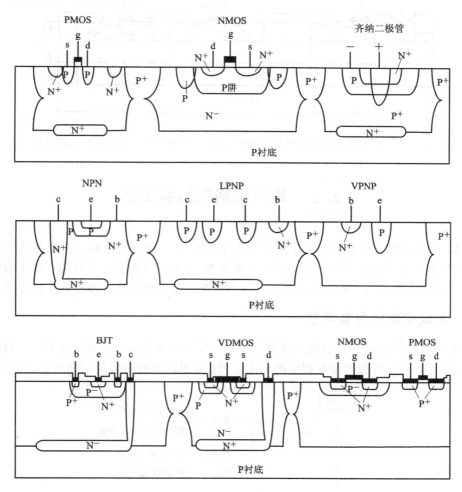

图 2-19 三种以 PN 结隔离双极型工艺为基础的 P 阱 BiCMOS 器件的结构剖面图

这种结构克服了以 P 阱 CMOS 工艺为基础的 BiCMOS 结构的缺点,而且还可以用此工艺获得对高压、大电流有利的纵向 PNP 管和 LDMOS 及 VDMOS 结构,以及在模拟电路中十分有用的 I^2L 等器件结构。

2) 以双极工艺为基础的双阱 BiCMOS 工艺

以双极工艺为基础的 P 阱 BiCMOS 工艺虽然得到了较好的双极器件性能,但是 CMOS 器件的性能不够理想。为了进一步提高 BiCMOS 电路的性能,满足双极和 CMOS 两种器件的不同要求,可采用如图 2-20 所示的以双极工艺为基础的双隐埋层双阱结构的 BiCMOS 工艺。

这种结构的特点是采用 N^+ 及 P^+ 双隐埋层双阱结构,采用薄外延层来实现双极器件的高截止频率和窄隔离宽度。此外,利用 CMOS 工艺的第二层多晶硅作为双极器件的多晶硅发射极,不必增加工艺就能形成浅结和小尺寸发射极。

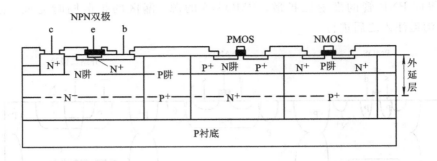

图 2-20　以双极工艺为基础的双隐埋层双阱 BiCMOS 工艺的器件结构剖面图

2.2　集成电路的封装工艺

ASIC 的封装形式对电路的工作性能和成本都有十分重要的影响。芯片本身虽经过精心设计，但若封装不合理或封装发生故障，那么 IC 不可能发挥其正常作用。封装的费用在 IC 的成本中也占有相当大的比重，甚至在许多情况下封装成本比硅芯片成本高许多。

2.2.1　集成电路的封装类型

IC 的标准产品都具有各自的标准封装形式。所谓标准封装，是指封装技术、材料、规格、几何尺寸、引出线数等都有相应的标准系列。常见的各种封装类型如图 2-21 所示。

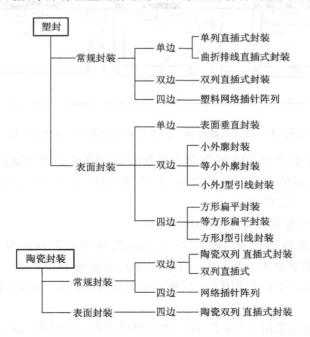

图 2-21　常见的各种封装类型

2.2.2 集成电路封装工艺流程

IC 封装对器件的正常工作和性能至关重要,除了提供一个供信号和电源线进出裸芯的方式外,IC 封装还可消除电路产生的热量并提供机械上的支持。此外,它还可以保护裸芯不受环境因素(比如潮湿度)的影响。

封装技术还对微处理器和信号处理器的性能和散热有重要的影响。这种影响随着时间的推移以及技术规模的缩小所带来的内部信号延迟和片上电容的减小,正变得越来越显著。一般来讲,高性能计算机中有超过 50% 的延迟是封装延迟,并且这个数字还有上升的趋势。近几年,对于有更小电感和电容的高性能封装技术的研究工作正在加速推进。由于芯片引出脚个数和芯片电路复杂度基本呈正比例,因而一个电路复杂度增加的裸芯片需要更多的输入/输出引脚。这个关系最早是被 IBM 的 E. Rent 观察到的,他把观察到的现象翻译成了一个经验公式,我们称这个公式为 RENT 定理。这个公式将输入/输出引脚的数目和电路的复杂度联系了起来,电路的复杂度用门数目表示。该公式是

$$P = K \times G^{\beta} \tag{2-1}$$

这里,K 是每个门平均的 I/O 引脚数,G 是门的个数,β 是 RENT 指数,P 是芯片的 I/O 引脚数。β 在 $0.1 \sim 0.7$ 之间变化,它的值很大程度上取决于应用面积、结构、电路的组织,如表 2-1 所示。很明显,微处理器的输入/输出性能和内存非常不同。

表 2-1 不同系统的常量

应用	β	K
静态存储器	0.12	6
微处理器	0.45	0.82
门阵列	0.5	1.9
高速计算机(芯片)	0.63	1.4
高速计算机(盘)	0.25	82

我们观察到的集成电路引脚数每年增加的速率在 8%~11% 之间变化。我们预计到 2010 年大于 2000 引脚的封装将会有市场。由于这些原因,传统的双列直插式封装将会被其他一些诸如表面封装、网格阵列、多芯片模块技术取代。对于电路设计者来说,知道这些已有的封装以及它们的优缺点是有用的。

一个好的封装必须满足许多要求:

(1) 电气要求。引脚的电容(互连线到衬底上的电容)、电阻和电感都必须要小。我们必须调整一个大的特征阻抗以优化传输线特性。应注意到内在集成电路的阻抗是很大的。

(2) 机械以及热性能。散热效率当然应该越高越好;机械稳定性要求在裸芯和芯片载体的热特性之间有一个很好的匹配;长期稳定性不仅需要从裸芯到封装的稳固连接,还需要从封装到载板的稳固连接。

(3) 低成本。成本总是比较重要的因素之一。陶瓷封装的性能比塑料封装的要好很多,但也却贵很多。增加封装的散热能力还会有增大封装成本的趋势。最便宜的塑料封装散热在 1 W 左右。一些稍微价高一些、但总体上说还比较便宜的塑料封装散热在 2 W 左右。再

好一点的散热性能就需要更贵的陶瓷封装了。若要芯片的散热大于 50 W，就需要特殊的散热附件，甚至是更加极端的技术比如说电风扇、吹风机、液体冷却装置或者散热管。

封装密度在减小主板成本上扮演着一个主要的角色。增加的引脚数目要么需要更大的封装尺寸，要么引脚间的距离减小。它们都对封装成本有很大影响。

封装可以以不同的方式被分类，比如它们所使用的材料、互连级别的级数或是散热所使用的方法等。

2.2.3 封装材料

封装体最为常用的材料是陶瓷或者聚合体（塑料）。后者有一个很大的优点，那就是非常便宜，但是热特性可能不太好。比如说，陶瓷 Al_2O_3（Alumina）的导热性能就比 SiO_2 和聚酰亚胺塑料要好很多（导热性能比分别是 30 和 100）。进一步来说，它的热膨胀系数也更接近于典型的互连材料。Al_2O_3 和其他陶瓷的缺点就是它们具有高介电常数，这会导致大的互连电容。

2.2.4 互连级别

传统的封装方法使用一个二级互连策略。第一级互连是裸芯和单个的芯片载体或者衬底相连。封装体包含一个内部的空腔，我们把芯片就放在空腔里面。这些空腔为很多和芯片引脚的互连提供了足够的空间。这些引脚又包含第二级互连，就是把芯片和整个的互连媒介相连接，这个互连媒介一般来说就是一个 PC 主板。复杂系统包含的互连级别可能更多，因为各个主板是用底板和带状电缆互连起来的。互连级的头两级在图 2-22 中示出。线键合的一个例子在图 2-23 中示出。

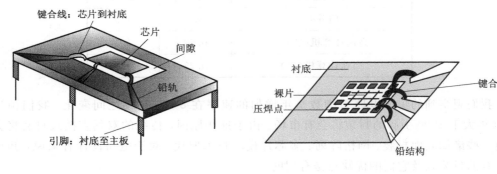

图 2-22 传统 IC 封装的互连　　　　　图 2-23 线键合

虽然线键合这个过程在很大程度上是自动完成的，但这种方法还是有一些主要的缺点：

（1）线必须是串连连接，一个接着一个。引脚数目的增加就会导致更长的制造时间。

（2）更多的引脚数目使得寻找一个可以避免线间短路的键合模式变得更有挑战性。键合线的电气特性比较差，因为其自身有电感（5 nH 甚至更大）并且和相邻的信号间还会有互感。键合线的电感典型值大概为 1 nH/mm，而每个封装引脚上的电感大概为 7～40 nH，具体值由封装类型和封装边界引脚的位置所决定。一些很常用的封装的寄生电感和电容的典型值在表 2-2 中总结出来。

（3）由于制造方法和费用的变化，寄生参数的精确值是很难预测的。

表 2 - 2　封装与键合的典型电容和电感值

封装类型	电容/pF	电感/nH
68 管脚塑料双列直插式封装	4	35
68 管脚陶瓷双列直插式封装	7	20
256 管脚网络插针阵列	1～5	2～15
线键合	0.5～1	1～2
焊料块	0.1～0.5	0.01～0.1

2.2.5　在封装中对于热学方面问题的考虑

随着集成电路中能量损耗的增加，如何有效地消除芯片产生的热量变得越来越重要了。集成电路中大量的失效都是由于温度的升高引起的。可以看到的例子包括反偏二极管中的漏电流、电迁徙和热电子捕获。为了防止芯片失效，裸芯的温度应该控制在一定的范围内。商用器件的工作温度范围为 0～70℃。军用元件要求较高，工作温度范围为 −55～125℃。

封装的冷却效率和封装材料的热传导率有很大的关系。封装材料包括封装的衬底和封装体的材料两部分。封装的冷却效率还和封装结构以及在封装和冷却媒介之间的热传导效率有关。标准的封装方法用静止或者循环空气作为冷却媒介。传导效率可以通过对封装添加鳍状金属散热装置来改善。还有成本更高一些的封装方法，比如说在大型机或者超级计算机中，就会通过把空气、液体或者惰性气体挤进封装中很小的导管里来达到更高的冷却效率。

举个例子，一个 40 个引脚的 DIP 封装对于自然空气对流和强制空气对流分别有 38℃/W 和 25℃/W 的热电阻。这也就是说，一个 DIP 封装在自然（强制）空气对流条件下会损耗 2 W（或 3 W）的功率，并且还能保持裸芯和环境之间的温度差在 75℃ 以下。相比较，一个陶瓷 PGA 的热电阻较小，范围大概在 15～30℃/W 之间。

为了减小热电阻而采用的封装方法会增加生产成本，因此在设计集成电路时，必须考虑将集成电路的能量损耗限制在一定的范围内。增加的集成度和电路性能要求使得这个问题变得越来越重要了。在这个背景下，Nagata 推出了一个有趣的关系，这个关系对集成复杂度和性能提供了一个限制，这个限制是热参数的函数，即

$$\frac{N_G}{t_p} \leqslant \frac{\Delta T}{\theta E} \tag{2-2}$$

这里，N_G 是一个芯片上的门级数量，t_p 是传输延迟，ΔT 是芯片与环境之间的最大温度差，θ 是它们之间的热电阻，而 E 是每个门的开关能量。

幸运的是，在一个系统中并非所有的门同时工作。基于电路的工作，门的最大数量可以是比较大的。比如说，我们根据试验推导出来平均开关周期和传输延迟之间的比率范围在 20（小规模电路）～200（大规模电路）之间。

方程（2-2）告诉我们，电路的集成受到散热和热学方面的因素的限制。那些减小 E 或者减小活动因子的低功率设计方法正变得越来越重要。

2.3　集成电路版图设计

2.3.1　版图概述

用同一种工艺可以制造出任意品种的 IC，所不同的就是掩膜（Mask），设计的任务就是设计电路——掩膜版图（Layout）。在一个硅圆片（Wafer）上按 ASIC 的版图掩膜光刻出给定图形，放在炉子里进行加工，再进行划片、封装即成需要的 IC。

一片裸芯片的几何图形集合就对应电路的版图。以二输入与非门的 IC 为例，从版图到电路的对应如图 2-24（a）～（d）所示。

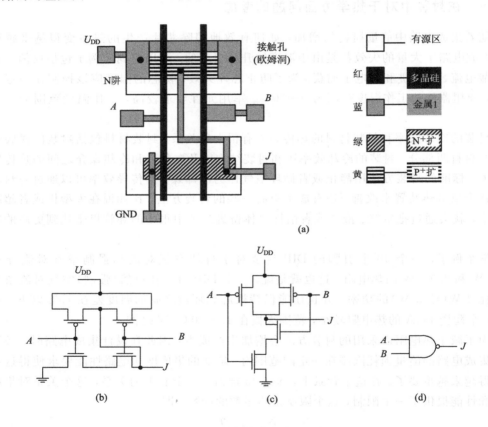

图 2-24　从版图到电路的对应
（a）版图；（b）线路图；（c）归整后的线路图；（d）与非门符号

2.3.2　版图设计规则

版图设计规则是电路设计和工艺制造之间的接口约束，它的目的是确保电路设计在现有光刻条件（光印刷、电子束、X 射线）下能顺利地转换为合格的硅掩膜光刻版。设计规则是折中的产物，因为一方面希望在单芯片内装入尽可能多的电路，另一方面又要尽量避免或减少制造故障，提高成品率。故障包括线开路、短路和晶体管失效。线太宽容易短路，太窄又容易断线。在各个工艺阶段，例如光刻阶段，若局部材料的变化影响了扩散速率，就会造成故障。

工艺不同、生产厂商不同，其最小线宽和规则也就不同。所谓版图设计规则，就是版图的设计尺寸规则。设计规则规定了掩膜版各层几何图形的宽度、间隔、重叠及层与层之间距离等的最小容许值。通常由 CAD 软件在设计结束时，据此进行设计规则检查(Design Rule Check，DRC)。设计规则是设计和生产之间的一个桥梁，是一定的工艺水平下电路的性能和成品率的最好折中。

版图由晶体管、电阻、电容、连线和连接孔等组成。

设计规则规定了一系列最小线宽、最小间距规则，包括：

① 对元件，例如晶体管的尺寸规则。

② 对元件的互连，例如线宽规则。

③ 对元件相互间的间距规则。

从另一角度看，版图由不同的层构成。这些层包括衬底、阱、扩散区(可以作有源区)、选择区、多晶硅、多层金属、接触孔及过孔等。设计规则也规定了同一层和不同层的元件图形及其相互关系的约束规则。

层内规则主要是线宽和间距。层间规则包括：

① 元件层间规则，包括有源区和阱边界的间距、有源区和栅极的相互覆盖。

② 连接孔(接触孔和过孔)规则。接触孔连接金属和有源区、多晶硅。过孔连接多个金属层，在需要连接的两层之间造成一个洞，然后灌满金属实现连接。一个连接孔的尺寸通常为 $4\lambda \times 4\lambda$。

对于过孔，要求被连接的两层面积大于二氧化硅的切口面积。

一个大芯片中可能有几百万个过孔，每一个都有一定的面积要求，因为太小或太浅都会造成失效。

影响过孔成品率的因素很多，包括切口大小、形状和间距等。

阱、衬底与电源、地的正确可靠的接触对电路可靠性非常重要。例如，多点接地要极力避免形成寄生闩锁电路。选择区的主要功能就是实现有效的欧姆性接触。

1. 设计规则描述

1) λ 设 计 规 则

λ 版图设计规则是一种可缩放的设计规则(scalable design rules)。

1978 年时 $\lambda = 3\ \mu m$，后来 λ 达到 $0.5 \sim 0.8\ \mu m$。现在除了做专用电路以外，λ 设计规则已经采用的不多了。

1980 年 Mead 提出一个无量纲的单一参数"λ"作为特征尺寸，从而建立起一套以 λ 为自变量的几何尺寸间的函数约束关系。随着 λ 的变化，各个尺寸同时线性缩放。针对不同的工艺将 λ 代换为绝对尺寸，所有尺寸都随之变成绝对尺寸。

λ 设计规则的优点：可以延长设计数据的寿命，可移植到不同厂家加工。

λ 设计规则的缺点：

(1) 只在一定范围内适用，例如 $1 \sim 3\ \mu m$ 工艺范围，如果在亚微米范围就不适用了，因为不同层之间的关系呈现非线性变化，不应该简单地进行线性缩放。

(2) 为了满足各种工艺，λ 设计规则采用保守设计，对整套规则按照最坏情况将尺寸适当放宽,版图面积要大。

(3) 模拟 IC 不太合适。

因为上述缺点,目前工业界对 λ 规则兴趣不大。当电路密度上升为主要矛盾时,工业界更愿意采用微米规则,即采用绝对尺寸规范设计规则,这样可最大限度地发挥给定工艺的潜力。不过,这时的移植加工相当麻烦,需要借助于手工或者更先进的 CAD 工具。

2) SCMOS 设计规则

美国 MOSIS 公司推出的 SCMOSLIB 标准单元库,是根据 λ 规则设计的,受到电路设计研究开发人员的普遍欢迎。当需要手工设计 CMOS 版图或版图单元时,可以使用 SCMOS 设计规则,参考具体 CMOS 版图的 λ 设计规则。通常最小线宽尺寸取为 2λ,例如对于 $1.2~\mu m$ 工艺,应取 $\lambda=0.6~\mu m$。

SCMOS 规则的基础仍然是 λ 规则,优点在于它是一种可升级的设计规则。

在特征尺寸变小时,设计师往往会加大芯片密度,在原来电路基础上添加某些新的电路模块。这时,设计师不必担心电路规模变大会造成速度下降,因为尺寸缩小又是芯片速度变快的一种因素,两种因素的折中结果使得整体性能不致明显变坏。若原设计采用了 SCMOS 规则设计,那么新设计对于原设计部分就不必改动或者重新设计。

SCMOS 有许多规则,其中的最小间距及尺寸规则如表 2-3 所示。

表 2-3　SCMOS 最小间距及尺寸规则

层	最小宽度	最小间距	备　注
金属 1	3λ	3λ	
金属 2	3λ	4λ	
多晶	2λ	2λ	多晶—多晶
P^+, N^+	3λ	3λ(同类间)	不同的 P^+, N^+ 之间 10λ
阱宽	10λ	从边缘到源/漏有源区最小间距 5λ	

3) $3~\mu m$ 绝对单位制规则

我国的华晶集团提供的 $3~\mu m$ 硅栅 CMOS 设计规则就不是可升级规则,它以绝对单位制定规则,此处以 μm 为单位,不以 λ 为单位。工艺所必需的 8 层版列举如下:

一层版:P 阱(阱区)版;

二层版:有源区(薄栅氧化层)版;

三层版:多晶硅版;

四、五层版:P^+ 版,其正版用于 P^+ 扩,负版用于 N^+ 扩;

六层版:欧姆洞(引线孔)版;

七层版:反刻铝(金属条)版;

八层版:压焊点版,用于刻出压焊点。

例:有源区或薄氧化层区设计规则示意图如图 2-25 所示。图中包括:

(1) 有源区最小宽度。

(2) 有源区最小间距。

(3) 源、漏到阱的边缘的最小间距。

(4) 衬底、阱的接触有源区到阱边缘的最小距离。

（5）N^+ 与 P^+ 之间的最小距离。

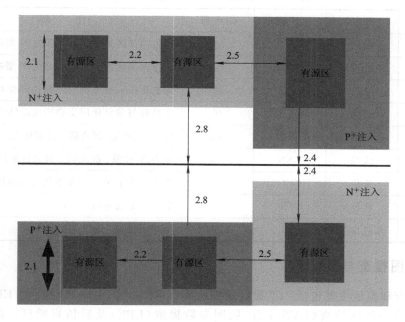

图 2 - 25　有源区或薄氧化层区设计规则示意图

2. CMOS 工艺的描述

（1）所有的 CMOS 工艺都可以采用下列特征描述：

· 两种不同的衬底（P 或 N）。

· P 型管和 N 型管掺杂区的形成材料（Ge 或 P）。

· MOS 管的栅极。

· 内连通路。

· 层间的接触。

（2）对于典型的 CMOS 工艺，可以用不同的形式来表示各层：

· JPL 实验室提出的一组彩色的色别图。

· 点划线图形。

· 不同的线型。

· 上述几种类型的组合。

（3）以 λ 为基准的版图规则对以下几种掩膜层的几何参数进行定义：

· 有源区或薄氧化层。

· P 阱或 N 阱。

· 多晶硅。

· P^+ 区或 N^+ 区。

· 各个不同区域的接触孔。

· 金属连接线。

典型 CMOS 工艺图层定义如表 2 - 4 所示。

表 2 - 4　典型 CMOS 工艺图层定义

层	颜色	CIF 码	GDS 码	注　　释
P 阱	褐色	CWP	41	褐色内部区为 P 阱，外部为 N 型衬底
N 阱	黄色	CWN	42	黄色内部区为 N 阱，外部为 P 型衬底
薄氧化层	绿色	CAA	43	薄氧化层一般不能与 P 阱边界交叠
多晶硅	红色	CPG	46	多晶硅与薄氧化层交叠构成晶体管
P^+	桔黄	CSP	44	可为 P 管源、漏或阱、衬底接触区
N^+	浅绿	CSN	45	可为 N 管源、漏或阱、衬底接触区
接触孔	紫色	CCG	25	紫色区为金属—硅或多晶硅表面接触
金属 1	蓝色	CMF	49	第一层金属连线
钝化	紫色虚线	CG	52	压焊引出孔，内部测试孔

2.3.3　版图检查与验证

版图检查和验证主要包括：① 设计规则检查（DRC）；② 电气规则检查（ERC）；③ 版图与电路图的一致性检查（LVS）；④ 版图参数提取（LPE）及后仿真验证。其过程如图 2 - 26 所示。

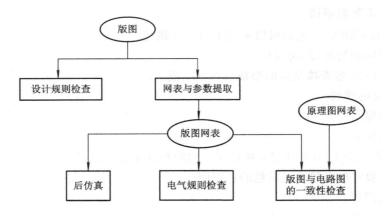

图 2 - 26　版图检查和验证

1. 设计规则检查

所谓版图设计规则，就是版图的尺寸规则。设计规则是考虑器件在正常工作的条件下，根据实际工艺水平（包括光刻水平、刻蚀能力、对准容差等）和成品率的要求，给出一组同一工艺层及不同工艺层之间几何尺寸的限制，主要包括线宽、间距、覆盖、露头、凹口、面积等的最小值，以防止掩膜图形的断裂、连接和一些不良物理效应的出现。通常由 CAD 软件在设计结束时，据此进行设计规则检查（Design Rule Check，DRC）。

设计规则是电路设计和工艺制造之间的接口约束，它的作用是确保电路设计在现有光刻条件（光印刷、电子束、X 射线）下能顺利地转换为合格的硅掩膜光刻版。工艺不同、生产厂商不同，其最小线宽和规则也就不同。

设计规则内容包括：

① 对元件，例如晶体管的尺寸规则。

② 对元件的互连，例如线宽规则。

③ 对元件相互间的间距规则。

④ 元件层间规则，包括有源区和阱边界的间距以及有源区和栅极的相互覆盖。

⑤ 连接孔（接触孔和过孔）规则。

对于 g 和 s、d 的交叉，要求二者都要多延伸出来一段，如图 2-27 所示。

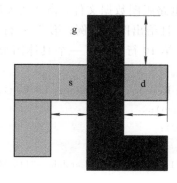

图 2-27　设计规则示意图

2. 电气规则检查

电气规则检查（Electrical Rule Check，ERC）也是一种版图检查规则，在版图设计中也是非常重要的一个阶段，目前 EDA 工具都具备这一功能。

ERC 的功能是区别大量不同的电路对象，例如简单的逻辑门、寄存器、通路晶体管等，根据其不同的电气特性要求来制定一套版图结构应该满足的电气规则库，用于对版图设计进行后检查。

电气规则检查的前提是针对给定的版图，按照各个节点和器件已知的某种对应关系识别出一个完整的实际电路。然后针对这一实际电路，检查某一电极所连的节点数是否合理，检查某节点所连的某类元件的某电极数是否合理。

电气规则包括大量的开路、短路、浮空以及与电源和地的通断关系检查判断。举例来说，版图中有多处标有同样的节点名，表明它们本该相连，电气上属于同一个节点，但到了实际的版图上反而是开路，这属于违反电气规则。另外，不该是高阻的反而处于浮空状态，该接地的未能有效接地等都属于违反电气规则。

为了确保电路中信号波形的上升边和下降边能满足一定的时延宽度，也可以制定一个电气规则，来规定某些驱动晶体管的宽度及其他主要版图尺寸应该是其扇出的某种函数。

对于复杂电路的电气规则检查，ERC 工具将会扫描整个电子网络的所有对象，甚至可能需要启动电路模拟仿真程序检查网络中的某一个子电路模块是否满足给定的条件。因此，ERC 有可能要与仿真软件协作来完成其功能。

ERC 完成之后，还要作最后的版图校验（LVS，电路与版图一致性检查）才算完成了最终的电学验证。

2.3.4 IC 版图格式

1. CIF 格式

CIF 格式用一组文本命令来表示掩膜分层和版图图形，可读性强，具有无二义性的语法。通过对矩形、多边形、圆、线段等基本图形的描述，图样定义描述，附加图样调用功能等，可以实现版图图形的层次性描述。由于采用字符格式，CIF 格式可以独立于具体机器，可移植性强。

下面为一个最简单的集成电路版图数据文件，格式为 CIF。前 5 行括号中的内容为注释行；第 6 行为图形定义开始，且给出图形比例；第 7、8 行为用户扩展命令，定义单元名和标注等；第 9 行定义了层名；第 10 行定义了一个具体图形；第 11 行表示图形符定义结束；第 12 行表示 CIF 文件结束。

```
(CIF written by the Tanner Research layout editor：L-Edit);
(TECHNOLOGY：VLSIcmn6);
(DATE：Sun, Jun 27, 1999);
(FABCELL：NONE);
(SCALING：I CIF Unit=11120 Lambda, 1 Lambda=3110 Microns);
DS 1 2 8;
9 Cell0;
94 LabelText 60 180 CM;
L CM;
B 240 120 120 300;
DF;
E
```

为使读者可以读懂 CIF 文件，用手工或用 L-Edit 恢复出版图的完整图形，下面对 CIF 格式主要命令作一个简单介绍。

（1）图形符定义开始：

    DS n a b;

其中，n 为图形编号，a/b =图形与实际尺寸（坐标）之比。

（2）图形符定义结束：

    DF;

（3）全部结束：

    E

（4）注释：

注释用圆括弧括起来，例如：

    (emitter layer);

（5）掩膜层说明：

例如：

    L M1;

说明 M1 为第一层金属。

（6）图形符删除：

　　　　DD n；

将删除大于或等于 n 的所有图形符。

（7）多边形命令：

　　　　P …；

这里的"…"表示 n 点坐标。如图 2－28 所示的多边形表示为：

　　　　P 0，0 0，40 0，40 20，20 20，20 40，0 40，0 0；

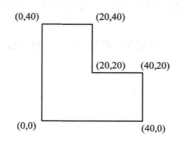

图 2－28　CIF 所表示的多边形

（8）矩形命令：

　　　　B L W C D；

其中，B 为标识符，L、W、C、D 依次为长、宽、中心和方向（中心占用 x，y 两个坐标，方向与长度方向平行）。

（9）圆形命令：

例如：

　　　　R 100 10，20；

其中，100 为直径或半径（视 EDA 工具而定），10，20 为圆心坐标。

（10）线条：

例如：

　　　　W 4 10，20 100，20；

其中 4 为线宽，其余两对数为线条两端点的中心坐标。

（11）用户扩展命令：

所有的用户扩展命令均是以数字开头的命令。L－Edit 软件所作的用户扩展约定是以 9 开头来表示单元名称的。例如，9 Cell0 表示单元名称为 Cell0。

又约定以 94 表示单元标号，例如：

　　　　94 LabelText 60 180 CM；

表示在层 CM 上，在 x＝60 单位，y＝180 单位处放置标号 LabelText。

也可以重新定义 λ，例如定义：

　　　　lambda ＝ 250；

表示 λ＝2.5 μm，因为 CIF 格式的默认单位为 0.01 μm。

2. GDSⅡ 格式

GDSⅡ 格式可以表示版图的几何图形、拓扑关系和结构、层次以及其他属性。作为一种二进制格式文件，它占用的空间较少，但无法进行编辑，可读性较差。同一设计的

GDSⅡ 文件比 CIF 文件长。GDSⅡ不包括圆的定义，一个圆用 64 边形近似。

3. PG 格式

PG 格式(Pattern Generator Data Formats)中的图形，全部表示为基本图形。

(1) PG 格式表示与具体图形发生器有关。以 Mann 3000 为例，在将 CIF、GDSⅡ格式图形转换为 PG 格式的过程中，所有图形都被重新拼接，编辑为面积有限的矩形的组合。圆和圆环会占用更多的矩形数目，因此也将耗费更多的机时。

(2) 一个版图设计由多层掩膜版组成。一个版图的 PG 带包括一块掩膜版，对应若干个文件。

(3) 从 PG 带再回到版图。有的 CAD 系统还可以将 PG 带再恢复为版图，以便进一步作版图后校验。

第 3 章　器件的物理基础及其 SPICE 模型

本章主要介绍构成集成电路的一些最基本的器件的物理特性及其分析方法，这些器件包括双极晶体管、MOS 晶体管等有源器件，以及集成电阻器、集成电容器、集成二极管等无源器件，并给出电路模拟软件 SPICE 中描述这些器件特性的模型与基本模型参数。

SPICE(Simulation Program with Integrated Circuit Emphasis)程序是目前世界上最为著名和广为采用的集成电路仿真程序，它是由美国加州大学伯克利分校于 20 世纪 70 年代针对集成电路设计需要而开发的通用电路模拟程序。

3.1　PN 结

PN 结是半导体器件的最基本的结构要素，将 PN 结适当组合可制成晶体管、可控硅管和其他集成电路器件。本节主要介绍 PN 结的基本结构、工作过程及其重要特性。

3.1.1　PN 结的形成

应用半导体制造工艺把一块半导体加工成一半 N 型半导体、一半 P 型半导体时，二者的界面两边将产生很大的载流子浓度差。因为 P 型区内空穴载流子浓度高，N 型区内自由电子浓度高，所以界面处载流子由浓度高处向浓度低处扩散，结果在 P 型半导体和 N 型半导体交界面上形成一个特殊的薄层，即 PN 结，所形成的电场称为 PN 结电场。由于 PN 结内的电子与空穴中和而无载流子，因此 PN 结又叫"耗尽层"，如图 3-1 所示。

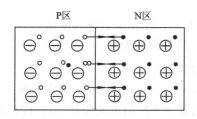
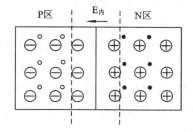

图 3-1　PN 结的形成

图 3-2 是硅 PN 结的结构及其一维理想模式图，它是在集成电路制造过程中形成的（图中"＋"表示浓度高，"－"表示浓度低）。

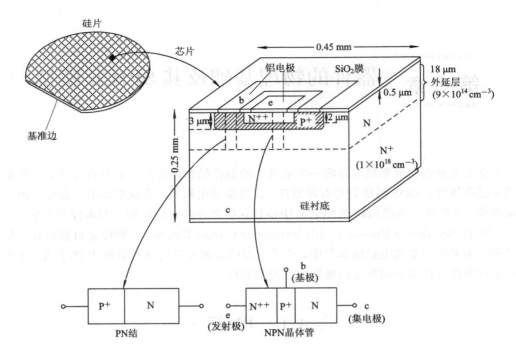

图 3 - 2 硅 PN 结的结构图

3.1.2 PN 结的理想伏安特性

在理想 PN 结模型下，可得到理想 PN 结伏安特性表达式：

$$I = A\left(\frac{qD_n n_{p0}}{L_n} + \frac{qD_p p_{n0}}{L_p}\right)(e^{\frac{qU}{kT}} - 1)$$
$$= I_S(e^{\frac{qU}{kT}} - 1) \qquad\qquad (3-1)$$

式中：

$$I_S = A\left(\frac{qD_n n_{p0}}{L_n} + \frac{qD_p p_{n0}}{L_p}\right)$$

I_S 称为 PN 结反向饱和电流；

n_{p0} 和 p_{n0} 分别为 P 区和 N 区平衡时的少子电子浓度和少子空穴浓度；

L_n 和 L_p 分别称为电子和空穴的扩散长度，其值分别为

$$L_n = \sqrt{D_n \tau_n}, \quad L_p = \sqrt{D_p \tau_p}$$

其中，D_n 和 D_p 分别是电子和空穴的扩散系数；τ_n 和 τ_p 分别是电子和空穴的寿命。

式(3-1)定量表示了流过 PN 结的电流 I 与加在 PN 结上的电压 U(P 区相对于 N 区的电压)之间的关系。

3.1.3 PN 结的单向导电性

1. 外加正向电压，PN 结导通

在 PN 结两端加正向电压，即 P 区接电源正极，N 区接电源负极，如图 3 - 3(a)所示。

在外加正向电压的作用下 PN 结变窄，有利于扩散运动的进行。多数载流子在外加电压作用下将越过 PN 结形成较强的正向电流，这时的 PN 结处于导通状态。

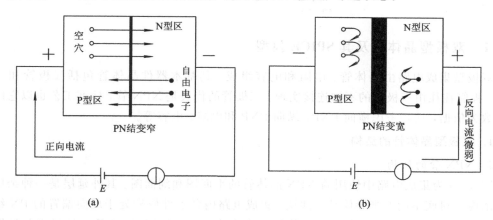

图 3-3　PN 结的单向导电特性

2. 外加反向电压，PN 结截止

在 PN 结两端加反向电压，即 P 区接电源负极，N 区接电源正极，如图 3-3(b)所示。在外加反向电压的作用下 PN 结变宽，阻碍多数载流子的扩散运动。少数载流子在外加电压作用下形成微弱电流，由于电流很小，可忽略不计，所以 PN 结处于截止状态。应当指出的是，少数载流子是由于热激发产生的，所以 PN 结的反向电流与温度有关，必须注意较大的温度变化会对半导体器件有影响。

综上所述，PN 结具有正向导通（呈低电阻）、反向截止（呈高电阻）的导电特性，这叫做 PN 结的单向导电性，其导电方向是由 P 区到 N 区。

需要指出的是，当 P 型区域加上足够高的负电压时，将有大电流流动，如图 3-4 所示。在集成电路中，PN 结不仅在二极管、晶体管等有源器件中使用，而且当其加上反向偏压时，也可作为元器件之间的电绝缘（元器件间的隔离墙）。

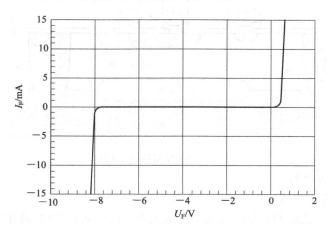

图 3-4　PN 结伏安特性

3.2　有源器件

3.2.1　双极型晶体管及其 SPICE 模型

双极型集成电路由晶体管、电阻和电容组成。其基本器件晶体管包括二极管和三极管。二极管往往由三极管的不同连接实现。三极管的代表是 NPN 管,标准工艺也以它的主要参数为依据,适当考虑横向 PNP,纵向 PNP 和电阻、电容等。

1. 双极型晶体管的结构

1) NPN 管的结构

图 3-5 为集成电路中使用的 NPN 晶体管的平面图和剖面图。其外延层是一种杂质种类和浓度与衬底不同的半导体结晶薄层。集成电路内各器件依靠处于反向偏置的 PN 结相互隔离。包括集电极在内的各个电极均形成在上表面。隐埋层(N⁺)是在外延之前扩散形成的,是为了降低集电极电流通路的电阻(集电极电阻)而设置的。

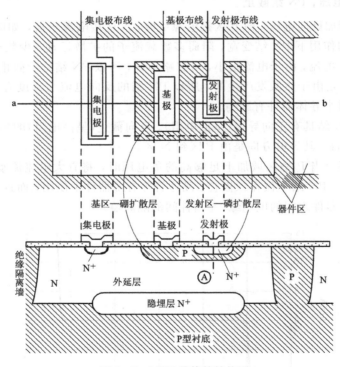

图 3-5　NPN 晶体管结构图

2) 横向 PNP 的结构

横向 PNP 的特点包括:

(1) β 小(由于工艺限制,基区宽度不可能太小,且有纵向 PNP 的作用);

(2) 频率响应差(f_T 小);

(3) 载流子是空穴。

改善的方法:在图形设计上减小发射区面积和周长之比。

横向 PNP 的结构如图 3-6 所示。

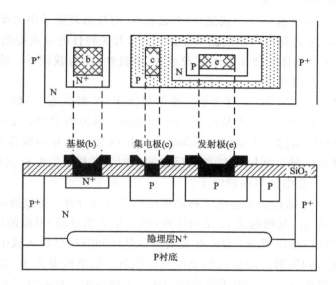

图 3-6　横向 PNP 的结构

3）纵向 PNP 的结构

纵向 PNP 管的特点包括：

（1）衬底 PNP 管的集电区是整个电路的公共衬底，直流接最负电位，交流是接地的，所以使用范围很有限，只能用做集电极接最负电位的电路结构。

（2）工作电流比横向 PNP 管大。

（3）不用隐埋层。

（4）基区电阻大。

纵向 PNP 的结构如图 3-7 所示。

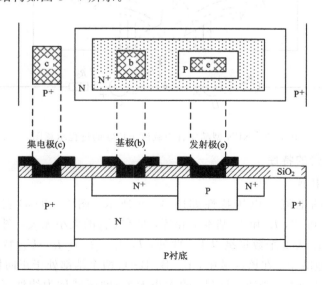

图 3-7　纵向 PNP 的结构

2. 双极型晶体管的工作原理

双极型晶体管以电子和空穴为载流子（双极性），而且由载流子中的少数载流子决定器件的性能。双极型晶体管是以控制电流来达到放大、开关特性的电流控制器件。与此不同，我们后面要讲的 MOS 晶体管使用电子或者空穴（单极性）作为载流子，是一种多数载流子器件，也是一种电压控制器件。

在双极型晶体管中，以 NPN 管为例，发射载流子（N 型区电子）的一侧称为发射极 e（emitter），载流子到达的一侧称为基极 b（base）。此时，基极为 P 型，注入的电子为少数载流子。将收集电子的区域称为集电极 c（collector）。b－e 结处于正向偏置状态时，数量很多的电子被注入到基极区域。而 b－c 结加有反向偏压时，有利于集电极收集经基极区域（简称基区）扩散到基区—集电区界面的电子。

发射极电流 I_E 中，除包括上述电子移动形成的电流成分外，还包括一股由基区注入到发射区的空穴电流成分。基极电流 I_B 是由空穴（因为是 P 型区域）形成的电流，包括空穴在基区与电子复合形成的电流成分、空穴在发射区—基区间的耗尽层区域中与电子复合形成的电流成分以及注入到发射区的空穴形成的电流成分。集电极电流 I_C 是发射极电流注入到基区并到达集电极的这一部分电子形成的电流。未到达集电极的电子在基区与空穴复合形成基极电流的一部分。发射极电流、基极电流和集电极电流满足 $I_E = I_B + I_C$。NPN 型晶体管中载流子传输的过程如图 3－8 所示。

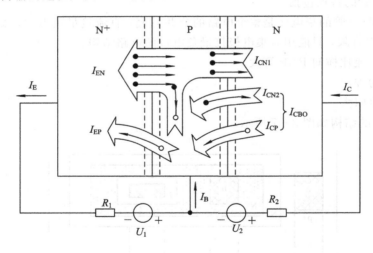

图 3－8　NPN 型晶体管中载流子传输的过程示意图

3. 双极型晶体管的特性

1）电流—电压特性

双极型晶体管的电流—电压特性如图 3－9 所示。图 3－9（a）表示基极接地时的 I_C－U_{CB} 特性。由图可知，I_E 和 I_C 基本上相等，且和 U_{CB} 的大小无关。图 3－9（b）表示发射极接地时，I_C 要比 I_B 大 2 个数量级以上。此处，$I_C/I_B = \beta$。在 I_C－U_{CE} 特性中，当 U_{CE} 小于 0.5 V 时，I_C 急剧地减小。在该区域中，E－B、B－C 两个结都处于正向偏置，称该区域为饱和区。而把 I_C 基本保持一定值（与 U_{CE} 的大小无关）的区域称为线性区。需要注意的是，这一称呼与 MOS 晶体管特性的称呼正好相反。图 3－9（c）表示 β 和 I_C 的关系。随着 I_C 的增加，β 逐渐增加，随后为一定值，最后略有下降。β 随 I_C 变化的理由将在后面说明。作为电路设计者来说，希望 β 不随 I_C 变化而保持一定的值。

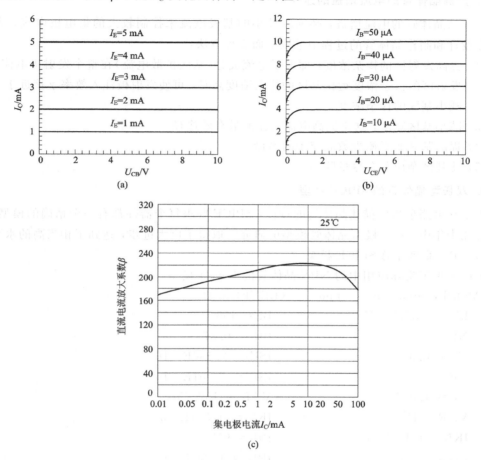

图 3 - 9　双极型晶体管的伏安特性

2）厄雷效应（Early effect）

在 I_C - U_{CE} 特性的线性区域中，随着 U_{CE} 的增加，I_C 并不保持一定值而是略有增加。这主要是由于随着 U_{CE} 的增加，U_{CB} 增大，集电极—基极间的耗尽层厚度也增大，其结果导致基区的厚度变薄而引起的。这正好相当于增大了基区中少数载流子分布的斜率，促使 I_C 增加。这一现象称为"厄雷效应"。为减小厄雷效应，必须减小集电极区域的杂质浓度，外延层正是为此目的而引入的。

3）晶体管的工作频率

决定晶体管工作频率上限的因子是注入基区中的少数载流子再分布所需的时间。上限工作频率 f 取决于少数载流子穿过基区所需时间的倒数。

4）基极电阻

由于基区存在电阻分量，E-B 结的中央部分和接近基极电极的基区部分之间产生电位差。从而会引起电流集边效应，即发射极电流集中在发射结边缘附近。为防止产生这一不良现象，有必要优化发射极的尺寸，或进一步缩短发射极—基极间的距离，改良基极电极的结构。

4. 提高晶体管的电流增益的途径

要提高晶体管的电流增益,必须以较小的基极电流来控制较大的集电极电流。为此,可以在设计和制作晶体管的过程中采取下面 5 种方法:

(1) 提高发射区的掺杂浓度,即电子电流成分(基区扩散电流)在整个发射极电流中的比例,当发射区的掺杂浓度远比基区的掺杂浓度高时,可使发射极注入效率 γ 接近于 1。

(2) 减小基区的掺杂浓度。

(3) 减小基区宽度,这是提高电流增益的最有效途径。

(4) 提高基区非平衡少数载流子的寿命。

(5) 使基区杂质分布尽量陡峭。

5. 双极型晶体管的 SPICE 模型

为了在电路模拟中描述晶体管的特性,SPICE 要求每个器件都有一个精确的模型。在过去的几十年中,对双极型晶体管模型的研究已取得了巨大进步,达到了相当高的水平。

1) NPN 晶体管的 SPICE 模型

下面给出了实际应用中的 NPN 晶体管的 Level1 模型:

```
. MODEL npn9x9p      npn      (LEVEL = 1
+ IS = 2.377E−17          BF= 156
+ NF = 0.9608             BR = 0.376
+ NR = 0.962              ISE = 7.586E−16
+ NE = 1.540              ISC = 1.301E−15
+ NC= 1.032              VAF = 152.75
+ VAR= 15.7              IKF = 4.511E−3
+ IKR = 1.10E−3           RB = 955
+ RBM = 26.2             IRB = 1.202E−6
+ RE = 6.01              RC = 137.5
+ CJE= 1.76E−13          VJE = 0.805
+ MJE = 0.360            FC = 0.5
+ CJC = 1.32E−13          VJC = 0.488
+ MJC= 0.281             CJS = 2.82E−13
+ VJS = 0.364            MJS = 0.181
+ EG = 1.12)
```

2) 纵向 PNP 晶体管的 SPICE 模型

下面给出了实际应用中的 PNP 晶体管的 LEVEL1 模型:

```
. MODEL vpnp11x11      pnp      (LEVEL = 1
+ IS = 9.460E−16          BF = 542.5
+ NF = 0.995             BR = 0.38
+ NR = 0.998             ISE = 3.01E−15
+ NE = 1.590             ISC = 1.47E−14
```

+ NC = 1.074　　　　　　　VAF = 83

+ VAR = 12.4　　　　　　　IKF = 7.03E−5

+ IKR = 3.802E−4　　　　　RB = 520.6

+ RBM = 24.76　　　　　　 IRB = 7.079E−8

+ RE = 32.6　　　　　　　 RC = 186.4

+ CJE = 6.32E−14　　　　　VJE = 0.488

+ MJE = 0.281　　　　　　 FC = 0.5

+ CJC = 5.87E−13　　　　　VJC = 0.488

+ MJC = 0.281　　　　　　 EG = 1.12)

3) 横向 PNP 晶体管的模型

对于横向 PNP 晶体管来说，仅用 SPICE 双极型晶体管模型来表示是不精确的，因为该类型晶体管不仅饱和时产生衬底电流，正常工作时也产生衬底电流。为了克服这个缺陷，我们需要使用一个子电路，只有在这个时候需要两个额外的晶体管，一个(V11)用来产生饱和时的衬底电流，另外一个(V21)用来表示正常工作时的状态。我们需要选择 V21的参数(尤其是 IS 和 BF，见表 3-1)以使衬底电流小于 V31 的电流(大约小 20%)。其等效电路如图 3-10 所示。

表 3-1　双极型晶体管的模型参数

SPICE 模型参数	表示符号	含　义
IS	I_S	晶体管反向饱和电流
BF	β_F	最大正向电流增益最大值
BR	β_R	最大反向电流增益最大值
VAF	U_A	正向厄雷电压
RB	r_b	基区串联电阻
RE	r_{ex}	发射区串联电阻
RC	r_c	集电区串联电阻
TF	T_F	正向渡越时间
TR	T_R	反向渡越时间
CJE	C_{je0}	eb 结零偏势垒电容
VJE	ψ_0	eb 结接触电势
MJE	n_e	eb 结电容梯度因子
CJC	$C_{\mu0}$	cb 结零偏势垒电容
VJC	ψ_{0c}	cb 结内建电势
MJC	n_c	cb 结电容梯度因子
CJS	C_{CS0}	衬底结零偏势垒电容
VJS	ψ_{0S}	衬底结内建电势
MJS	n_S	衬底结电容梯度因子

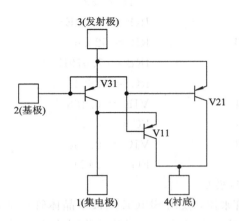

图 3 - 10　双极型晶体管的等效电路图

该等效电路的模型如下：

.SUBCKT PNP1 1 2 3 4

Q31 1 2 3 QP1

Q11 4 2 1 QP2

Q21 4 2 3 QP3

.ENDS

下面给出一个 20 V 的工艺模型：

.MODEL QP1 PNP IS＝1E－16 BF＝89 VAF＝35

＋IKF＝1.2E－4 NK＝0.58 ISE＝3.4E－15 NE＝1.6 BR＝5

＋RE＝100 RC＝800 KF＝1E－12 AF＝1.2 XTI＝5 ISC＝1E－12

＋CJE＝0.033E－12 MJE＝0.31 VJE＝0.75 CJC＝0.175E－12

＋MJC＝0.38 VJC＝0.6 TF＝5E－8 TR＝5E－8

＋XTF＝0.35 ITF＝1.1E－4 VTF＝4 XTB＝2.3E－1

.MODEL QP2 PNP IS＝5E－15 BF＝150 RE＝100 TF＝5E－8 XTI＝5

.MODEL QP3 PNP IS＝1E－18 BF＝25 CJC＝0.85E－12

＋MJC＝0.42 VJC＝0.6 XTI＝5 RE＝100

双极型晶体管的 SPICE 模型参数很多，表 3 - 1 列出了 SPICE 程序中 BJT 晶体管的几个重要的模型参数。

3.2.2　MOS 晶体管及其 SPICE 模型

1. MOS 晶体管的发展

MOS 晶体管也称为 MOS 场效应晶体管（MOS Field - Effect Transistor，MOSFET），是构成集成电路的主要器件。MOS 晶体管的工作原理是在 1930 年提出的，要比双极型晶体管早得多，但由于当时的半导体表面的研究以及制造致密氧化膜的技术不成熟，因此 MOS 晶体管迟迟不能变为现实。在双极型晶体管中，其电流是通过硅片的内部结而流动的，而在 MOS 晶体管中，其电流流过硅片与二氧化硅膜的界面，且其电压控制是通过二氧化硅膜实现的，所以不希望二氧化硅膜中存在钠离子等移动电荷。自从硅片表面可形成高质量的热二氧化硅膜层以后，MOS 晶体管才达到实用化的阶段。

自从 1960 年使用二氧化硅作为栅绝缘层，MOS 晶体管及集成电路有了很大的发展。促进 MOS 晶体管发展的主要技术有：

(1) 半导体表面的稳定化技术。

(2) 各种栅绝缘膜的实用化。

(3) 自对准结构 MOS 的发明。

(4) 阈值电压的控制技术。

由于工艺制造的原因，制造增强型 NMOS 比较困难，因而在早期是以 PMOS 集成电路为主。随着工艺的发展和改进，制造增强型 NMOS 的工艺日渐成熟，而且电子的表面迁移率比空穴的表面迁移率高，所以 NMOS 器件的工作速度比 PMOS 器件高。进入 20 世纪70 年代后，NMOS IC 逐渐代替 PMOS IC。到了 20 世纪 80 年代后，CMOS IC 以其近于零的静态功耗显示出优于 NMOS 的特性，更适合于制作 VLSI，加上工艺技术的发展，CMOS 技术成为当前 VLSI 电路中应用最广泛的技术。其主要特点包括：

(1) 集成度高而功耗低。

(2) 工作频率已接近 TTL 电路。

(3) 驱动能力尚不如双极型器件。

2. MOS 晶体管的结构

MOS 晶体管是一种由栅极控制导电沟道从而控制器件特性的器件。按照沟道中载流子类别的不同，分为 N 沟 MOS 晶体管(记为 NMOS)和 P 沟 MOS 晶体管(记为 PMOS)两类，每一类均可采用耗尽型和增强型两种模式，因此共有四种 MOS 晶体管。

增强型：是指在栅极上加有比阈值电压(绝对值)大的栅极电压(绝对值)时，才能在栅极下面形成导电沟道，是一种"常断"的 MOS。

耗尽型：栅极电压为 0 时也存在着导电沟道，是一种"常通"的 MOS。N 沟道时阈值电压是一个负值。

双极型晶体管的发射区、基区和集电区是纵向扩散而成的。与双极型晶体管不同，MOS 晶体管的源、栅和漏区是横向排列的，所以 MOS 晶体管的电流是沿表面流动的。其电极也排列在表面，是一种适合作为平面集成的结构。MOS 集成电路器件的隔离比双极型电路容易得多，因为 MOS 晶体管的源、沟道和漏都是同型半导体材料构成的，并且和衬底的导电类型不同，其本身就可形成 PN 结隔离。

N 沟道增强型 MOS(NMOS)器件的简化结构如图 3 - 11 所示。器件制作在 P 型衬底上(衬底也称做 bulk 或者 body)，两个重掺杂 N 区形成源端和漏端，重掺杂的多晶硅区(通常简称 poly)作为栅，一层薄 SiO_2 使栅与衬底隔离。器件的有效作用就发生在栅极氧化膜下的衬底区。源、漏方向的栅的尺寸叫做栅长 L，与之垂直方向的栅的尺寸叫做栅宽 W。

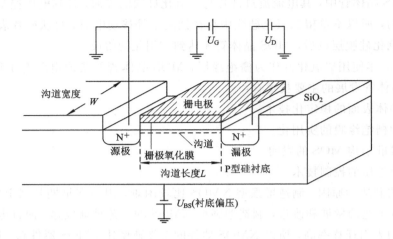

图 3 - 11　N 沟道增强型 MOS 器件的简化结构图

3. MOS 管的工作原理

下面以 N 沟道(载流子是电子)增强型 MOS 为例,分析 MOS 晶体管的工作原理。源、漏是用浓度很高的杂质(N^+)扩散而成的。在源、漏扩散层之间是受栅电压控制的沟道区,沟道长度为 L,宽度为 W。

1) 截止区

假设栅极和源极间外加电压 $U_{GS} \leqslant 0$,源区和漏区之间是由 P 型杂质的衬底隔开的,形成两个背靠背的 PN 结。如果在源漏之间外加一电压 U_{DS}(漏极接电源正端,源极接电源负端),由于源极与漏极之间存在反偏的 PN 结,源漏之间阻抗很大,只有很小的 PN 结泄漏电流,因此漏极和源极之间的电流近似为零,对应图 3 - 12 特性曲线的截止区。

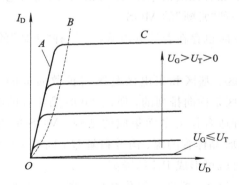

图 3 - 12　MOS 晶体管特性曲线

2) 线性区

如果 $U_{GS} > 0$,则栅极上的正电荷在栅氧化层中产生一垂直电场,在此电场的作用下,栅氧化层下的 P 型衬底表面将感生负电荷,即带负电的电子跑到半导体的表面,而带正电的空穴被排斥离开表面,从而使表面的空穴密度远低于衬底内部的空穴密度,在表面处形成耗尽区。随着 U_{GS} 的增加，从源、漏区和衬底深处继续吸引到表面处的电子密度大于空穴密度。这样，在栅氧化层下面的衬底表面出现反型层(N 型薄层)，和 P 型衬底构成 PN 结。而反型层呈现的以电子为载流子的 N 型薄层形成了源、漏区间的沟道，如图3－13(a)所示。

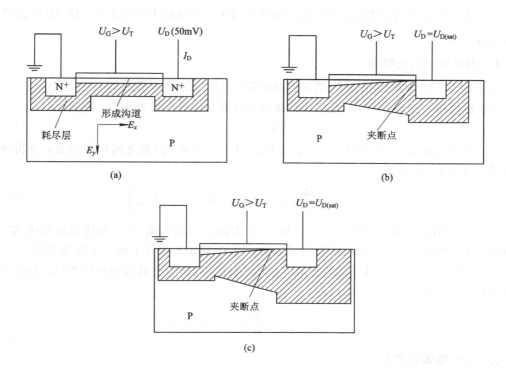

图 3 - 13　MOS 晶体管工作原理

若源漏间加有电压，便有电子由源区经过沟道到达漏区，形成漏极电流 I_D，对应图 3－12 上的 OA 段，这就是线性区。

将开始形成沟道时在栅极上所加的电压称为阈值电压 U_{TH}。

3）过渡区

在 U_{DS} 较小时，沟道相当于一个截面积均匀的电阻，因此源漏电流 I_D 几乎是线性增加的，这就是上面讨论的特性曲线的 OA 段。

随着 U_{DS} 的增加，沟道面积沿沟道方向不相等的现象越来越明显，如图 3－13(b)所示。而且随着漏端沟道和衬底之间的 PN 结耗尽层加宽，沟道变窄，沟道电阻增大，使 I_D 随 U_{DS} 增加的趋势减慢，偏离直线关系，这对应图 3－12 所示特性曲线的 AB 段。

4）饱和区

随着 U_{DS} 的进一步增加，漏端沟道进一步变窄。当漏端沟道的横截面积减小到零时，称为沟道"夹断"，如图 3－13(c)所示，这时 MOS 晶体管的工作状态对应图 3－12 所示特性曲线上的 BC 段。

出现夹断时的 U_{DS} 电压称为饱和电压 U_{DSAT}，此时的电流为 I_{DSAT}。如果 U_{DS} 继续增加，虽然 $U_{DS} > U_{DSAT}$，但由于这时漏端 PN 结耗尽层进一步扩大，有效沟道区中的压降仍保持为 U_{DSAT}，因此通过沟道区的电流基本维持为 I_{DSAT}，因此称这一区域为饱和区。

5）击穿区

如果 U_{DS} 继续增加，使漏端 PN 结反偏电压过大，会导致 PN 结击穿，使 MOS 晶体管进入击穿区。

4. MOS 管的伏安特性

对于图 3-12 所示的 NMOS 增强型晶体管，其伏安特性可表示如下：

（1）截止区。在 $U_{DS} < U_{TH0}$ 范围为截止区，源漏之间尚未形成沟道，因此

$$I_D = 0 \tag{3-2}$$

（2）线性区和过渡区。在 $U_{DS} \geqslant U_{TH0}$、$U_{DS} < U_{DSAT}$ 范围，源漏之间形成沟道，分析可得该区域中 I_D 的表达式为

$$I_D = \mu_n C_{OX} \frac{W}{L}\left[(U_{DS} - U_{TH0})U_{DS} - \frac{1}{2}U_{DS}^2\right] \tag{3-3}$$

式中，μ_n 为沟道中的电子迁移率；L 和 W 分别为沟道的长和宽；C_{OX} 为栅氧化层电容。也可以将 $\mu_n C_{OX}$ 用参数 KP 表示，称为跨导参数，它是 SPICE 软件中的一个模型参数。

（3）饱和区。在 $U_{DS} \geqslant U_{TH0}$、$U_{DS} \geqslant U_{DSAT}$ 范围内对应于特性曲线上的饱和区，分析可得该区域中 I_D 的表达式为

$$I_D = \frac{1}{2}\mu_n C_{OX} \frac{W}{L}(U_{DS} - U_{TH0})^2 \tag{3-4}$$

5. MOS 晶体管模型

下面给出了最简单的 Level1 MOS SPICE 模型，并给出 $0.5~\mu m$ 工艺模型参数的典型值。

NMOS 模型：

LEVEL=1	VTO=0.7	GAMMA=0.45	PHI=0.9
PSUB=9e+14	LD=0.08e-6	UO=350	LAMBDA=0.1
TOX=9e-9	PB=0.9	CJ=0.56e-3	CJSW=0.35e-11
MJ=0.45	MJSW=0.2	CGDO=0.4e-9	JS=1.0e-8

PMOS 模型：

LEVEL=1	VTO=-0.78	GAMMA=0.4	PHI=0.8
NSUB=5e+14	LD=0.09e-6	UO=100	LAMBDA=0.1
TOX=9e-9	PB=0.9	CJ=0.94e-3	CJSW=0.32e-11
MJ=0.5	MJSW=0.3	CGDO=0.3e-9	JS=0.5e-8

表 3-2 列出了 SPICE 程序中 MOS 晶体管的基本模型参数。

表 3 - 2   MOS 晶体管的基本模型参数

SPICE 模型参数	表示符号	含　　义
VTO	U_{TH0}	$U_{SB}=0$ 时的阈值电压
GAMMA	γ	体效应系数
PHI	$2\varphi_f$	表面费米电势
TOX	t_{OX}	栅氧厚度
NSUB	N_{SUB}	衬底掺杂浓度
LD	L_D	源/漏侧扩散长度
UO	μ_n	沟道迁移率
LAMBDA	λ	沟道长度调制系数
CJ	C_j	单位面积的源/漏电容
CJSW	C_{jsw}	单位长度的源/漏侧壁电容
PB	—	衬底结接触电势
MJ	m	衬底结电容梯度因子
CGDO	C_{gdo}	单位宽度的栅—漏交叠电容
CGSO	C_{gso}	单位宽度的栅—源交叠电容
IS	I_S	源/漏结单位面积的漏电流

3.3   无 源 器 件

　　一般电子电路中使用的无源元件有电感 L、电容 C 及电阻 R，而集成电路中使用的无源元件只有 C 和 R 两种，这是由于集成电路是在硅片上以平面工艺制作而成的，用这种工艺制造电感非常困难。此外，因为集成电路中的电阻和电容要占据较大的表面积，所以往往以晶体管、二极管来代替负载电阻和电容。

3.3.1   电阻及其 SPICE 模型

　　在集成电路中，除了以 PN 结作为电阻外，还有多种以标准晶体管工艺兼容方式制作的集成电阻。常用的有扩散电阻（包括基区扩散电阻和发射区扩散电阻）、夹层沟道电阻、外延层电阻等。图 3 - 14 示出基极扩散电阻、夹层电阻以及外延层电阻的结构。另外还有离子注入电阻、薄膜电阻（如 Cr - Si 电阻）等。扩散电阻是在形成晶体管基区或发射区扩散时同时做成的，工艺兼容、简单，无需另加工序。图 3 - 14 为各种集成电路电阻的结构图。

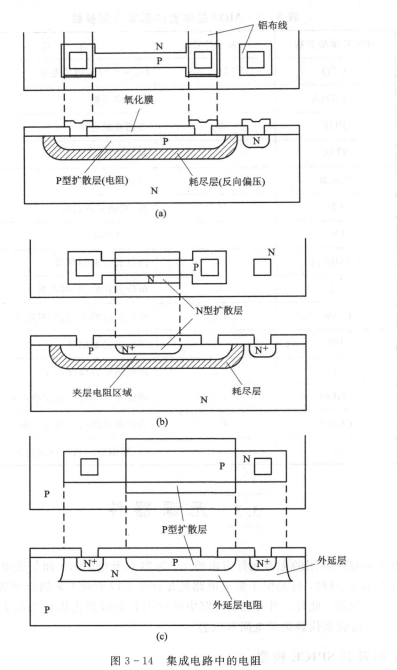

图 3 – 14 集成电路中的电阻

(a) 基极扩散电阻($R_F = 100 \sim 200\ \Omega/\square$)；(b) 夹层电阻($R_F = 2 \sim 10\ \Omega/\square$)；

(c) 外延层电阻($R_F = 4 \sim 10\ \Omega/\square$)

1. 电阻的图形设计

常用的图形有三种类型：

(1) 瘦型图形，如图 3 – 15 所示。

(2) 胖型图形，如图 3 – 16 所示。

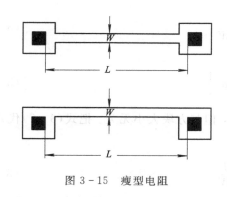

图 3 - 15　瘦型电阻

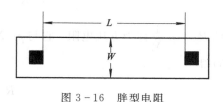

图 3 - 16　胖型电阻

（3）弯型图形，如图 3 - 17 所示，$L = L_1 + L_2$。

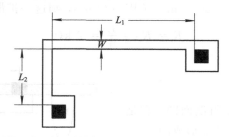

图 3 - 17　弯型电阻

在设计这些电阻阻值时，必须加进端头修正和弯头修正，才能获得相对准确的值，式（3 - 5）是基区扩散电阻的一种经验公式：

$$R = R_{\square}\left(\frac{L}{W} + K_1 + nK_2\right) \tag{3-5}$$

式中：K_1 为电阻端头修正因子；K_2 为电阻弯头修正因子，试验确认为 0.5；n 为弯头数目。

表 3 - 3 为端头修正因子值。要指出的是，无论是式（3 - 5）还是表 3 - 3，都只是经验性的，要设计得更准确，还要结合工艺、设计实践总结出更为满意的公式和修正值。

表 3 - 3　端头修正因子

宽度 $W/\mu m$	K_1	
	瘦型	胖型
$\leqslant 25$	0.8	0.28
50	0.4	0.14
75	0.27	0.09
100	0.2	0.07
>100	可略	可略

2. 模拟集成电路电阻设计中常用的方块电阻的概念

假设一个扩散区的长度为 L，宽度为 W，扩散区结深为 X_j，扩散层平均电阻率为 $\bar{\rho}$，则

这一扩散区按箭头方向看进去的电阻为

$$R = \bar{\rho}\frac{L}{X_j W} \tag{3-6}$$

当 $L=W$ 时，即取一个方块时，其电阻值为

$$R = R_\square = \bar{\rho}\frac{1}{X_j} \tag{3-7}$$

我们把 $R_\square = \bar{\rho}\dfrac{1}{X_j}$ 称为方块电阻，它与 $\bar{\rho}$、X_j 有关，但与方块大小无关。把式(3-7)代入式(3-6)得

$$R = R_\square\frac{L}{W} \tag{3-8}$$

这是设计集成电路中扩散电阻最基本的公式。例如，NPN 管基区扩散方块电阻 $R_0 = 200\ \Omega/方$，电阻扩散区长 $L=200\ \mu m$，宽 $W=20\ \mu m$，则这一扩散电阻为

$$R = R_\square \cdot \frac{L}{W} = 2\ k\Omega$$

3. 常用扩散电阻

1) 基区扩散电阻结构

图 3-18 是基区扩散电阻剖面图。它是在扩散 NPN 管基区时同时扩散形成的。

这里要指出的是，基区扩散电阻必须和 N 外延层处于反偏状态，如果电阻是在单独的隔离区内，则电阻的两个端头中的高电位一端必须与 N 外延层相接；如果电阻两端

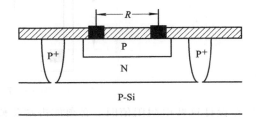

图 3-18　基区扩散电阻剖面图

中的高电位一端比 NPN 晶体管集电极的电位低，则该晶体管与电阻可放在同一隔离区内。

2) 夹层沟道电阻

夹层电阻也称为沟道电阻，兼顾两者，我们称之为夹层沟道电阻，它是经基区和发射区两次扩散后形成的两层之间的电阻。夹层沟道电阻的剖面图如图 3-19 所示。

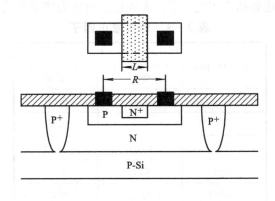

图 3-19　夹层沟道电阻的剖面图

这里同样要指出的是，电阻两端中的高电位一端和 N^+ 层都要接到 N 外延层上，使得发射结和集电结都处于反偏状态。

　　夹层沟道电阻以夹层中的沟道为电阻通道，其方块电阻大，一般为 5～10 kΩ/方，因此适合做大阻值电阻，占用版图面积小。但是这种电阻的缺点也是明显的：它的阻值大小由沟道决定，而沟道大小随晶体管电流的放大系数 β 而变化，β 大意味着基区宽度小，也就是"沟道"小，阻值就变大，因此这种电阻误差大；另外一个缺点是耐压低，它的最高耐压即为反向击穿电压，为 6～8 V；还有一个缺点是温度系数大，约为 $4\times10^{-3}\sim7\times10^{-3}$/℃，比基区扩散电阻大 2～4 倍。尽管如此，夹层沟道电阻在阻值大、精度要求不高、耐压要求小于 6 V 的场合仍然获得广泛应用。

　　3）发射区扩散电阻

　　发射区扩散电阻是在发射区扩散时形成的。由于发射区浓度高，方块电阻小，$R_\square=$ 2～5 Ω/方，因此这种电阻适合做比较精密的低阻值电阻（1 至几十欧姆）。

4. 电阻的 SPICE 模型

　　表 3-4 为最基本的电阻的 SPICE 模型参数。

表 3-4　电阻的模型参数

参数	单位	缺省值	意　　义
r	—	1	电阻值的倍率
T_{C1}	1/℃	0	线性温度系数
T_{C2}	1/℃^{2}	0	平方温度系数
T_{ce}	1/℃	0	指数温度系数

　　说明：若无 T_{ce} 参数，则电阻值的表达式为

$$R = R_0 \cdot r \cdot [1 + T_{C1} \cdot (T - T_0) + T_{C2} \cdot (T - T_0)^2] \tag{3-9}$$

　　若有 T_{ce} 参数，电阻值的表达式为

$$R = R_0 \cdot r \cdot \exp(T_{ce} \cdot (T - T_0)) \tag{3-10}$$

其中：R_0 是常温电阻值，可以是正值、负值，但不能是零。

　　举例如下：

　　. MODEL RR Res(r=1.5 TC1=0.02 TC2=0.05)

　　一些仿真软件有从版图中提取寄生电容的能力，但是却很少考虑电压的影响。如果在版图完成之前想要得到完整的工作情况，可以使用下面的模型：

```
. SUBCKT RCV 1 2
R1 1 4 RB {m/3}
R2 4 5 RB {m/3}
R3 5 6 RB {m/3}
V1 6 2 0
B1 6 1 I=I(V1)*(0.0033*((V(3)-(V(1)+V(2))/2))^0.6)
D1 1 3 DRSUB {m/2}
D2 4 3 DRSUB {m}
D3 5 3 DRSUB {m/2}
D4 6 3 DRSUB {m/2}
```

```
. ENDS
. MODEL DRSUB D IS=1E-16 RS=50
+CJO=2.7E-14 M=0.38 VJ=0.6
```

这也是一个等效电路,电阻被分成三个相等的部分,寄生电容用4个二极管来表示(假设电阻是 P 型的,电阻周围是 N 型材料)。

3.3.2　电容及其 SPICE 模型

在半导体集成电路中的电容器主要有 PN 结电容和 MOS 电容。与电阻相同,要获得大的电容量需要大片的基板面积,因而应尽量采用小电容元件构成电路。最近时期的DRAM 中,为了减小电容元件占据的面积,采用了三维结构和高介电常数的绝缘材料构成电容元件。

1. PN 结电容

PN 结电容是利用 NPN 晶体管中的两个 PN 结和用做隔离的 PN 结空间电荷层所构成的电容。将这些 PN 结作为电容器用时,必须使 PN 结反偏,结电容又是反偏压的非线性函数。图 3-20 就表示了 NPN 晶体管中各个 PN 结的结构及作为电容的电路模型。其中用得最多、电容量较大的是集电极对衬底的电容 C_{CS}。

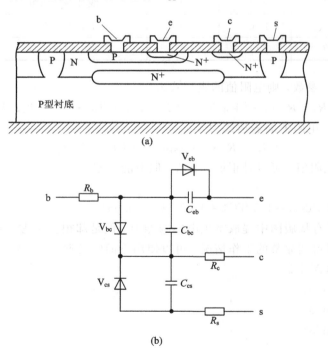

图 3-20　NPN 晶体管中的结电容模型
(a) 剖面图;(b) 电路模型

2. 典型的 MOS 电容

典型的 MOS 电容以重掺杂的硅半导体作为平板电容的下极板,金属膜作为上极板。

MOS 电容的漏电流小，质量较高。典型的 MOS 电容结构如图 3 - 21 所示。其电容量由下式表示：

$$C = \frac{\varepsilon_0 \varepsilon_{SiO_2} A_S}{d_i} \qquad (3-11)$$

其中：

$\varepsilon_0 = 8.85 \times 10^{-6}$ pF/μm，即真空介电常数；

$\varepsilon_{SiO_2} = 3.9$，即 SiO$_2$ 介电常数；

A_S 为电容器面积；

d_i 为 SiO$_2$ 厚度。

现在举一个例子。如果需要一个电容值为 18 pF 的 MOS 电容作为集成运放的补偿电容，假设氧化层的厚度为 0.1 μm，那么电容面积应设计为多少？

根据式(3 - 11)可得

$$A_S = \frac{C d_i}{\varepsilon_0 \varepsilon_{SiO_2}} = \frac{18 \text{ pF} \times 0.1 \text{ } \mu m}{8.85 \times 10^{-6} \text{ pF/} \mu m \times 3.9} \approx 52151 \text{ } \mu m^2$$

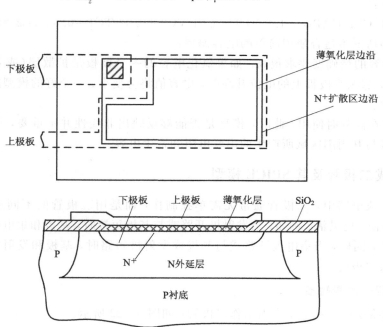

图 3 - 21　MOS 电容结构

目前在模拟集成电路中，用常规工艺集成几十皮法的 MOS 电容在技术上不存在问题，但是它占用的芯片版图面积相当大，且由于氧化层质量欠佳或者光刻引起的针孔等都会造成芯片成品率下降，因此，在模拟集成电路设计时，电容究竟采用外接还是内部集成，要综合考虑实用性、经济性等多方面问题。

3. 电容的 SPICE 模型参数

最基本的电容 SPICE 模型参数如表 3 - 5 所示。

表 3 - 5　电容的 SPICE 模型参数

参数	单位	缺省值	意　　义
c		1	电容值的倍率
U_{C1}	$1/V$	0	线性电压系数
U_{C2}	$1/V^2$	0	平方电压系数
T_{C1}	$1/℃$	0	线性温度系数
T_{C2}	$1/℃^2$	0	平方温度系数

说明：电容量表达式为

$$C_{ap} = C \cdot c \cdot (1 + U_{C1} \cdot U + U_{C2} \cdot U^2) \cdot [1 + T_{C1} \cdot (T - T_0) + T_{C2} \cdot (T - T_0)^2]$$

$$(3-12)$$

其中：C 为常温电容值，可以是正值、负值，但不能是零；T_0 是正常温度值（27℃）；U 是电容器两端的电压。

举例如下：

. MODEL CFF CAP(c=1.2 VC1＝0.01 VC2＝0.02 TC1＝0.03 TC2＝0.05)

下面两种情况不适合使用简单的电容模型：

（1）对电容的精确度要求很高。如果氧化电容的一个极板是扩散层（或者是具有高阻抗的器件层），那么当极板上的电位升高时，电容值将会变小。一个好的模型能够反映这个非线性的变化。

（2）电容在高频时使用。此时，模型是否能够反映出非线性并不重要，关键是要反映出由上下极板与其周围区域所产生的串联电阻和寄生电容。

3.3.3　集成二极管及其 SPICE 模型

在模拟集成电路中，二极管通常无需单独制作，而是用三极管的不同连接方式来构成，这样更方便，更灵活。例如，当发射极开路或与基极短接时，基极和集电极之间就可构成一只二极管；同样，当集电极开路或与基极或发射极短路时，基极和发射极间的 PN 结也可构成一只二极管。

1. 集电极—基极短接

集电结零偏，$U_{CB}＝0$，用发射结作二极管，如图 3 - 22 所示。

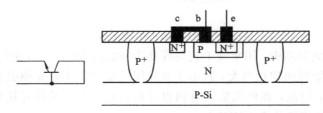

图 3 - 22　集电极—基极短接构成二极管

2. 发射极—基极短接

发射结零偏，$U_{EB}＝0$，用集电结构成二极管，如图 3 - 23 所示。

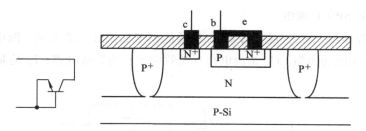

图 3 - 23　发射极—基极短接构成二极管

3. 发射极—集电极短接

$U_{CE}=0$，发射结和集电结并联，一起构成二极管，如图 3 - 24 所示。

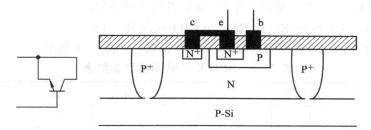

图 3 - 24　发射极—集电极短接构成二极管

4. 集电极开路

$I_C=0$，发射结起二极管作用，如图 3 - 25 所示。

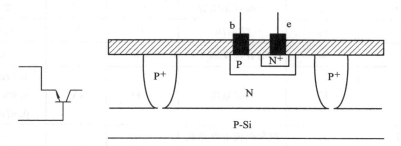

图 3 - 25　集电极开路构成二极管

5. 发射极开路

$I_E=0$，集电结起二极管作用，如图 3 - 26 所示。

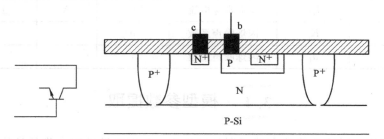

图 3 - 26　发射极开路构成二极管

6. 二极管的 SPICE 模型

在 SPICE 程序中，结型（或肖特基）二极管的模型如图 3-27 所示。图中 R_S 是二极管的材料电阻，称为欧姆电阻；C_D 是由电荷存储效应引起的等效电容；I_D 是非线性电流源。

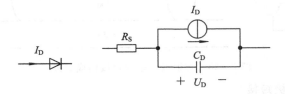

图 3-27　二极管模型

在 SPICE 描述二极管模型的文件中，可以看到下列语句：

.MODEL Diode1 IS=1E−17 RS=20 CJO=0.85E−12

SPICE 程序中的二极管模型共有 14 个模型参数，如表 3-6 所示。

表 3-6　SPICE 二极管模型参数表

SPICE 模型参数	表示符号	名称	隐含值	单位	举例
IS	I_S	饱和电流	10^{-14}	A	2×10^{-15} A
RS	R_S	欧姆电阻	0	Ω	10 Ω
N	n	发射系数	1		1.2
TT	τ_D	渡越时间	0	s	1 ns
CJO	C_{JO}	零偏置结电容	0	F	2 pF
VJ	φ_D	结电压	1	V	0.6 V
M	m	电容梯度因子	0.5		0.33
EG	E_g	禁带宽度	1.11	eV	1.11eV(硅) 0.69eV(锑) 0.67eV(锗)
XTI	p_t	饱和电流温度系数	3.0		3.0
FC	FC	正偏置耗尽 电容公式系数	0.5		0.5
BV	BV	反向击穿电压	∞	V	40 V
IBV	I_{BV}	反向击穿电流	10^{-3}	A	10^{-3} A
KF	K_f	闪烁噪声系数	0		
AF	a_f	闪烁噪声指数	1		

3.4　模型参数提取

进行电路仿真时需要构造电路元器件的模型，即用数学模型来代替具体的物理器件，这种数学模型应能正确反映器件的物理特性和电学特性，并便于在计算机上进行数值计算。在计算方法正确和计算机精度足够的前提下，电路分析结果的正确性主要由元器件模型的正确性和精度决定。

器件模型的提取，可以建立在器件物理原理的基础上，也可以根据输入、输出外特性来构成模型。前者必须知道器件的内部工作原理，其模型参数与物理机理有密切的联系，参数的适应范围较大，但参数的测定和计算通常比较繁琐。后者需要了解电路的工作原理，但不必知道具体器件的内部机理，模型参数可通过直接测量来获得，缺点是模型参数适用的工作范围窄，并且与测试条件有关。半导体器件模型大多是以第一种方式，即以器件的物理机理为基础提取的模型。

在 EDA 工具中，半导体器件的模型具有较为复杂的特性，如双极型晶体管和 MOS 晶体管的模型参数有几十个之多。SPICE 程序近年来的发展也主要是在建模方面。随着 IC 集成度的不断提高，元器件的特征尺寸越来越小，需要用高阶效应模型来描述。但也不是说模型的精度越高越好，因为精度越高，模型也就越复杂，需要更多的计算时间和存储空间。所以在 EDA 中，是根据应用条件和分析目的来确定模型种类的。随着 VLSI 规模的不断增大和功能复杂程度的增加，仅用元件级模型来构成电路，其电路方程将十分的庞大，使计算机在时间和存储量上都难于接受。因此，建立电路的宏模型是目前建模工作的一个发展趋势。

第4章 数字集成电路设计技术

近年来，CMOS 制造技术依然保持了飞速发展的趋势，最小线宽已经进入 90 nm 以内，电路变得越来越复杂，超深亚微米的制造工艺使得器件的功能变得更加复杂。由此带来了数字集成电路在可靠性、成本、性能、功耗等多方面的新问题，对电路设计者提出了新的挑战。

从 CMOS 的工作原理可知其具有如下优点：功耗小；噪声容限大，抗干扰能力强；可在单电源下工作，电源电压范围很宽；输入阻抗高；可获得很高的集成度，适用于 VLSI 设计。

4.1 MOS 开关及 CMOS 传输门

MOS 开关及 CMOS 传输门在 CMOS 电路中是两种基本的开关或逻辑单元，由这些逻辑单元的组合可以实现基本的开关电路，进而扩展出更多的逻辑功能。

4.1.1 MOS 开关

MOSFET 是在高密度数字集成电路设计中用来传输和控制逻辑信号的电子器件。缩写词 MOSFET 的全称是金属氧化物半导体场效应晶体管（Metal - Oxide - Semiconductor Field - Effect Transistor）。MOSFET 的工作在许多方面都像一个理想开关。

互补 MOS(CMOS)采用两种类型的 MOSFET 构建逻辑电路。一种称为 N 沟道 MOS-FET(或简称为 NFET)，它以带负电荷的电子作为电流。NFET 的电路符号如图 4-1(a)所示。栅极是器件的控制电极。加在栅极上的电压决定了在漏端和源端之间的电流。另一种晶体管称为 P 沟道 MOSFET(或简称 PFET)，它以正电荷为电流，其电路符号如图 4-1(b)所示。像 NFET 一样，加在 PFET 栅极上的电压决定了在源端和漏端之间的电流。

图 4-1 NFET 和 PFET 的符号

NFET 的工作特性如图 4-2 所示。栅极上的外加电压 U_{DD} 保证了 NFET 导通，其作用如同一个闭合的开关。图 4-2(a)中，器件左端加上了一个逻辑电平 0，电压 $U_X = 0$ V，正如期望的那样，输出电压 $U_Y = 0$ V。当增加输入电压时，该电压值也会被传送到输出端。但是，如图 4-2(b) 所示，当加上一个理想的逻辑 1，即输入电压 $U_X = U_{DD}$ 时，问题就发生了。这时，输出电压 $U_Y = u_o = U_{DD} - U_{TH}$，这称为阈值电压损失。它起因于为保持器件的导通状态，栅—源电压必须具有的最小电压值 $U_{GSN} = U_{TN}$，如图 4-2(b) 所示，根据基尔霍夫电压定律，这要从电压 U_{DD} 中减去。鉴于输出电压 U_Y 小于理想的逻辑 1 值 U_{DD}，称 NFET 只能导通一个"弱"逻辑 1。同理，鉴于它能毫无问题地产生一个输出电压 $U_Y = 0$ V，称它可传送一个"强"逻辑 0。总之，NFET 可传送 $[0, U_{DD} - U_{TH}]$ 范围内的电压，但不能超过 U_{DD}。

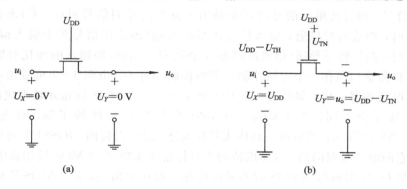

图 4-2　NFET 的传输特性

PFET 具有与 NFET 相反的传输特性。为了考察 PFET 特性，将它的栅极接地。图 4-3 为对应两种输入值时的电路。在图 4-3(a) 中，$U_X = U_{DD}$，相当于输入逻辑 1 的情况，此时输出电压 $U_Y = U_{DD}$，这是理想的逻辑 1 电平，因此，PFET 能够传送"强"逻辑 1。但当 $U_X = 0$ V 时，如图 4-3(b) 所示，可传送的电压只能下降到最小值 $U_Y = |U_{TP}|$，这也是阈值损失的结果，即为了保持 PFET 导通，栅—源电压的最小值必须为 $U_{SGP} = |U_{TP}|$。由于栅电压为 0 V，因此栅—源电压要升高到 $|U_{TP}|$，从而影响了输出，故 PFET 只能传送一个"弱"逻辑 0。总之，PFET 传送的电压范围为 $[|U_{TP}|, U_{DD}]$，但不能低于 $|U_{TP}|$。

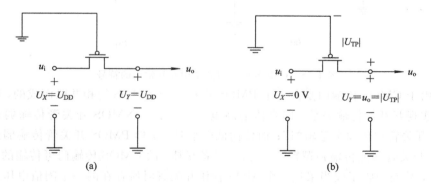

图 4-3　PFET 的传输特性

通过以上分析，我们可以得到以下结论：

NFET 传送强逻辑 0 电平、弱逻辑 1 电平；

PFET 传送强逻辑 1 电平、弱逻辑 0 电平。

设计互补 MOS(CMOS) 电路就是为了解决传送电平的问题。设计的基本规则为：

使用 PFET 传送逻辑 1 电压 U_{DD}；

使用 NFET 传送逻辑 0 电压 $U_{SS}=0$ V。

以上这些使我们能够构建一个可传送理想逻辑电压 0 V 和 U_{DD} 到输出端的电路。

4.1.2 CMOS 传输门

在 CMOS 电路中，传输门被作为一种基本的开关或逻辑单元，由多个逻辑单元的组合来实现基本的开关电路并进而扩展出更多的逻辑功能。图 4-4 示出 CMOS 传输门的结构及其常用的符号。通过此单元的导通通路是由一互补的控制信号对 $(C,\overline{C})$ 来控制的。当 $C=1,\overline{C}=0$ 时，两管同时导通，输入信号送至输出端（即输出信号等于输入信号）；而当 $C=0,\overline{C}=1$ 时，两管皆不导通（形成高阻态），将逻辑流切断（即输入的变化对输出没有影响）。为此可将传输门当作一个电压控制或逻辑控制的开关。由图 4-4 可看出，CMOS 传输门与 CMOS 反相器一样，都是由一个 PMOS 管和一个 NMOS 管相并联组成的，但它们的连接方式却完全不同。为了加深对 CMOS 传输门电特性的了解，可先研究各个 MOSFET 开关管的性能，然后再将其构成并联电路。之所以将两 MOSFET 管称为开关管是因为流过它的电流是双向的，具体的流向由具体情况来确定。CMOS 反相器中 PMOS 管的源极必须接 U_{DD}，漏极与 NMOS 管的漏极连在一起接输出端，而 NMOS 管的源极必须接到地。也就是说，CMOS 反相器中两管的源、漏极是固定不变的。但对传输门则不然，其漏、源极可以互换而不固定。

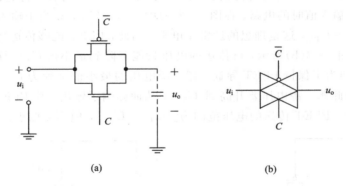

图 4-4　CMOS 传输门的结构及其常用的符号

正是由于 CMOS 传输门是由一个 PMOS 管和一个 NMOS 管相并联而成的，因此它可以成功地实现互补的传输关系，即当传输高电平时，虽然 NMOS 开关管传输弱逻辑"1"，但 PMOS 开关管却传输强逻辑"1"；而传输低电平时，虽然 PMOS 开关管传输弱逻辑"0"，但 NMOS 开关管却能传输强逻辑"0"。由于二者互补，故 CMOS 传输门可传输的电压范围为 $0\sim U_{DD}$，从而消除了仅当采用一个 MOS 管作开关管时所存在的一个阈值电压逻辑摆幅损失的问题。

下面我们对 CMOS 传输门作简要分析。如图 4-4 所示，当 $C=1,\overline{C}=0$ 时，传输门像一个闭合的双向开关，若 $u_i=U_{DD}$，则输出电容将通过传输门充电至 U_{DD}；反之，当输入 $u_i=0$ 时，输出电容将通过传输门放电至 0 电压状态。表 4-1 总结了单管开关和 CMOS 传输门的电压传输特性。

表 4 - 1　单管开关和 CMOS 传输门的电压传输特性

逻辑电平	NMOS	PMOS	CMOS
逻辑 0	0	$|U_{TP}|$	0
逻辑 1	$U_{DD} - U_{TN}$	U_{DD}	U_{DD}

CMOS 传输门的最简单模型是由电阻器和开关组成的，如图 4 - 5 所示。

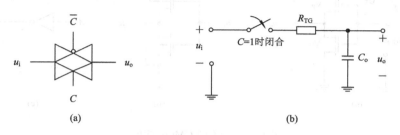

图 4 - 5　CMOS 传输门的最简单模型

逻辑传输由信号 $(C, \overline{C})$ 控制，当 $C=1$，$\overline{C}=0$ 时通路接通，进行数据传输；而当 $C=0$，$\overline{C}=1$ 时，通路阻断，数据传输切断。图 4 - 5(b) 模型中的电阻 R_{TG} 为传输门导通时的等效电阻。当传输逻辑"1"时，便等效于通过此电阻对输出电容 C_o 进行充电，充电电压可表示为

$$u_o(t) = U_{DD}[1 - \mathrm{e}^{-(t/\tau_{TG})}] \qquad (4 - 1)$$

式中，$\tau_{TG} = R_{TG} C_o$ 为时间常数。同样，传输逻辑"0"时应对应于输出电容 C_o 上的电荷通过 R_{TG} 放电，因此放电电压的变化可表示为

$$u_o(t) = U_{DD} \mathrm{e}^{-(t/\tau_{TG})} \qquad (4 - 2)$$

通过传输门的输入和输出电压的变化情况如图 4 - 6 所示。

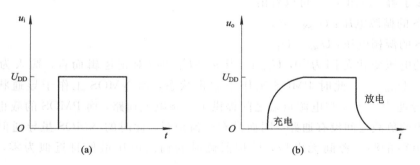

图 4 - 6　CMOS 传输门的输入和输出电压在充放电时的变化情况

4.2　CMOS 反相器

用以实现将变量 A 变换为其补量 $\overline{A}$ 的基本电路就是反相器。简单的标准 CMOS 反相器是采用两个相反极性的 MOSFET 管（一个 P 沟 MOSFET 管和一个 N 沟 MOSFET 管）构成的互补形式。这种形式的反相器具有大的输出电压摆幅（输出高电平与输出低电平的

差值），而且反相器的静态功耗非常小，这也是 CMOS 反相器的两个非常重要的特性。本节将较为详细地讨论 CMOS 反相器的特性及其设计考虑，这也是以后各章所要讨论的复杂的 CMOS 电路设计的基础。

标准的 CMOS 反相器如图 4 - 7 所示。

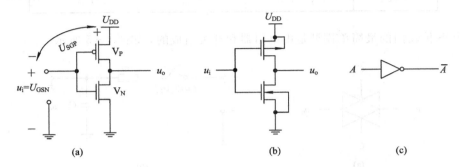

图 4 - 7　标准的 CMOS 反相器

PMOS 的源极与电源的正端(U_{DD})相连，而 NMOS 的源极则与电源的负端(U_{SS}，一般为地)相连；两管的栅极连在一起构成反相器的输入端；它们的漏极相连在一起构成反相器的输出端。上述采用两个极性相反的 MOSFET 管构成的反相器可实现：当输入端加有一稳定的低电平(压)或高电平(压)时，两 MOSFET 中只有一个处于导通状态，而另一个处于截止状态。有时将这种结构的反相器称为全互补式 CMOS 结构(Fully Complementary CMOS Structure)。

4.2.1　CMOS 反相器的工作原理

CMOS 反相器的工作原理可通过输入电压 u_i 和两 MOSFET 管的栅－源电压之间的关系来进一步了解。由图 4 - 7 可以看出：

NMOS 的栅源电压：$U_{GSN} = u_i$；

PMOS 的源栅电压：$U_{SGP} = U_{DD} - u_i$。

设 u_i 的电压变化范围为 $[0, U_{DD}]$，当 $u_i = U_{DD}$ 时(对正逻辑而言，输入为高电平)，$U_{GSN} = U_{DD}$、$U_{SGP} = 0$，此时 PMOS 工作于截止状态，而 NMOS 工作于导通状态。由于 NMOS 的导通为输出端与电源负端之间提供了一条电流通路，而 PMOS 的截止则使电源正端与电源的负载之间没有通路，因而没有电流流过。此时的 NMOS 虽导通但无电流流过，故 NMOS 的漏－源间无电压，反相器此时的输出电压最低且近似为零，以 U_{OL} 表示，即

$$\min[u_o] = U_{OL} \approx 0 \tag{4 - 3}$$

反之，当 $u_i = 0$ 时(对正逻辑而言，输入为低电平)，由图 4 - 7 可知：$U_{GSN} = 0$、$U_{SGP} = U_{DD}$。此时，NMOS 处于截止状态，而 PMOS 处于非饱和工作条件下的导通状态，构成了电源正端 U_{DD} 与反相器输出之间的通路。但因 NMOS 截止，在 U_{DD} 和 U_{SS} 之间没有直流电流通路，故 PMOS 的源漏之间无压降，致使反相器的输出最高电压可达 U_{DD}。若将此时的电压以 U_{OH} 表示，则有

$$\max[u_o] = U_{OH} \approx U_{DD} \tag{4 - 4}$$

可以看出，CMOS 反相器中两极性相反的 MOSFET 管在这种结构安排下，NMOS 的导通可将反相器的输出与电源负端相通，其作用是将输出电压降低到 U_{SS}。为以后的分析方便，将此反相器中的 NMOS 称为下拉（pull-down）晶体管。由于 PMOS 导通时将反相器的输出电压升高到与电源正电压 U_{DD} 相近，故称 CMOS 反相器中的 PMOS 为上拉（pull-up）晶体管。

由上述的工作情况可以看出，当输入为低电平"0"（$u_i = 0$）时，反相器的输出电压最高，即输出为高电平"1"（$U_{OH} \approx U_{DD}$）；而当输入为高电平"1"（$u_i = U_{DD}$）时，反相器的输出电压最低（$U_{OL} \approx 0$），为低电平"0"，从而实现了 $A \rightarrow \overline{A}$ 的变换。

4.2.2　CMOS 反相器的直流传输特性

CMOS 反相器的直流输入电压和输出电压间的变化关系称为反相器的电压传输特性，用曲线表示则称为电压传输特性曲线（Voltage Transfer Curve，VTC）。图 4 - 8 示出典型 CMOS 反相器的电压传输特性关系，即 $u_o = f(u_i)$。

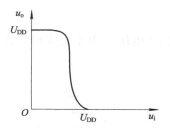

图 4 - 8　典型的 CMOS 反相器的电压传输特性曲线

该曲线在过渡过程中的陡斜程度是用来衡量反相器性能好坏的依据。在反相器的 VTC 上可以找出所有重要的直流特性。

1. 几个电压量的定义

在实际的数字逻辑电平中，对低电平和高电平都规定有一定的电压范围限制。而在定义逻辑"0"和逻辑"1"的电压范围限制时，对反相器的输入端和输出端又有所不同。图 4 - 9 所示为 VTC 上定义出的相关电压，包括 U_{OH}、U_{OL}、U_{IH}、U_{IL} 和 U_{INV} 等。它们的符号、名称和意义列于表 4 - 2 中。

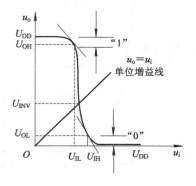

图 4 - 9　电压传输特性

表 4 - 2　电压传输特性曲线上定义的几个电压

符号	名称	意　义
U_{OH}	输出高电压	最高输出电压
U_{OL}	输出低电压	最低输出电压
U_{IL}	输入低电压	最高逻辑 0 输入
U_{IH}	输入高电压	最低逻辑 1 输入
U_{INV}	门阈值电压	反相器的开关电压

注：门阈值电压 U_{INV} 为输入电压与输出电压相等时的输入电压值，即 $U_{\text{INV}} = u_i = u_o$。

对于输入电压 u_i：逻辑"0"的输入电压范围为 $[0, U_{\text{IL}}]$；逻辑"1"的输入电压范围为 $[U_{\text{IH}}, U_{\text{DD}}]$。

对于输出电压 u_o，则根据上面所定义的输入电压范围可得：逻辑"0"的输出电压范围为 $[0, U_{\text{OL}}]$；逻辑"1"的输出电压范围 $[U_{\text{OH}}, U_{\text{DD}}]$。

2. VTC 的 5 个工作区域

当图 4 - 10 所示的 CMOS 输入电压 u_i 由小变大时，其工作状态可分为 5 个阶段来描述，如图 4 - 11 所示。

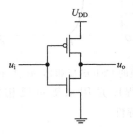

图 4 - 10　CMOS 反相器

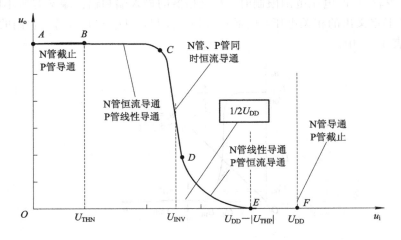

图 4 - 11　CMOS 反相器工作状态

下面分段讨论。

(1) AB 段。在 AB 段，$0 < u_i < U_{THN}$，$I_{DN} = 0$，N 管截止，P 管线性导通，则有

$$u_o = U_{OH} = U_{DD} \tag{4-5}$$

(2) BC 段。在 BC 段有

$$U_{THN} < u_i < u_o + |U_{THP}| \tag{4-6}$$

即

$$U_{GDP} = |u_i - u_o| < |U_{THP}| \tag{4-7}$$

此时 N 管恒流导通，P 管线性导通，输出电阻很小，电路相当于一个小增益放大器。

(3) CD 段。当 u_i 进一步增大，且满足 $u_o + |U_{THP}| \leqslant u_i \leqslant u_o + U_{THN}$ 时，两管的栅、漏区进入预夹断状态，同时恒流导通。N 管和 P 管的电流相等，根据电流方程有

$$I_{DN} = \frac{\mu_N C_{OX}}{2} \left(\frac{W}{L}\right)_N (U_{GSN} - U_{THN})^2 \tag{4-8}$$

$$I_{DP} = \frac{\mu_P C_{OX}}{2} \left(\frac{W}{L}\right)_P (U_{SGP} - U_{THP})^2 \tag{4-9}$$

令

$$\beta_N = \mu_N C_{OX} \left(\frac{W}{L}\right)_N \tag{4-10}$$

$$\beta_P = \mu_P C_{OX} \left(\frac{W}{L}\right)_P \tag{4-11}$$

由 $I_{DN} = I_{DP}$，可以求得反相器的阈值电压 U_{INV} 为

$$U_{INV} = \frac{U_{DD} + U_{THN} \sqrt{\beta_N/\beta_P} + U_{THP}}{1 + \sqrt{\beta_N/\beta_P}} \tag{4-12}$$

(4) DE 段。随着 u_i 继续上升，当满足 $U_{INV} < u_i \leqslant U_{DD} - |U_{THP}|$ 时，N 管进入线性导通区，P 管仍然维持在恒流导通区。

(5) EF 段。随着 u_i 的进一步增大，当满足 $u_i \geqslant U_{DD} - |U_{THP}|$ 时，P 管截止，N 管维持非饱和导通而导致 $u_o = 0$。

分析结论见表 4 - 3。

表 4 - 3 CMOS 反相器直流工作特性总结

区域	条　件	PMOS	NMOS	输 出 电 压
AB	$0 < u_i < U_{THN}$	线性	截止	$u_o = U_{DD}$
BC	$U_{THN} < u_i < U_{DD}/2$	线性	饱和	$u_o = (u_i + 1) + \sqrt{15 - 6u_i}$
CD	$u_i = U_{DD}/2$	饱和	饱和	$u_o \neq f(u_i)$
DE	$U_{DD}/2 < u_i < U_{DD} + U_{THP}$	饱和	线性	$u_o = (u_i - 1) - \sqrt{6u_i - 15}$
EF	$u_i \geqslant U_{DD} + U_{THP}$	截止	线性	$u_o = 0$

注：计算条件是 $U_{DD} = +5$ V，$U_{THP} = -1$ V，$U_{THN} = +1$ V，$\beta_N/\beta_P = 1$。

4.2.3 CMOS 反相器的静态特性

数字电路的一个重要指标是抗噪声的能力。数字电路中的噪声是指在逻辑节点上出现

的不希望有的电压或电流的波动。噪声可以通过多种途径进入电路。如图 4 - 12 所示，在集成电路中两条相邻的线之间形成了耦合电容和互感。这样，一条线上正常的电压、电流变化就会耦合到另外一条线上。

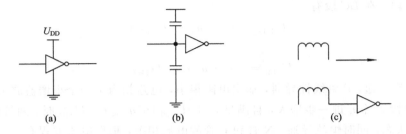

图 4 - 12　反相器中噪声的引入途径

电路抗干扰能力的一个主要指标就是噪声容限。为使电路可靠工作，对于多次级联的电路来说，0 与 1 之间电平转换的可靠性至关重要，这同样涉及到噪声容限这一基本问题。

以最简单的反相器为例，在工艺及门结构一定的情况下，其直流噪声容限如图 4 - 13 所示。噪声容限是与输入—输出电压特性密切相关的参数，它用于确定：当门的输出不受影响时，其输出端允许的噪声电压。一般用低噪声容限 NML 和高噪声容限 NMH 这两个参数来确定其大小。

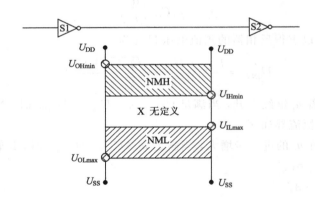

图 4 - 13　反相器的直流噪声容限图

由图 4 - 13 分析可知，每单级输出的高电平 1 将位于 U_{OHmin} 与 U_{DD} 之间，而对于下一级输入电平而言，只要求位于 U_{IHmin} 与 U_{DD} 之间，就能保证 1 输入时的可靠工作。这样在 U_{OHmin} 与 U_{IHmin} 之间就产生了一个可靠的缓冲带，这个缓冲带就称为高电平噪声容限（NMH），即

$$\text{NMH} = U_{\text{OHmin}} - U_{\text{IHmin}} \tag{4-13}$$

同样，其每单级输出的低电平 0 位于 U_{OLmax} 与 U_{SS} 之间；而对于下一级输入电平而言，只要求位于 U_{ILmax} 与 U_{SS} 之间，就能保证 0 输入时的可靠工作。这样在 U_{OLmax} 与 U_{ILmax} 之间也有一个低电平状态下的直流噪声容限（NML），即

$$\text{NML} = U_{\text{ILmax}} - U_{\text{OLmax}} \tag{4-14}$$

电路与系统工作的不稳定在很多场合是由噪声引起的。电源波动、电容耦合、芯片的不适当外连接都会引起噪声。噪声容限就是对抗噪声的一种内在能力大小的度量，所以噪

声容限以大些为好。

为了使 NMH＝NML、$u_i = \frac{1}{2}U_{DD}$，即 $\left(\frac{W}{L}\right)_P > \left(\frac{W}{L}\right)_N$、$\beta_N = \beta_P$，从而获得最佳的噪声容限，要求 P 管的尺寸要比 N 管大 2～4 倍，其版图如图 4-14 所示。

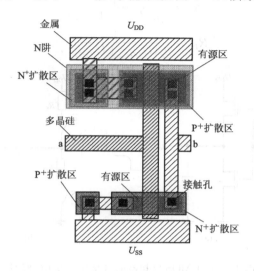

图 4-14　最佳噪声容限下的非门版图

而当 $\left(\frac{W}{L}\right)_P = \left(\frac{W}{L}\right)_N$、$\beta_N > \beta_P$ 时，其等尺寸条件下的版图如图 4-15 所示。

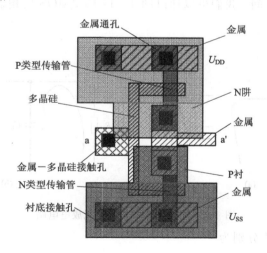

图 4-15　等尺寸条件下的非门版图

在当前普遍采用的三类数字电路工艺 TTL、ECL、CMOS 中，CMOS 的噪声容限最好，如果 $U_{SS} = 0$，则其 NML$\approx$(0.3—0.0)U_{DD}，NMH$\approx$(1.0—0.7)U_{DD}。

4.2.4　CMOS 反相器的动态特性

高速数字系统的设计是以能进行快速计算为基础的。这就要求在输入改变时逻辑门引起的时延最小。设计快速逻辑电路是 VLSI 物理设计比较有挑战性（但也是很关键的）的一个方面。与直流分析一样，分析非门可为研究更复杂的电路提供基础。

图 4 - 16 是 CMOS 反相器电路及其等效 RC 模型。如果确定了 CMOS 反相器电路的宽长比，我们就可以计算其等效的 R_N 和 R_P。其公式分别为

$$R_N = \frac{1}{\beta_N(U_{DD} - U_{THN})} \tag{4-15}$$

$$R_P = \frac{1}{\beta_P(U_{DD} - |U_{THP}|)} \tag{4-16}$$

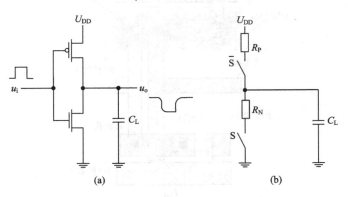

图 4 - 16　CMOS 反相器电路及其等效 RC 模型

CMOS 反相器的上升时间 T_r 为输出电压 u_o 从 $0.1U_{DD}$ 上升到 $0.9U_{DD}$ 所需的时间；下降时间 T_f 为输出电压 u_o 从 $0.9U_{DD}$ 下降到 $0.1U_{DD}$ 所需的时间；延迟时间 T_d 为输出电压从 0 上升到 $0.5U_{DD}$ 所需的时间。我们可以通过图 4 - 17 的 CMOS 反相器的充放电电路来计算 T_r、T_f 和 T_d。

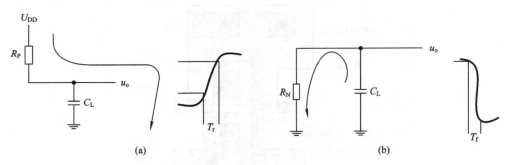

图 4 - 17　CMOS 反相器的充放电电路

T_r 和 T_f 的计算公式分别为

$$T_r = 2.2R_PC_L \tag{4-17}$$

$$T_f = 2.2R_NC_L \tag{4-18}$$

反相器延迟时间分上升延迟时间 T_{dr} 和下降延迟时间 T_{df}。其中输出电平上升边 50% 处与输入电平下降边 50% 处的时间间隔称为上升延迟时间 T_{dr}。输出电平下降边 50% 处与输入电平上升边 50% 处的时间间隔称为下降延迟时间 T_{df}。其平均延迟时间 T_d 的计算如下：

$$T_d = \frac{T_{dr} + T_{df}}{2} = \frac{T_r + T_f}{4} \tag{4-19}$$

测量门延迟采用事实上的通用标准方法，即用奇数个（例如 5 个）反相器组成环形振荡器（ring oscilator），测量其振荡频率。但是特别需要注意的是，环形振荡器测出的工作频率比门的实际工作频率要高近百倍。

门延迟与工艺有关，但对于同一工艺，不同的门，甚至同一个门的上升边和下降边也不一样。采用 RC 等效电路分析技术，不难证明：

（1）对于反相器 INV，如果上拉 P 管和下拉 N 管的 W/L 相等，则输出端 0→1 跃变的速度是 1→0 跃变速度的 $1/2$～$1/3$。为了使速度相等，在 P 管和 N 管长度相等的情况下，P 管之宽应为 N 管之宽的 2～3 倍。

（2）与非门 NAND 的下拉管是串联的，因此其等效电阻是 INV 的 2 倍，即 $2R_N$。为了实现与反相器的等时延，在 P 管和 N 管长度相等的情况下，需要其管子宽度为 INV 的两倍。

（3）或非门 NOR 则是上拉需要变宽的问题。但因为本来 P 管就应该宽，所以 NOR 为了等延迟，在 P 管和 N 管长度相等的情况下，其 P 管宽度大约应为 6 倍 INV 的 N 管宽度。

数字电路中除了存在门延迟外，还存在连线延迟和逻辑扇出延迟。存在连线延迟是因为设计版图时通常用金属和多晶硅作为互连线。采用多晶硅作连线时，由于可将其等效为若干段分布 RC 网络的级联，这就使信号传输速度下降而产生延迟。设计对策是在长线中插入缓冲驱动器，用以驱动多晶硅长线，这样既可提高信号速度，又可减少对噪声的敏感性。互连线的 RC 模型及分段插入驱动器如图 4-18 所示。

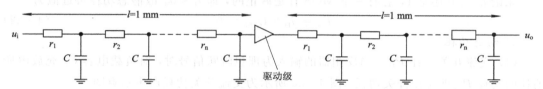

图 4-18　互连线的 RC 模型及分段插入驱动器

计算此连线延迟的近似公式为

$$T_{dl} \approx \frac{rcl^2}{2} \qquad (4-20)$$

式中，r 为单位长度的电阻，c 为单位长度的电容，l 为连线长度。其中 l^2 表明连续长度对延迟的影响是主要的。

若一个反相器的输出要同时驱动多个反相器，则称之为门的扇出。门的扇出是指该门输出驱动端所接的负载门的总数 N。门的扇入是指该门输入端所并接的门的个数 M。扇出系数 $F0$ 是指与非门输出端连接同类门的最多个数，它反映了与非门的带负载能力，如图 4-19 所示。

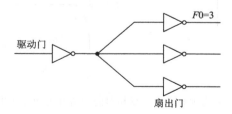

图 4-19　门的扇出延时

扇出多了，连线电容增大，根据互连线占用的面积及与工艺有关的单位面积电容，可

求出 C_1，设它等效于 M 个标准反相器输入栅电容，则某输出点由扇出和互连电容共同引起的平均传输延迟的估算公式为

$$T_{df} \approx (M + F_0) T_{df1} \qquad (4-21)$$

其中，T_{df1} 是一个标准反相器的延迟时间。

门的延迟是扇入、扇出数目的函数，大扇出必然形成大电容，大扇入增加了电路复杂度，也形成负面影响。

4.2.5 CMOS 反相器的功耗和速度

1. CMOS 反向器的功耗

理想情况下的 CMOS 的静态功耗很小，主要是漏电流所致。除了静态功耗外，还有开关状态下的动态功耗。动态功耗分为两类：一类是电容充放电造成的；一类是 P 管和 N 管同时导通形成直流通路时的短路电流。记 CMOS 反相器的电源供电电压为高电平 U_{DD}，低电平 0，负载电容为 C_L，以下我们主要讨论电容影响。

1）静态功耗 P_S

当 $u_i = 0$ 时，N 管截止，P 管导通，$u_o = U_{DD}$（"1"状态）；

当 $u_i = U_{DD}$ 时，N 管导通，P 管截止，$u_o = 0$（"0"状态）。

无论 u_i 是 0 还是 1，总有一个 MOS 管是截止的，即 $i_D \approx 0$。故静态功耗可近似为

$$P_S = i_D \times U_{DD} = 0 \qquad (4-22)$$

2）动态功耗

（1）交流开关功耗 P_{D1}。当反相器的输入为理想阶跃信号时，对负载电容 C_L 充放电所消耗的功耗 P_{D1} 即交流开关功耗。图 4-20 所示为交流开关功耗产生示意图。

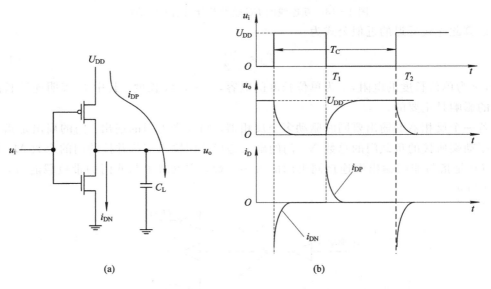

图 4-20　u_i 为理想方波时反相器的交流开关功耗产生示意图

一个周期内 C_L 充放电使反相器产生的平均功耗为

$$P_{D1} = \frac{1}{T_C}\Bigg[\int_0^{T_1}(i_{DN} \times U_{DSN})dt + \int_{T_1}^{T_2}(i_{DP} \times U_{DSP})dt\Bigg] \tag{4-23}$$

式中，T_C 为输入信号周期。因为

$$i_C = C_L\frac{du_o}{dt} \tag{4-24}$$

所以

$$\begin{aligned}
P_{D1} &= \frac{C_L}{T_C}\Bigg[\int_{U_{OL}}^{U_{OH}} u_o\,du_o + \int_{U_{OH}}^{U_{OL}}(u_o - U_{DD})d(u_o - U_{DD})\Bigg]\\
&= C_L f_C(U_{OH} - U_{OL})U_{DD} = C_L f_C U_{DD}^2
\end{aligned} \tag{4-25}$$

由式(4-25)可知，反相器在一次电平转移中消耗的能量只与负载电容有关。

又称上述功耗为瞬态功耗，因为它是瞬态充电电流流过 P 管等效电阻和瞬态放电电流流过 N 管等效电阻所引起的功耗之和，也可理解为对负载电容充放电时因电荷转移而造成的能量消耗。

(2) 直流开关损耗 P_{D2}。当反相器的输入为非理想阶跃信号时，在输入上升沿或下降沿存在 P 管和 N 管同时导通区，由此而引起的功耗称为直流开关功耗。一个周期内 C_L 充放电使管子产生的平均功耗为

$$P_{D2} \approx \frac{1}{T_C}\Bigg(\int_{t_1}^{t_2}\frac{I_{DM}}{2}U_{DD}\,dt\Bigg) = \frac{1}{2}I_{DM}U_{DD}f_C(T_r + T_f) \tag{4-26}$$

其中，I_{DM} 是贯穿 NMOS 管和 PMOS 管电流的峰值，平均双管导通短路电流约为 $I_{DM}/2$。I_{DM} 值可近似为

$$I_{DM} \approx \frac{\mu_N C_{OX}}{2}\Big(\frac{W}{L}\Big)_N(U_{DD} - U_{THN})^2 = \frac{\mu_P C_{OX}}{2}\Big(\frac{W}{L}\Big)_P(U_{DD} - U_{THP})^2 \tag{4-27}$$

反相器总的动态功耗为

$$P_D = P_{D1} + P_{D2} \tag{4-28}$$

一个反相器的总功耗为

$$P = P_S + P_{D1} + P_{D2} \tag{4-29}$$

2. CMOS 反相器的速度功耗积

CMOS 反相器的速度功耗积为

$$P \cdot T = C_L U_{DD}^2 \tag{4-30}$$

它实质上还是能量量纲，$P \cdot T$ 维持常数就意味着当电压、电容一定的情况下，即电平转移耗能一定时，欲高速工作（T 小），则功耗 P 大；欲降低功耗 P，则需将实际的 T 加大。$P \cdot T$ 积只与电容和电压有关，特别是与电压的平方成正比，指出了降低功耗 P 的最有效途径。

从 $P \cdot T$ 积的角度而言，降低电压或者采用细线条工艺都是有利而无害的，但事实上这将会加重其他方面的问题，例如噪声容限等。

在反相器的设计中，如果单纯为了提高门的极限速度，则考虑的主要影响因素和措施有：

(1) 减小负载电容 C_L，包括门、互连和扇出电容总和，这是关键。因为为了加速前后沿，必须减少充放电时常数。

（2）增大管子的宽长比 W/L，即降低了导通电阻，因为 W/L 就是方块电阻的大小。但是也需提醒的是，这样做电容可能会变大，包括扩散层电容和栅极电容。

（3）增大电源电压 U_{DD}，加快充放电速度。但是需要注意的是，目前总的趋势是降低电源电压，这样不仅可减少电场效应造成的干扰，而且可降低功耗。

4.2.6　BiCMOS 反相器

如同 TTL 和 CMOS 的门一样，BiCMOS 的反相器也有不同的结构形式，每一结构的性能会有些不同。在图 4－21 中我们给出 BiCMOS 门的一种形式，通过对这种形式门的分析，可以掌握其基本概念和工作原理。

当输入电压为高时，NMOS 管 V_{M1} 接通，从而引起 V_1 导通，V_{M2} 和 V_2 关断，总的输出为低电平。

当输入电压为低时，将引起 V_{M2} 和 V_2 导通，V_{M1} 和 V_1 关断，总的输出为高电平。

在静态情况下，V_1 和 V_2 始终不应该同时导通，因而功耗会很低。在 BiCMOS 结构中，采用 TTL 推挽作为输出级，输入级和倒相级用 MOS 实现，从而提高了性能，获得了高的输入阻抗。

在双极晶体管基极被关断过程中，所设计的

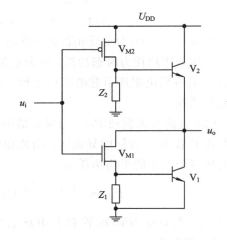

图 4－21　BiCMOS 门电路

阻抗 Z_1、Z_2 就显得非常必要，它们构成了 V_1、V_2 释放基极电荷的放电通路。例如当输入端出现由高到低的跳变时，V_{M1} 首先被关断；而为了关断 V_1，其基极上的电荷必须尽快释放掉，此时靠的就是 Z_1。增加这一电阻，不仅降低了跳变时间，而且还降低了功耗。因为，在跳变过程中会出现瞬间的 V_1 和 V_2 同时导通，这样在 U_{DD} 和 GND 之间就会形成短暂的电流通路，其电流尖峰会很大，对功耗和电源噪声将会造成严重的影响。因此，一个极其重要的原则就是将器件关断得越快越好。

通过分析，可以推导出 BiCMOS 反相器的电压转移特性（VTC）。首先，电路的逻辑摆幅比电源电压要小。当 u_i 为 0 时，PMOS 管 V_{M2} 导通，使得 V_2 的基极为 U_{DD}。此时，V_2 相当于一个射极跟随器，u_o 上升到最大，为 $U_{OH}=U_{DD}-U_{BH(on)}$。

U_{OL} 的情况与此相似，当 u_i 为高时，V_{M1} 导通，只要 $u_o>U_{BE(on)}$，V_1 将保持导通。一旦 $u_o \leqslant U_{BE(on)}$，V_1 关断，这时 U_{OL} 等于 $U_{BE(on)}$。当然，如果时间允许，输出电压最终将会到达地电平。设想此时 V_1 已关断，到地通路则为 V_{M1} 和 Z_1，由于这一通路的高阻值，放电将持续较长时间，因此假设此时 $U_{OL}=U_{BE(on)}$ 较为合理。这样，整个电压的摆幅降低为 $U_{DD}-2U_{BE(on)}$。这样不仅降低了噪声容限，还增加了功耗。

假设图 4－21 具有单个 BiCMOS 同类门扇出，如果 $u_i=0$，则其输出电压为 $U_{DD}-U_{BE(on)}$，无法将后续门的 PMOS 管真正关断，因为 $U_{BE(on)}$ 约等于 PMOS 管的阈值电压。这就形成了静态漏电流 $I_{leakage}$，从而引起功耗。人们对此提出过不少解决方案，例如使门的逻辑摆幅等于电源电压，但这样做电路的复杂度随之增加。除了这点之外，BiCMOS 反相器的 VTC 和 CMOS 的非常相似。

BiCMOS 的传播延迟由两个因素组成：

(1) 双极晶体管的导通和关断；

(2) 负载电容的充放电。

由于充放一个饱和晶体管的基区电荷需要很长的时间，严重制约门的速度，因此必须设法使双极晶体管远离饱和区。BiCMOS 门的一个精彩之处就是其结构可以防止 V_1 和 V_2 进入饱和区。它们要么是截止的，要么是前向有源模式。例如，对于高电平输出 U_{OH} 的情况，V_2 处于前向有源模式，PMOS 晶体管 V_{M2} 等效为电阻，可确保 V_2 的集电极电压总是高于其基极电压。另外，当输出为低时，V_{M1} 等效于在晶体管 V_1 集电极和基极之间的一个电阻，它阻止了器件的进一步饱和。这样，基极电荷保持较小值，使得器件的开关速度加快。

根据上述分析，一般认为影响 BiCMOS 门速度的主要原因是电容的充放电。为了分析反相器的瞬态特性，这里假设电容主要是负载电容 C_L。

首先考虑输出由低到高跳变的情况，可以根据图 4-21 画出等效电路。此时 V_1 随着基极电荷经由 Z_1 放电而迅速关断，负载电容 C_L 经由 V_{M2} 和 V_2 组成的电流放大器充电，V_{M2} 的源极电流馈入 V_2 的基极，再乘以 V_2 的 β_F（假设 V_2 工作在前向有源区）。这样就形成了大的充电电流 $(\beta_F+1)(U_{DD}-U_{BE(on)})/R_{on}$（设 PMOS 管的等效导通电阻为 R_{on}）。

输出由高到低的等效电路与上面相似。此时，V_2 经 Z_2 被关断，V_{M1} 和 V_1 又一次组成 β_F 电流放大器，设 NMOS 管 V_{M1} 的等效导通电阻为 R_{on}，放电电流为 $(\beta_F+1)(U_{DD}-U_{BE(on)})/R_{on}$（假设 $R_{on} \ll Z_1$）。这种电流放大系数使得 BiCMOS 对于大负载电容的驱动效果要比 CMOS 好得多。

总之，BiCMOS 反相器具有静态 CMOS 的大多数优点，而且由于采用了双极推挽级输出，因此比 CMOS 具有更好的大电容负载驱动能力。其缺点是增加了门的复杂度，工艺也更复杂，造价也随之提高。

4.3　CMOS 组合逻辑

4.3.1　CMOS 与非门

参考上述 CMOS 反相器的工作原理，我们来讨论图 4-22(a) 所示的 2 输入端的 NAND（与非门）的工作原理。如图 4-22(b) 所示，两个 NMOS 晶体管串接在输出和地之间，而两个 PMOS 晶体管并联在输出和电源之间。图 4-22(c) 是用开关置换了图 4-22(b) 中晶体管后的电路。输出和地之间串接着两个开关，当输入端 A、B 都为"1"，即 $(A, B)=(1, 1)$ 时输出端和地之间导通；而当 $(A, B)=(0, 0)$、$(A, B)=(0, 1)$ 和 $(A, B)=(1, 0)$ 时输出端和地之间均为非导通状态。另外两个开关并联在输出端和电源之间，这两个开关都是输入为"0"时导通的开关。因此当 $(A, B)=(0, 0)$、$(A, B)=(0, 1)$ 以及 $(A, B)=(1, 0)$ 的时候，也就是说只要输入端有一个为"0"，输出端和电源之间就导通。而当 $(A, B)=(1, 1)$，即当输入都为"1"时，输出端和电源之间才为非导通状态。

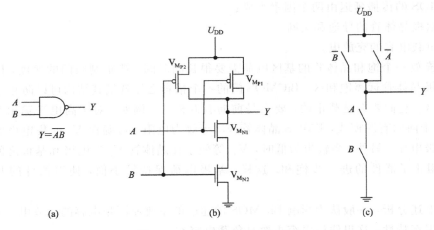

图 4 - 22　2 输入 CMOS 与非门

把这些归纳起来则如表 4 - 4 所示。从表 4 - 4 中可以看出，只有输入都为"1"的时候输出端才被下拉到地(GND)而为 0，除此之外输出端都被上拉到电源端而为"1"，因此这种电路呈现"与非门"(NAND)的动作是明白无疑的。对于输入的所有组合，与非门都不会使输出端和电源之间以及输出端和地之间同时呈现导通状态。也就是说，与非门(NAND)和反相器一样，当输入端为"0"或"1"而处于稳定状态的时候，没有电流从电源流向地，具有 CMOS 电路的低功耗动作特性。

表 4 - 4　与非门的逻辑功能

A	B	晶体管的工作状态	F
0	0	$V_{M_{P1}}$、$V_{M_{P2}}$ 导通，$V_{M_{N1}}$、$V_{M_{N2}}$ 截止	1
0	1	$V_{M_{P1}}$ 导通、$V_{M_{P2}}$ 截止，$V_{M_{N1}}$ 截止、$V_{M_{N2}}$ 导通，但是因为串联，$V_{M_{N1}}$、$V_{M_{N2}}$ 截止	1
1	0	$V_{M_{P1}}$ 截止、$V_{M_{P2}}$ 导通，$V_{M_{N1}}$ 导通、$V_{M_{N2}}$ 截止，但是因为串联，$V_{M_{N1}}$、$V_{M_{N2}}$ 截止	1
1	1	$V_{M_{P1}}$、$V_{M_{P2}}$ 截止，$V_{M_{N1}}$、$V_{M_{N2}}$ 导通	0

与非门所用的晶体管数目 M＝输入变量数×2。

与非门的 RC 模型如图 4 - 23 所示。其中，R_{P1} 是 $V_{M_{P1}}$ 的等效阻抗，R_{P2} 是 $V_{M_{P2}}$ 的等效阻抗，R_{N1} 是 $V_{M_{N1}}$ 的等效阻抗，R_{N2} 是 $V_{M_{N2}}$ 的等效阻抗。

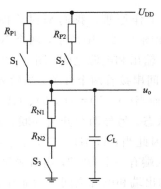

图 4 - 23　与非门的 RC 模型

图 4 - 23 中：

$$T_f = 2.2(R_{N1} + R_{N2})C_L \approx 2.2 \times 2R_{N1}C_L \qquad (4-31)$$

$$T_r = 2.2R_{P1}C_L \qquad (4-32)$$

与非门的版图如图 4 - 24 所示。

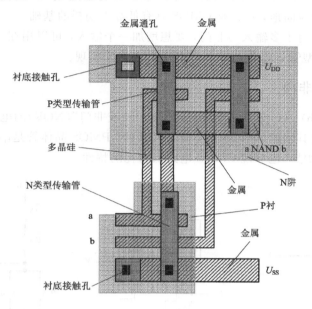

图 4 - 24 与非门的版图

N 输入 CMOS 与非门的电路如图 4 - 25 所示。从此电路可以看出，对于所有的输入，总有一条途径从"1"或"0"(U_{DD} 或 GND)接到输出，并且输出值可以达到满电源电压值。我

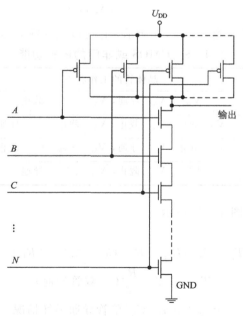

图 4 - 25 N 输入 CMOS 与非门的电路图

们知道在 CMOS 门中，不论 MOS 管的尺寸按不按一定的比例，都可得到正确的门电路功能，这为电路设计提供了方便。另外，对于任意的输入组合，都不会使输出端和电源之间以及输出端和地之间同时呈现导通状态。也就是说，始终没有一条从"U_{DD}"到"GND"的直流通路。因此与非门(NAND)和反相器一样，当输入端为"0"或"1"，即处于稳定状态的时候，没有电流从电源流向地，这正是 CMOS 具有低静态功耗的基础。

我们还注意到，对于多输入与非门，要想增加一个输入，可以用在 N 型管一边串入一个 NMOS 管、在 P 型管一边并入一个 PMOS 的办法来实现。

4.3.2　CMOS 或非门

图 4-26(a)、(b)、(c)分别是 2 输入端 CMOS"或非门"(NOR)的电路符号、电路图及其开关表示图。因为其中的 NMOS 晶体管是并联的，PMOS 晶体管是串联的，所以这种电路具有"或非门"的功能，也显现 CMOS 电路低功耗的特性。

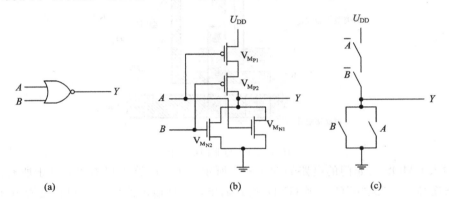

图 4-26　2 输入 CMOS 或非门

CMOS 或非门的逻辑功能如表 4-5 所示，它可以完成或非运算。

表 4-5　CMOS 或非门的逻辑功能

A　B	晶体管的工作状态	F
0　0	$V_{M_{P1}}$、$V_{M_{P2}}$ 导通，$V_{M_{N1}}$、$V_{M_{N2}}$ 截止	1
0　1	$V_{M_{P1}}$ 导通、$V_{M_{P2}}$ 截止、$V_{M_{N1}}$ 截止、$V_{M_{N2}}$ 导通	0
1　0	$V_{M_{P1}}$ 截止、$V_{M_{P2}}$ 导通、$V_{M_{N1}}$ 导通、$V_{M_{N2}}$ 截止	0
1　1	$V_{M_{P1}}$、$V_{M_{P2}}$ 截止、$V_{M_{N1}}$、$V_{M_{N2}}$ 导通	0

或非门的 RC 模型如图 4-27 所示。

由图 4-27 可知：

$$T_r = 2.2(R_{P1} + R_{P2})C_L = 2.2 \times 2R_{P1}C_L \tag{4-33}$$

$$T_f = 2.2 \times \frac{R_N}{2}C_L（双管导通） \tag{4-34}$$

$$T_f = 2.2 \times R_{N1}C_L（单管导通最坏情况） \tag{4-35}$$

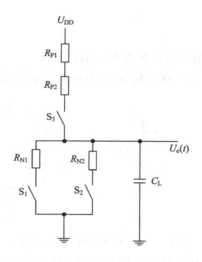

图 4 - 27　或非门的 RC 模型

　　或非门的版图设计如图 4 - 28 所示，设计中要求 N 管并联，P 管串联，且 P 管的宽长比要比 N 管的宽长比大很多。

　　N 输入 CMOS 或非电路如图 4 - 29 所示。我们从该电路可以看出，它同与非门有对偶关系。和与非门相比，在或非门中要增加一个输入时，只要相应地在 N 管一边并入一个 NMOS 管、在 P 管一边串入一个 PMOS 管即可。

　　在 CMOS 电路里，"与非门"（NAND）、"或非门"（NOR）是一级逻辑门。而"与门"（AND）和"或门"（OR）则是把"非门"（NOT）分别接于"与非门"和"或非门"上而构成的，所以它们是二级逻辑构成的电路。

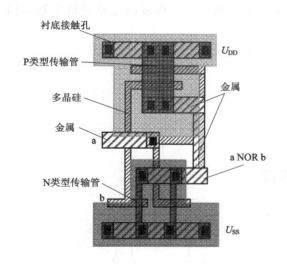
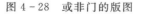

图 4 - 28　或非门的版图

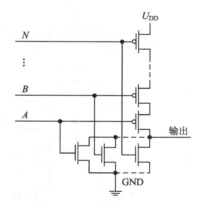

图 4 - 29　N 输入 CMOS 或非门的电路图

　　有了反相器、与非门和或非门等基本单元电路，就可以组成其他的组合电路和时序电路。以后章节中介绍的标准单元库也是由它们组合而成的。

4.3.3　CMOS 与或非门

CMOS 与或非门要实现的逻辑函数为 $F=\overline{AB+CD}$。

根据 NMOS 逻辑与串或并的规律构成 NMOS 逻辑块的电路如图 4-30 所示。

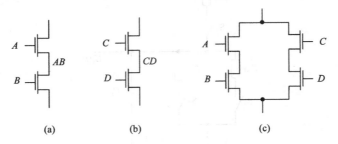

图 4-30　NMOS 逻辑块的电路图

根据 PMOS 逻辑或串与并的规律构成 PMOS 逻辑块的电路如图 4-31 所示。

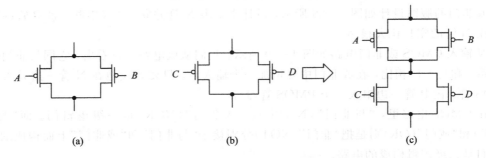

图 4-31　PMOS 逻辑块的电路图

将 NMOS 逻辑块与 PMOS 逻辑块连接，接上电源和地，构成的完整逻辑电路如图 4-32 所示。RC 模型如图 4-33 所示。

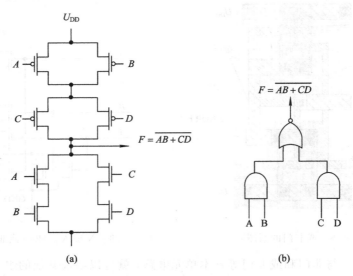

图 4-32　完整的逻辑电路图

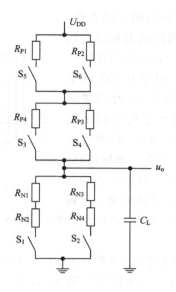

图 4 - 33　RC 模型图

由图 4 - 33 可知：

$$T_r = 2.2(R_{P1} + R_{P3})C_L = 2.2 \times 2R_{P1}C_L \qquad (4-36)$$

$$T_f = 2.2(R_{N1} + R_{N3})C_L = 2.2 \times 2R_{N1}C_L \qquad (4-37)$$

另一种与或非门和或与非门电路分别如图 4 - 34(a)、(b)所示。

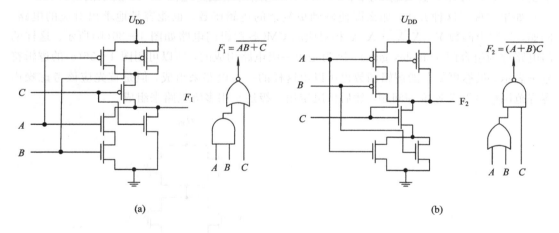

(a)　　　　　　　　　　　　　　　　　　　(b)

图 4 - 34　另一种 CMOS 与或非门和或与非门电路

4.3.4　CMOS 组合逻辑门电路设计方法

把上述分析"与非门"、"或非门"的方法加以扩展，进而考虑用一级 CMOS 电路来构成更为复杂的逻辑电路的方法。图 4 - 35 是一级 CMOS 逻辑电路。

这是将 CMOS 反相器里的 NMOS 晶体管和 PMOS 晶体管分别用 NMOS 晶体管组合电路、PMOS 晶体管组合电路置换后构成的。该电路的输出可用下式表示：

$$Y = f(X_1, X_2, \cdots, X_n) \qquad (4-38)$$

式中，假设 f 是一个不含输入变量($X_1, X_2, \cdots, X_n$)的非，只含输入变量的逻辑积或是逻辑和的组合逻辑函数。对 NMOS 电路一侧来说，把晶体管看做开关，把表示电路的输出和地之间处于导通状态的逻辑函数作为 f，求出满足这一逻辑关系的开关组合就可以了。而对于 PMOS 电路一侧来说，则必须求出开关的组合，使其能满足电源和输出端之间处于导通状态的逻辑函数 $\bar{f}_c$。这样，当 NMOS 电路一侧导通时，PMOS 电路一侧必定截止；反之，PMOS 电路一侧导通时，NMOS 电路一侧必定截止。因此，对于输入的各种组合来说，都不会有电流从电源流向地，呈现

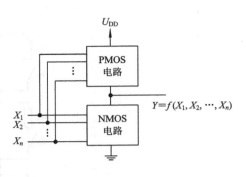

图 4 - 35　一级 CMOS 逻辑电路

CMOS 电路的动作特性。这时，如果 NMOS 电路一侧导通的话，则输出为"0"，显然 $Y=\bar{f}_c$。

　　下面以 2 输入端的 NAND(与非门)为例，详细讨论如何设计这一电路。我们可以用数学公式 $Y=\overline{AB}$ 来表示两个输入端的"与非门"，则 $f(A, B)=\overline{AB}$。在 NMOS 电路一侧，如果把输入控制信号为 A、B 的两个开关串联的话，则电路的输出端和地之间导通的逻辑将是 AB，所以只要将 NMOS 晶体管串联即可。PMOS 电路一侧的逻辑关系则必须满足 $\overline{f(A, B)}=\overline{\overline{AB}}=\bar{A}+\bar{B}$ 这一关系。如果把控制端输入为 A 的 PMOS 开关看成一个当 $\bar{A}$ 为"1"时导通的开关，那么 $\bar{A}+\bar{B}$ 就可以用由输入信号 A、B 所控制的 PMOS 晶体管的并联来实现。据此可知 2 输入端"与非门"(NAND)电路的组成应是图 4 - 22 所示的那样。

　　如果掌握了这种方法，那么即使碰到更复杂的逻辑函数，也能容易地求出对应的电路。例如，与逻辑函数 $Y=\overline{X_1 X_2+X_3 X_4}$ 相对应的 CMOS 逻辑门电路如图 4 - 36(b)所示。这样的门电路称为组合门(complex gate)，因为是由一级电路构成的，所以可用图 4 - 36(a)的逻辑符号来表示。虽然更复杂的逻辑函数也可以由这样的一级电路来组成，但是首先应该考虑噪声容许范围以及开关速度等问题，然后再决定用一级还是用多级电路来组成。

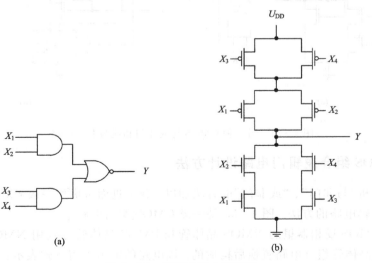

(a)　　　　　　　　(b)

图 4 - 36　CMOS 组合门电路

4.4　触　发　器

4.4.1　RS 触发器

触发器是一种双稳态电路。它有两个稳定状态，这两个状态可以用来代表二进制信息 1 或 0。双稳态电路的特点是只有在外界信号的作用下，它才能由一种稳定状态转变为另一种稳定状态。

触发器由基本逻辑门电路组成，它是时序电路中最基本的单元电路。在各种计数器、分频器、移位寄存器等功能电路中都要用到触发器。

根据电路结构和工作方式的不同，触发器可分为 RS 触发器、D 触发器、JK 触发器和施密特触发器。

RS 触发器是最简单的一种触发器。一种由或非门构成的 RS 触发器以及 RS 触发器的逻辑符号如图 4-37 所示。输入端 R(reset) 和 S(set) 表示置 0 端和置 1 端。

由图 4-37 可以写出 RS 触发器的逻辑表达式：

$$Q = \overline{R + \overline{Q}} \qquad (4-39)$$

$$\overline{Q} = \overline{S + Q} \qquad (4-40)$$

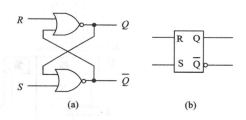

在触发器置 1($S=1$，$R=0$) 时，触发器输出 $Q=1$；在触发器置 0($S=0$，$R=1$) 时，触发器输出 $Q=0$；在 $S=R=0$ 时，触发器状态保持不变；但在 $S=R=1$ 时，Q 和 $\overline{Q}$ 都将

图 4-37　RS 触发器及其逻辑符号

为 0，这与它们的自身符号表示应互为非的逻辑关系相矛盾，故在实际使用中将不允许这种状态出现，即不允许 S、R 同时为 1。在输入电路中设置保护电路能够避免这种状态出现。

用 NMOS 电路做成的 RS 触发器如图 4-38 所示。我们可以认为该触发器电路是由交叉耦合的两个反相器加上控制电路转换动作的两个晶体管 V_{M_R} 和 V_{M_S} 所构成的。图中 V_{M3} 和 V_{M4} 是耗尽型晶体管，所以触发器的输出高电平是

$$U_{OH} = U_{DD} \qquad (4-41)$$

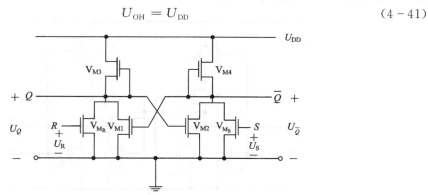

图 4-38　用 NMOS 电路做成的 RS 触发器

假定电路是对称的(两个或非门结构相同)，则相应晶体管的宽长比相等，即

$$(W/L)_1 = (W/L)_2 = (W/L)_\mathrm{E} \qquad (4-42)$$

$$(W/L)_3 = (W/L)_4 = (W/L)_\mathrm{L} \qquad (4-43)$$

因而驱动管和负载管的导电因子比为

$$\beta_\mathrm{R} = \frac{K_\mathrm{E}}{K_\mathrm{L}} = \frac{K'_\mathrm{E}(W/L)_\mathrm{E}}{K'_\mathrm{L}(W/L)_\mathrm{L}} \qquad (4-44)$$

式中，K'_E 和 K'_L 分别是驱动管和负载管的本征导电因子。假设相应的低电平输出端的控制晶体管 M_R 和 M_S 处于截止状态，则根据 MOS 晶体管的方程式和式(4-43)，可以求出

$$U_\mathrm{OL} = (U_\mathrm{OH} - U_\mathrm{TH}) - \sqrt{(U_\mathrm{OH} - U_\mathrm{TH})^2 \frac{1}{\beta_\mathrm{R}} \mid U_\mathrm{TL} - U_\mathrm{OL} \mid^2} \qquad (4-45)$$

其中，U_TH 为驱动管的阈值电压，U_TL 为负载管的阈值电压。一种最基本的 NMOS RS 触发器的版图布局如图 4-39 所示。

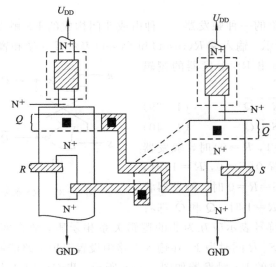

图 4-39　NMOS RS 触发器版图

具有 CMOS 或非门结构的 RS 触发器如图 4-40 所示，图 4-41 是它的一种版图结构，其工作过程和 NMOS 电路是一致的。

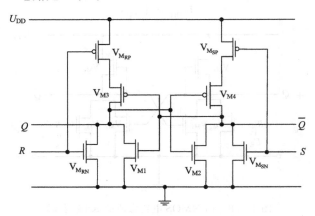

图 4-40　CMOS 或非门结构的 RS 触发器

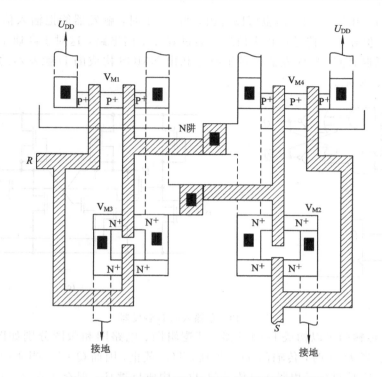

图 4 - 41　CMOS 或非门结构的 RS 触发器的版图

　　由与非门组成的 RS 触发器，其逻辑框图和 CMOS 电路分别如图 4 - 42(a)、(b)所示。这个电路的输入端采用 $\overline{R}$ 和 $\overline{S}$ 是为了使该电路与由或非门构成的 RS 触发器具有相同的真值表。图 4 - 42(a)、(b)的电路既可以采用统一的最小场效应晶体管结构，也可以采用 $(W/L)_P = 2.5(W/L)_N$ 的所谓对称结构，对称结构能使输出波形有相同的上升和下降时间。

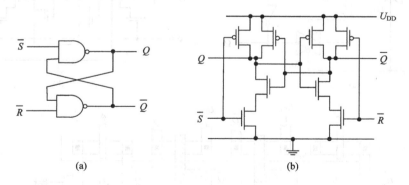

图 4 - 42　由与非门组成的 RS 触发器的逻辑框图及 CMOS 电路

4.4.2　D 触发器

　　用一对互补的输入信号送入 RS 触发器，就得到单输入的 D 触发器，其逻辑结构如图 4 - 43(a)所示。由于 D 触发器有一对互补信号接至 RS 触发器的输入端，因而它避免了 R 和 S 输入端同时为 1 的不允许工作状态。D 触发器通常用来暂时存储一个比特(bit)的信息或用做时延元件。由图 4－43(a)也可以看出，当 $\phi=1$ 时，触发器能把输入信息 D 的值传送到输出端 Q。但在这个传送过程中信息要通过好几个门电路，这对于高速工作的数字电路，必须考虑延迟时间。D 触发器的逻辑符号和由 NMOS 构成的 D 触发器的电路分别如图4－43(b)、(c)所示。

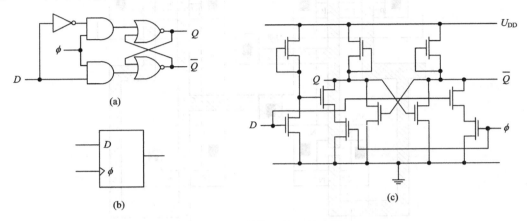

图 4－43　单输入的 D 触发器

用 CMOS 传输门可以构成 D 触发器，其逻辑图、电路图和版图分别如图 4－44(a)、(b)和(c)所示。当 $\phi=1$ 时，传输门 TG_1 导通，TG_2 截止，因而 $Q=D$。当 $\phi=0$ 时，TG_1 截止，TG_2 导通，这时两个反相器通过传输门 TG_2 构成反馈环，保存了在 $\phi=1$ 时输入的信息。此电路最简单的电气设计是选取 $K_N=K_P$ 和 $U_{TH}=U_{DD}/2$，最简单的版图布局结构则选取所有器件有相同的宽长比 W/L。

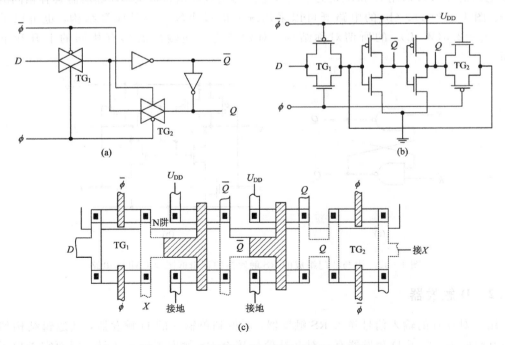

图 4－44　由 CMOS 传输门构成的 D 触发器

将两个由反相时钟控制的 D 触发器级联就可得到一个主从 D 触发器，其逻辑框图如图 4-45(a)所示。当 $\phi=1$ 时，输入数据通过传输门 TG$_1$ 被送入主触发器；当 $\phi=0$ 时，这个数据被保存在主触发器中并同时通过传输门 TG$_2$ 送入从触发器。当第二个时钟脉冲周期到来时，主触发器将接收新的数据，从触发器将保存上一时钟周期送入主触发器的数据。与图 4-45(a)相应的标准 CMOS 电路结构如图 4-45(b)所示，其时序图如图 4-45(c)所示。

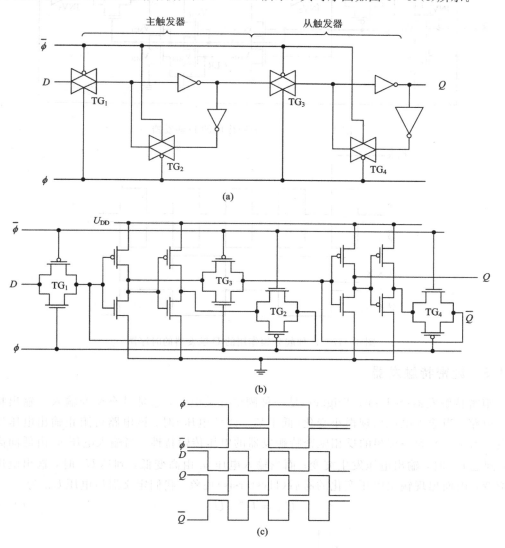

图 4-45　主从 D 触发器

下面分析一种起分频作用的 D 触发器，如图 4-46 所示。初始时刻，清零信号 CLR 为 1，当 ϕ 信号为 1 时，$V_{M18} \sim V_{M21}$ 均导通，此时，通过传输门 TG$_2$ 传输信号 $D=0$。在 $\bar{\phi}=1$ 之前，通过非门 INV$_2$ 和 V_{M16}、V_{M17} 使 D 保持为 0。当 $\bar{\phi}=1$ 时，通过传输门 TG$_1$ 传输信号 $D=1$，而且在下一个时钟周期到来之前，非门 INV$_1$ 和 V_{M3} 保持 $D=1$。当下一个时钟周期到来时，通过传输门 TG$_2$ 传输信号 $D=1$，在 $\bar{\phi}=1$ 之前，非门 INV$_2$ 和 V_{M7} 保持 $D=1$。当 $\bar{\phi}=1$ 时，通过传输门 TG$_1$ 传输信号 $D=0$，在下一个时钟周期到来之前，非门 INV$_1$ 和

V_{M12}、V_{M13} 保持 $D=0$。这样，D 触发器就起到了分频作用，其时序图如图 4-47 所示。

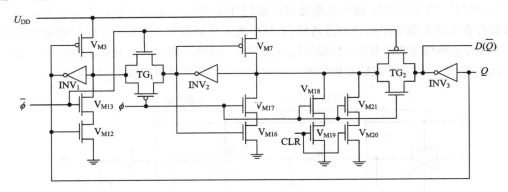

图 4-46 一种起分频作用的 D 触发器

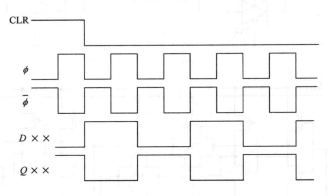

图 4-47 一种起分频作用的 D 触发器的时序图

4.4.3 施密特触发器

施密特触发器(Schmitt Trigger)是一种阈值开关电路，它是具有突变输入—输出特性的门电路。当输入电压出现微小变化(低于某一阈值电压)时，该电路可阻止输出电压发生改变。图 4-48 为一理想的反相施密特触发器的电压传输特性。当输入电压 u_i 由低向高增加，到达 U^+ 时，输出电压发生突变；而当输入电压 u_i 由高变低，到达 U^- 时，输出电压发生突变，因而出现输出电压变化的滞后(Hystersis)现象，我们定义滞后电压 U_H 为

$$U_H = U^+ - U^- \tag{4-46}$$

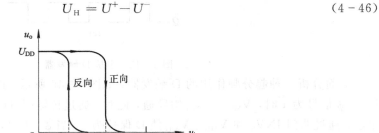

图 4-48 理想的反相施密特触发器的电压传输特性

可以看出具有这种特性的电路特别适合于一些要求有一定延迟的启动(start-up)电路，

也广泛用于有杂音的环境中。下面介绍一种电路结构，它是由 CMOS 实现的具有对称结构的反相施密特触发器电路，如图 4-49 所示。该电路的上半部分由 PMOS 组成，下半部分由 NMOS 组成，在功能上两者互补。如再级联一反相器（图中虚线部分），则可构成正相的施密特触发器。该电路设计可通过调整晶体管的宽/长比来完成。下面分析电路的工作原理，进而找出有关设计的表达式。

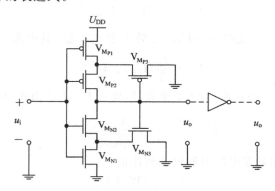

图 4-49 反相的施密特触发器电路图

图 4-49 所示施密特触发器的工作情况可通过电路中下半部分 NMOS 的开关过程来了解，如图 4-50 所示。

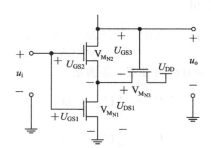

图 4-50 反向的施密特触发器中 NMOS 的开关过程

图中 $V_{M_{N2}}$ 称为主开关器件，而 $V_{M_{N1}}$ 和 $V_{M_{N3}}$ 的动作则像一个反馈网络，用来控制 U^+ 的值。设开始时 u_i 置"0"，然后逐渐增加，此时所有的 NMOS 管 $V_{M_{N1}}$、$V_{M_{N2}}$ 和 $V_{M_{N3}}$ 均不导通，因为 NMOS 管的导通与否取决于它们的栅-源电压，即

$$U_{GS1} = u_i \tag{4-47}$$

$$U_{GS2} = u_i - U_{DS1} \tag{4-48}$$

$$U_{GS3} = u_o - U_{DS1} \tag{4-49}$$

当 $U_{GS1} = u_i = U_{TN1}$ 时，$V_{M_{N1}}$ 开始导通；当要求 $V_{M_{N2}}$ 导通时，所要加的输入电压应为

$$u_i = U_{TN2} + U_{DS1} = U^+ \tag{4-50}$$

而 $V_{M_{N1}}$ 的漏-源电压 U_{DS1} 由一个反馈网络的 MOSFET 对（$V_{M_{N1}}$，$V_{M_{N3}}$）来控制。随着 u_i 的增加，U_{DS1} 逐渐降低，直到刚好出现 $V_{M_{N2}}$ 达到导通时的临界开关状态。当 u_i 增加而达到此点时，输出结点将有一条放电通路通过 $V_{M_{N1}}$ 和 $V_{M_{N2}}$ 到地，使输出电压下降到 0。现在来估算正向触发电压 U^+。若忽略体偏置效应，则导通 $V_{M_{N2}}$（$u_i = U^+$）时，$V_{M_{N1}}$ 的漏-源电压 U_{DS1} 应为

$$U_{DS1} = U^+ - U_{TN} \tag{4-51}$$

此时 $V_{M_{N1}}$ 管导通且正处于饱和状态的边缘,作用于 $V_{M_{N1}}$ 管上的各电压满足下式:

$$U_{GS1} - U_{TN} = U^+ - U_{TN} = U_{DS1} \tag{4-52}$$

故流过 $V_{M_{N1}}$ 管的电流为

$$I_1 = \frac{\beta_{N1}}{2}(U^+ - U_{TN})^2 \tag{4-53}$$

此时 $V_{M_{N3}}$ 管因 $U_{GS3} = U_{DS3}$(此时 $u_o = U_{DD}$)亦处于饱和状态,其电流为

$$I_3 = \frac{\beta_{N3}}{2}(U_{DD} - U^+)^2 \tag{4-54}$$

由于此时 $V_{M_{N2}}$ 处于临界导通状态,尚无电流流过,故有 $I_1 = I_3$。由式(4-53)、式(4-54)可得:

$$U^+ = \frac{U_{DD} + \sqrt{\beta_{N1}/\beta_{N3}}\,U_{TN}}{1 + \sqrt{\beta_{N1}/\beta_{N3}}} \tag{4-55}$$

由式(4-55)可知,正向触发电压可通过调整比值

$$\frac{\beta_{N1}}{\beta_{N3}} = \frac{(W/L)_{N1}}{(W/L)_{N3}} \tag{4-56}$$

即 $V_{M_{N1}}$ 和 $V_{M_{N3}}$ 两管沟道宽长比的比值来得到。

对反向触发电压 U^- 的分析可采用图4-49电路的上半部分。分析过程与分析图4-49电路的下半部分类似,从而得出

$$U^- = \frac{\sqrt{\beta_{P1}/\beta_{P3}}(U_{DD} - |U_{TP}|)}{1 + \sqrt{\beta_{P1}/\beta_{P3}}} \tag{4-57}$$

若由此 CMOS 电路设计一对称触发器,即满足

$$U^+ = \frac{1}{2}U_{DD} + \Delta U \tag{4-58}$$

$$U^- = \frac{1}{2}U_{DD} - \Delta U \tag{4-59}$$

的情况,则由式(4-46)知,滞后电压 U_H

$$U_H = U^+ - U^- = 2\Delta U \tag{4-60}$$

若定义

$$\beta_r = \frac{\beta_{N1}}{\beta_{N3}} = \frac{\beta_{P1}}{\beta_{P3}} \tag{4-61}$$

并假设

$$U_{TN} = |U_{TP}| = U_T \tag{4-62}$$

则将式(4-57)代入式(4-59)可得

$$\Delta U = \frac{U_{DD}(1 - \sqrt{\beta_r}) + 2\sqrt{\beta_r}\,U_T}{2(1 + \sqrt{\beta_r})} \tag{4-63}$$

整理上式得

$$\sqrt{\beta_r} = \frac{U_{DD} - 2\Delta U}{U_{DD} + 2\Delta U - 2U_T} \tag{4-64}$$

当滞后电压给定时，即可由式(4-64)确定 β_r 的值。

4.5　存　储　器

半导体存储器是用来存储二进制数字信息的大规模集成电路。

以现代 VLSI 生产工艺制造的半导体存储器具有工艺先进、集成度高、可靠性高、速度快、功耗低、成本低等优点。它主要应用于电子计算机和消费类电子产品中，用于存放程序指令、数据以及各种数字化多媒体信息。

目前单片半导体存储器能够存储的数据容量相当大，可以达到 1 GB，而且具有极低的功耗和非易失特性，所以可以实现海量的全固态存储。

半导体存储器的分类如下：

① RAM：随机存取存储器(Random Access Memory)。RAM 又分为以下两种：

SRAM：静态存储器(Static Random Access Memory)。

DRAM：动态存储器(Dynamic Random Access Memory)。

② ROM：只读存储器(Read - Only Memory)。ROM 又可分为以下几种：掩膜 ROM(Mask Read - Only Memory)、可编程 ROM(Programmable Read - Only Memory)、可擦除 ROM(Erasable Programmable Read - Only Memory)及电可擦除可编程 ROM(Electrically Erasable Programmable Read - Only Memory)。

③ 特殊种类的存储器：多端口 RAM、先进先出(FIFO)存储器。

4.5.1　随机存取存储器(RAM)

RAM 按工作方式可以分成异步(Async)RAM 和同步(Sync)RAM 两类。异步 RAM 的电路简单，时序关系清晰，但速度较慢；同步 RAM 必须在系统时钟信号的同步下才能正常工作，应用较为复杂，但存取速度极快。

RAM 按存储单元的结构不同，可以分成 SRAM 和 DRAM 两类。SRAM 的特点是集成度高，存取速度快，功耗极低；DRAM 则具有存储单元结构简单，集成度远大于 SRAM 的优点，但其应用较复杂，存取速度相对较慢。

RAM 一般由地址译码器、存储矩阵、读/写控制逻辑和三态双向缓冲电路等部分组成，其结构如图 4-51 所示。

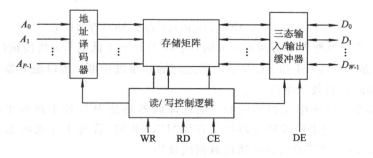

图 4-51　RAM 的结构图

由于 RAM 存储矩阵的单元数极多，为了便于电路实现，其地址译码电路一般均采用行、列双译码结构，如图 4-52 所示。在两个译码器的共同作用下，可选中特定的存储单元。这样做的好处在于译码电路易于设计实现，用于选择存储单元的信号线数目少。

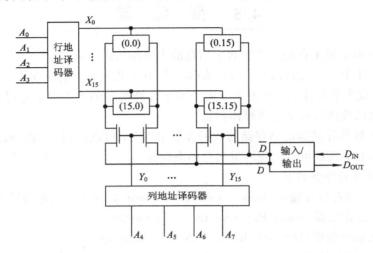

图 4-52　采用行、列双译码结构的 RAM 结构图

1. 静态基本存储单元

静态基本存储单元实际上是一个双稳态触发器。图 4-53 所示电路就是由 E/D MOS 构成的六管静态 MOS 存储单元。图 4-54 是该电路相应的版图布局结构。图中 $V_{M1} \sim V_{M4}$ 四个管子构成双稳态触发器。两种稳定工作状态分别表示存储"0"和"1"。设 V_{M1} 导通时代表存储"1"，V_{M2} 导通时代表存储"0"。现在来分析这个存储单元的工作情况。

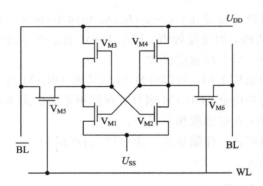

图 4-53　E/D MOS 构成的六管静态 MOS 存储单元

（1）维持状态。当外界不访问该单元时，字线 WL 处于低电平，使传输门管 V_{M5}、V_{M6} 截止，数据线（亦称位线）$\overline{BL}$ 和 BL 及触发器之间的联系被中断，所以触发器状态不会发生改变，亦即存储的信息处于维持状态。

（2）读出操作。当该单元被访问时，地址译码器将使 WL 处于高电平，使传输门管 V_{M5}、V_{M6} 导通。由于原来假设触发器中已存储"1"，即 M_1 管处于导通状态，因此 $\overline{BL}=0$、BL=1，这表示该存储"1"的信号可通过数据线读出。

（3）写入操作。这时 WL=1。设此时要向该单元写入"0"。代表"0"的信号是 $\overline{BL}=1$、BL=0，这时信号通过传输门管 V_{M5} 迫使触发器中的 V_{M2} 管导通，成为存储"0"的状态。

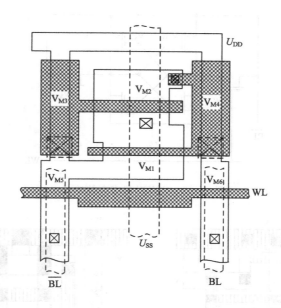

图 4-54 E/D MOS 构成的六管静态 MOS 存储单元版图

在设计 RAM 的基本单元时,要求其面积小、功耗低、读/写响应快和制造工艺简单。在六管静态 MOS 存储单元中,通常采用耗尽型负载、电阻负载和 CMOS 电路三种基本结构。后两种基本电路和典型版图布局分别如图 4-55~图 4-58 所示。这三种电路的特点则列于表 4-6 中。

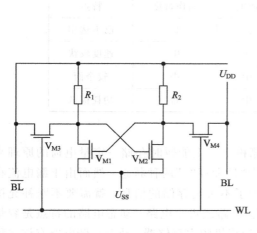

图 4-55 电阻负载存储单元

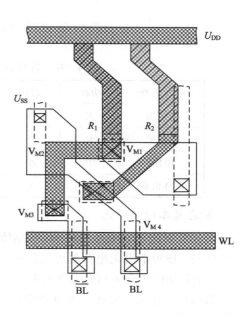

图 4-56 电阻负载存储单元版图

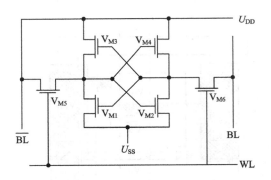

图 4 - 57   CMOS 静态存储单元

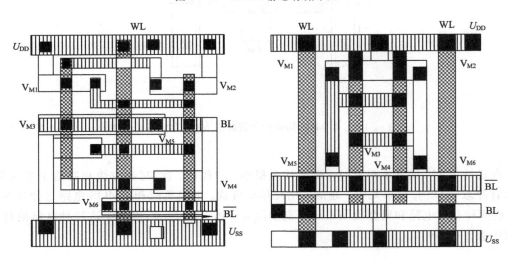

图 4 - 58   CMOS 静态存储单元的两种版图

表 4 - 6   各种六管静态存储器的特点

单元负载	功耗	面积	速度	制作难度	特点
增强型	大	大	慢	易	已不选用
耗尽型	大	小	快	中	速度较快
电阻	中	小	中	中	较全面
互补负载	小	大	中	难	功耗极低

2. 动态基本存储单元

动态基本存储单元则是利用 MOS 晶体管栅极电容上能暂时存储一定量电荷的原理来存储信息的。栅极上有无电荷就可以用来表明存"1"和存"0"两种状态。然而由于漏电流存在，栅极上存储的电荷不可能长久保持下去。为了不丢失存储的信息，就需要不断补充被泄漏掉的电荷，这就需要在动态电路中设置刷新电路或再生电路。动态电路的特点是容量大、体积小、价格低、速度中等，主要用做大型计算机的主存储器。动态存储电路有许多种类，在此仅对单管单元电路进行分析，以了解它的工作原理和特点。

单管动态 MOS 存储单元由一只晶体管和一个存储电容组成，每个单元只接一个位线和一根字线，它的版图、结构和电路如图 4 - 59 所示。电路中的 MOS 管 V_M 用做传输门开关，信息存储在电容 C_s 上。这个电容上是否存储电荷的两种状态就可以分别表示存储"1"和"0"。假设该电容没有充电，代表存储"0"，这是一个稳定的自然状态。当字线 WL 出现高电平时，管开启，这时位线 BL 若是高电平，就将对电容充电。此过程表示写入存储信息"1"，这是一个不稳定的状态。因为当 V_M 管关闭后，电容上充的电荷将逐渐泄漏。漏电越小，保持信息的时间就越长。

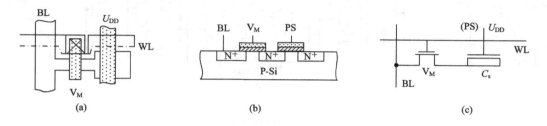

图 4 - 59　动态单管单元

（1）写入操作。字线开启开关管 V_M，数据总线向各条位线送入相应的电平信号，向各指定单位写入确定的信息。例如要写入"1"，位线上出现高电平，不管原存储单元处于什么状态，它都通过开关管对电容充电，即写入信息"1"。当位线送入低电平时，将使存储电容放电至零，即写入信息"0"。

（2）读出操作。该操作要把存储电容 C 上的信息经过开关管从位线上取出来。通常每一列位线上都连有许多存储单元，因此位线上具有较大的分布电容，往往这个电容比每个存储单元中的 MOS 存储电容还要大。所以读出时位线上出现的电平很微弱，需要由很灵敏的读出放大器放大后送至数据输出端。通常把灵敏放大器设置在位线的中央位置，亦即一条位线上的所有存储单元，对称地排列在灵敏放大器两侧，以便在未读出前保持两边平衡。另外，字线与位线间、字线与存储电容之间都存在寄生电容，地址译码器行驱动信号往往又比较强，所以字线对位线上读出的微弱信号有较强的干扰。因此，在读出放大器两侧还对称地设置有虚拟单元，就是和存储单元结构类似的单元。存储阵列中所有的虚拟单元都各自接在一条类似于字线的线上，如图 4 - 60 中的 X_V 和 $\overline{X}_V$。图 4 - 60 中，$X_0 \sim X_{63}$ 是 64 条行地址线；位线用 Y_K 表示；中间是读出放大器，由晶体管 $V_{M1} \sim V_{M5}$ 组成。在位线 Y_K 上读出放大器两侧各有 32 个存储单元和一个虚拟单元。读操作时，$\phi_{X1} = 1$，V_{M3} 导通，使读出放大器两端短接以保持平衡。此后，在 $\phi_{X1} = 0$ 时预充电压产生电路的输出将虚拟单元的电容充电至参考电平 U_M。通常取 U_M 为高、低电平的平均值，即

$$U_M = \frac{1}{2}(U_L + U_H) \tag{4 - 65}$$

当 $X_0 \sim X_{31}$ 中某一地址 X_i 被选中时，该位线上出现高电平，按虚拟单元的设计要求，此时另一侧的虚拟单元将被选中。设选中的 X_i 上的存储单元中存的信息是"1"，则 D 点是高电位 U_H，$\overline{D}$ 点是半高电位 U_M，这时若 $\phi_L = 1$，则读出放大器成为双稳态触发器，它会因 $U_D > U_{\overline{D}}$ 而使 V_{M5} 导通，V_{M4} 截止，从而使 $\overline{D}$ 端向数据线输出低电平。若 X_i 的存储单元所

存储的信息是"0"，那么 $U_D < U_{\bar{D}}$，在 $\phi_L = 1$ 时从 $\bar{D}$ 端向数据线输出高电平。由此可见，从 $X_0 \sim X_{31}$ 读出数据时，输出位线 $\bar{D}$ 的电平与存储信息相反。由类似的分析可推知，从 $X_{32} \sim X_{63}$ 线读出时，输出位线 $\bar{D}$ 的电平与存储信息相同。同理，写操作时，在 $X_0 \sim X_{31}$ 线上写入与数据线 $\bar{D}$ 上电位相反的信息，而在 $X_{32} \sim X_{63}$ 线上写入与数据线 $\bar{D}$ 上电位相同的信息。

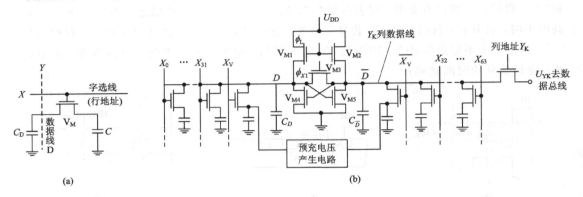

图 4 - 60　对称虚拟单元

从单管单元的工作过程可以看到，这一类存储单元简单，但需要高灵敏度的读出放大器和较复杂的外围电路。为了增大存储器容量和降低功耗，在设计时应力求降低动态单元中的各种漏电流。图 4 - 61 给出了两相邻单管单元结构示意图。对该结构图进行仔细研究，不难发现存储单元漏电的途径是：

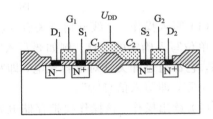

图 4 - 61　两相邻单管单元结构示意图

（1）门管漏源间 PN 结反向漏电；

（2）存储电容漏电；

（3）当相邻两存储电容存有相反信息时由寄生晶体管引起漏电，即图 4 - 61 中 C_1 和 C_2 间的漏电。

仔细设计存储单元的版图形式和结构，并优化调整工艺参数，可使上述各漏电流减至最小。

4.5.2　只读存储器(ROM)

只读存储器的主要功能是存储大量固定不变的信息。每个字可以代表一条信息，一个字由若干个二进制码组成，每位二进制码可有"0"和"1"两种状态。在用 MOS 电路制作只读存储器时，采用薄氧化层、低阈值电压的 MOSFET 作为存储"1"的基本电路；用厚氧化层、高阈值电压的 MOSFET 作为存储"0"的基本单元。下面我们简单介绍 ROM、EPROM 和 EEPROM。

1. ROM

只读存储器(ROM)是最简单的半导体存储器，主要用于存储数字系统的指令或常数。下面通过图 4 - 62 来理解 ROM 的基本工作原理。任一时刻，只能有一条字线为高电平。图中，当 G_1 为高电平时，列线 D_1、D_2 和 D_4 被下拉到低电平，列线 D_3 和 D_5 为高电平（阵列顶部的长沟道使它们为高电平)。如果在制造 ROM 前，不知道将要存储到 ROM 中的数据信息，则存储阵列中的行线和列线的交叉点由 NMOS 管来构成，如图 4-63(a)所示；实际应用 ROM 时，通过切断 NMOS 管漏端和列线的连接(或在制造过程中就不连接)来实现 ROM 的编程，如图 4-63(b)所示。由于不易实现 ROM 编程，因此，ROM 仅适用于需要量极大的应用中。

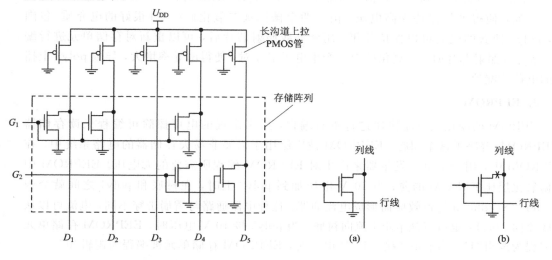

图 4-62　一个 ROM 的存储阵列　　　图 4-63　ROM 中 NMOS 管的工作原理图

2. EPROM

可擦除可编程只读存储器(EPROM)使得 ROM 的编程比较容易。图 4-64 给出了 EPROM 存储单元的剖面图。图中，用改进的 NMOS 管替代了图 4-62 和图 4-63 中行线和列线交叉点处的 NMOS 管。第二层多晶硅(poly2)直接加在了原来的多晶硅(poly1)上，poly1 处于悬浮状态(没有任何连接)，poly2 与行线相连。这样就形成了一个 poly2-poly1 电容，电容的上级板 poly2 也是 MOS 管的栅极。

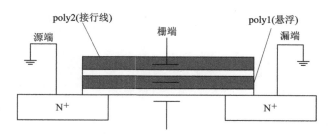

图 4-64　EPROM 存储单元的剖面图

为了理解如何对 MOS 管编程，首先假设两层栅 poly1 和 poly2 的电压都为 0 V。poly1 和 poly2 之间存在电容，poly1 和衬底之间也有电容存在。如果 poly2 的电压从 0 V 开始增加，由于这两个电容大约相等，因此，电压几乎平均分配在两个电容上，结果导致 poly1 电压增加。如果 poly2 的电压增加到 $2U_{THN}$ 左右，则 poly1 的电压约增加到 U_{THN}。如果行线电压(即 poly2 上的电压)增加到 5 V，则会使 MOS 管导通，把列线电压下拉到低电平。换句话说，当行线电压升高到足以使 MOS 管导通时，就会把列线电压下拉到低电平。

　　当 EPROM 正常工作时，有些 NMOS 管需要保持为截止态，这就需要对这些 NMOS 管进行编程。此时只需为这些 NMOS 管的 poly2 接一个约为 25 V 的大电压即可。这个大电压一方面使得 MOS 管中有大电流流过，另一方面会使得衬底中发生雪崩击穿，雪崩击穿产生的热载流子会穿过栅氧化层，被 poly1 捕获。如果再把 poly2 上的大电压移走，poly1 上的电压将会降到一个负值，通常是 −5 V。这样 MOS 管在 EPROM 正常操作时就不会导通，使得列线保持为高电压。由于两个栅都被二氧化硅（一种很好的电介质）包围着，poly1 捕获的电荷可以保持几年。用紫外线照射芯片后，可以重新对存储单元进行编程。紫外线照射芯片时，二氧化硅中会产生电子空穴对，使得电导率增大，导致 poly1 上捕获的电荷泄漏掉。

3. EEPROM

　　EPROM 的缺点是不能快速进行重新编程，后来出现的电可擦除可编程只读存储器（EEPROM）解决了这个问题。EEPROM 被广泛用于需要非易失存储器的电路系统中。在 EEPROM 中，用一个电压发生器来产生对 EEPROM 编程所需要的大电压。EEPROM 中的栅氧化层比 EPROM 的薄；当 10 V 电压加到 poly2 上时，在衬底和 poly1 之间就会因 Fowler − Nordheim 隧道效应而形成电流通路。这种电流通路与雪崩击穿不同，电流可以从衬底流向 poly1，也可以从 poly1 流向衬底。当 poly2 接 10 V 电压时，EEPROM 存储单元被编程为逻辑"1"；当 poly2 接 −10 V 电压时，EEPROM 存储单元被编程为逻辑"0"。

第 5 章　模拟集成电路设计技术

自然界中几乎所有的物理量在时间和强度上均具有"连续"的特性，都属于模拟量。这些物理量在进行数字处理之前，需要进行放大、预滤波、采样和离散化处理，将模拟信号数字化。经过数字处理后的数字信号需要还原成模拟信号，并且经过进一步放大才能成为被人接受的信号。

在宽带、高频信号（光信号、射频信号等）的处理中，数字化的难度极大，仍然需要采用模拟信号的处理方法（低噪声放大、模拟滤波等）；在工作频率很高的数字电路的设计中，必须像模拟电路一样考虑电路分布参数的影响，设计方法与设计原则和模拟电路的设计一致。

5.1　电　流　源

集成电路设计者的主要工作是设计电路，包括电流的设计。为了给各电路提供设计所指定的电流，常使用电流镜电路，它是集成电路的基本电路。其主要用途有：做有源负载；利用其对电路中的工作点进行偏置，以使电路中的各个晶体管有稳定、正确的工作点。下面我们来讨论模拟集成电路中各种类型的电流源电路。

5.1.1　双极型电流源电路

在集成电路中，偏置电路和晶体管分立元件的偏置方法不同，也就是说，晶体管分立元件通常采用的偏置电路在集成电路中是不适用的。为了说明这个问题，我们先看一个例子。

图 5-1 是晶体管共射放大电路。R_{b1}、R_{b2} 是偏置电阻，通过分压固定基极电位；R_e 是射极反馈电阻，起着直流反馈和保证工作点稳定的作用。图 5-1 也是晶体管分立元件通常采用的偏置电路，现在来估算一下这种偏置电路中的各个电阻的阻值。

例如：$i_c = 13\ \mu A$，$\beta = 50$，$U_{DD} = 15\ V$，求 R_{b1}、R_{b2} 的阻值。当 $i_c = 13\ \mu A$ 时，$i_b = 0.26\ \mu A$，按晶体管电路原理中的 $i_1 \geqslant (5 \sim 10) i_b$ 的选择原则，取 $i_1 = 5 i_b = 1.3\ \mu A$，再按基极电位 $u_b = (5 \sim 10) u_{be}$ 的选择原则，取 $u_b = 4\ V$，这样 R_{b1} 约要 $3\ M\Omega$，R_{b2} 约为 $7\ M\Omega$。这样大的阻值在集

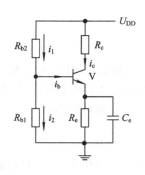

图 5-1　晶体管共射放大电路

成电路中所占有的面积是无法实现的，因此这种偏置电路不适用于集成化的要求。在模拟

集成电路中常采用电流源电路作为偏置电路。

1. 基本型电流源

图 5-2 是基本型电流源电路，它是由两个匹配晶体管 V_1、V_2 构成的。设两个晶体管完全对称，前向压降 $u_{be1}=u_{be2}$，电流放大系数 $\beta_1=\beta_2$。i_r 为参考电流，i_o 为电流源输出电流。现在来推导它们之间的关系。

$$i_r = i_{c2} + i_{b1} + i_{b2} = i_c + \frac{2i_c}{\beta} = i_c\left(1 + \frac{2}{\beta}\right) \qquad (5-1)$$

因为

$$i_o = i_{c1} = i_c \qquad (5-2)$$

所以

$$i_r = i_o\left(1 + \frac{2}{\beta}\right) \qquad (5-3)$$

$$i_o = i_r\left(1 - \frac{2}{\beta+2}\right) \qquad (5-4)$$

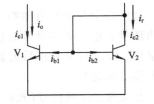

图 5-2　基本型电流源电路

当 β 很大时，电流源输出电流约等于参考电流，因此这种电流源也叫做"镜像电流源"。给定了参考电流 i_r，输出电流也就恒定了。这种电流源电路简单，但误差大，当 β 较小时，i_o 与 i_r 匹配较差，且灵活性差，适用于大电流偏置的场合。

2. 电阻比例型电流源电路

图 5-3 所示是由双极型晶体管构成的电阻比例型电流源电路的原理图。

通过改变 R_1 与 R_2 的比值，即可改变输出电流 i_o 和参考电流 i_r 之比。由图 5-3 可以写出如下公式：

$$U_{BE1} + i_{e1}R_1 = U_{BE2} + i_{e2}R_2 \qquad (5-5)$$

$$U_{BE2} - U_{BE1} = i_{e1}R_1 - i_{e2}R_2 \qquad (5-6)$$

其中：i_{e1} 为 V_1 的发射极电流，i_{e2} 为 V_2 的发射极电流。根据晶体管原理又可以写出如下公式：

$$U_{BE1} = \frac{KT}{q}\ln\frac{i_{e1}}{i_{s1}}, \quad U_{BE2} = \frac{KT}{q}\ln\frac{i_{e2}}{i_{s2}} \qquad (5-7)$$

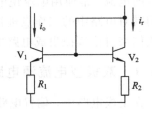

图 5-3　电阻比例型电流源

则

$$U_{BE2} - U_{BE1} = \frac{KT}{q}\ln\frac{i_{e2}\,i_{s1}}{i_{e1}\,i_{s2}} \qquad (5-8)$$

其中：i_{s1} 和 i_{s2} 分别是 V_1、V_2 单位面积的反相漏电流。

设 V_1、V_2 两个管的发射区面积相同，在工艺上实现的单位面积反相漏电流也相同，即 $i_{s1}=i_{s2}$，则可以得出

$$U_{BE2} - U_{BE1} = \frac{KT}{q}\ln\frac{i_{e2}}{i_{e1}} \qquad (5-9)$$

比较式(5-6)和式(5-9)可得

$$i_{e1} = \frac{i_{e2}R_2}{R_1} + \frac{1}{R_1}\frac{KT}{q}\ln\frac{i_{e2}}{i_{e1}} \qquad (5-10)$$

因为 $i_o = i_{c1} \approx i_{e1}$，在忽略基极电流的情况下，$i_r \approx i_{c2} \approx i_{e2}$，则有

$$i_{\mathrm{o}} = \frac{i_{\mathrm{r}} R_2}{R_1} + \frac{1}{R_1} \frac{KT}{q} \ln \frac{i_{\mathrm{r}}}{i_{\mathrm{o}}} \tag{5-11}$$

当 $i_{\mathrm{o}} \approx i_{\mathrm{r}}$ 或 $i_{\mathrm{r}} R_2 \gg \dfrac{KT}{q} \ln \dfrac{i_{\mathrm{r}}}{i_{\mathrm{o}}}$ 时，得出

$$\frac{i_{\mathrm{o}}}{i_{\mathrm{r}}} \approx \frac{R_2}{R_1} \tag{5-12}$$

可见，输出电流 i_{o} 和参考电流 i_{r} 之间的关系可由 R_2 和 R_1 的比值来决定，因此灵活性大。该电流源还有温度补偿作用，如当温度升高时，U_{BE1} 下降，同时 U_{BE2} 也下降，抑制了输出电流 i_{o} 上升。

3. 面积比例型电流源

比例电流源除了用图 5-3 中 V_1、V_2 射极加 R_1、R_2 电阻来实现外，还可以不加电阻，而通过改变 V_1、V_2 两管的发射区面积比来实现，这种方法同样也可以改变输出电流 i_{o} 和参考电流 i_{r} 的比例关系。设 V_1、V_2 两管的 β_1、β_2 均大于等于 1，在忽略基极电流的情况下，则有

$$i_{\mathrm{o}} = i_{\mathrm{c1}} \approx i_{\mathrm{e1}} \tag{5-13}$$

$$i_{\mathrm{r}} \approx i_{\mathrm{c2}} \approx i_{\mathrm{e2}} \tag{5-14}$$

$$\frac{i_{\mathrm{o}}}{i_{\mathrm{r}}} \approx \frac{i_{\mathrm{c1}}}{i_{\mathrm{c2}}} \tag{5-15}$$

$$i_{\mathrm{e1}} = A_{\mathrm{e1}} i'_{\mathrm{s1}} e^{\frac{q U_{\mathrm{BE1}}}{KT}} \tag{5-16}$$

$$i_{\mathrm{e2}} = A_{\mathrm{e2}} i'_{\mathrm{s2}} e^{\frac{q U_{\mathrm{BE2}}}{KT}} \tag{5-17}$$

式中，A_{e1}、A_{e2} 分别为 V_1、V_2 两管的发射区面积，i'_{s1}、i'_{s2} 为 V_1、V_2 两管单位面积的反向漏电流。

在集成电路版图设计时，常把 V_1、V_2 两管靠得很近，加上工艺相同，掺杂浓度相同，因此两个管子单位面积的反相漏电流可以认为相同，即 $i'_{\mathrm{s1}} = i'_{\mathrm{s2}}$。另外，由图 5-2 电路可知，$V_1$、$V_2$ 两管的正向压降也相同，即 $U_{\mathrm{BE1}} = U_{\mathrm{BE2}}$。这样由上面几个公式可以得出

$$\frac{i_{\mathrm{o}}}{i_{\mathrm{r}}} = \frac{A_{\mathrm{e1}}}{A_{\mathrm{e2}}} \tag{5-18}$$

因此在版图设计时，只需根据 i_{o} 和 i_{r} 比值的要求，设计出相应的发射区面积 A_{e1} 和 A_{e2} 即可。

4. 微电流电流源

一般而言，i_{r} 由主偏置电流提供，其值一般比较大。要想获得较小的输出电流，可采用微电流电流源来实现。

由图 5-4 可知：

$$U_{\mathrm{BE2}} = U_{\mathrm{BE1}} + i_{\mathrm{e1}} R_1 \tag{5-19}$$

则

$$i_{\mathrm{e1}} = \frac{1}{R_1} (U_{\mathrm{BE2}} - U_{\mathrm{BE1}}) \tag{5-20}$$

因为

$$U_{\mathrm{BE1}} = \frac{KT}{q} \ln \frac{i_{\mathrm{e1}}}{i'_{\mathrm{s1}}} \tag{5-21}$$

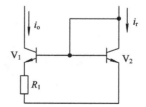

图 5-4　微电流电流源

$$U_{BE2} = \frac{KT}{q} \ln \frac{i_{e2}}{i_{s2}} \qquad (5-22)$$

设 V_1 与 V_2 管子完全对称，则有 $i_{s1} = i_{s2}$，代入式$(5-20)$，有

$$i_{e1} = \frac{KT}{R_1 q} \ln \frac{i_{e2}}{i_{e1}} \qquad (5-23)$$

当 $\beta \geqslant 1$ 时，基极电流可以略而不计，即 $i_r \approx i_{e2}$，$i_o \approx i_{e1}$，最后得出

$$i_o = \frac{KT}{qR_1} \ln \frac{i_r}{i_o} \qquad (5-24)$$

或

$$R_1 = \frac{KT}{qi_o} \ln \frac{i_r}{i_o} \qquad (5-25)$$

因此只要给定参考电流 i_r 并设定输出电流 i_o，则可算出电阻 R_1 的值。这种电流源设计方便灵活，在固定的参考电流下，只要改变 R_1 的值，就可以得出不同的输出电流 i_o；同时，当 i_r 受电源电压波动影响时，i_o 变化很小，较稳定。

5. 负反馈型电流源

以上介绍的几种电流源，虽然电路简单，但是存在这样两个缺点：一是动态内阻不够大，二是受 β 变化的影响比较大。解决的办法是在电路中引入电流负反馈。

前面已导出基本型电流源输出电流 i_o 和参考电流 i_r 之间的关系为

$$i_o = i_r \left(1 - \frac{2}{\beta + 2}\right) \qquad (5-26)$$

其相对误差为

$$\frac{i_r - i_o}{i_r} = \frac{2}{\beta + 2} \qquad (5-27)$$

现在来计算一下相对误差值。当 $\beta = 100$ 时，相对误差仅为 2%；当 $\beta = 5$ 时，相对误差约为 29%。因此用 β 值很大的管子作基本型电流源时，其误差可以忽略不计，但对 β 值很小的管子来说，其误差就相当大了。为了减小输出电流 i_o 和参考电流 i_r 间的误差，需要对基本型电流源进行改进，改进后的电流源电路如图 5-5 所示。这种改进型电流源又称为 Wilson 电流源。

下面来推导这种负反馈型电流源输出电流 i_o 与参考电流 i_r 之间的关系及相对误差。

设 V_1、V_2、V_3 三个管子的 β 值相同，其他参数也对称，按图 5-5 可以写出如下公式：

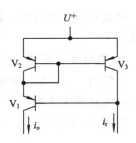

图 5-5　改进型电流源

$$i_r = i_{c3} + i_{b1} = i_{c3} + \frac{i_o}{\beta} \qquad (5-28)$$

$$i_{c3} = i_r - \frac{i_o}{\beta} \qquad (5-29)$$

$$i_{e1} = i_{c2} + \frac{i_{c2}}{\beta} + \frac{i_{c3}}{\beta} \approx i_{c3}\left(1 + \frac{2}{\beta}\right) \qquad (5-30)$$

$$i_o = \frac{\beta}{\beta + 1} i_{e1} \qquad (5-31)$$

于是可以解出

$$i_{\text{o}} \approx \left(1 - \frac{2}{\beta^2 + 2\beta + 2}\right)i_{\text{r}} \qquad (5-32)$$

相对误差为

$$\frac{i_{\text{r}} - i_{\text{o}}}{i_{\text{r}}} = \frac{2}{\beta^2 + 2\beta + 2} \qquad (5-33)$$

当 PNP 管的 $\beta = 5$ 时，相对误差为 5.4%，说明负反馈型电流源输出电流和参考电流的相对误差比基本型电流源小得多，"镜像"精度得到了重大提高。

6. 横向 PNP 管电流源

横向 PNP 管在模拟集成电路中已得到广泛应用。所谓横向 PNP 管，是指以 N 型外延层作为 PNP 管基区，其发射区和集电区由硼扩散同时实现的，因此在工艺上容易制造出多个发射区和集电区的晶体管。基本型电流源电路的两个晶体管的基区是连在一起的，发射极也接相同电位，这样就可以用一个多集电极的横向 PNP 管构成多个电流源。图 5-6 就是用一个多集电极横向 PNP 管作为基本型电流源的电路，它的等效电路如图 5-7 所示。

　　图 5-6　横向 PNP 管电流源　　　　　图 5-7　基本型 PNP 电流源的等效电路

这种电流源电路简单，版图面积小。但由于横向 PNP 管固有的弱点——β 小、频率响应差，且在小电流和大电流时 β 都下降严重，因此作为电流源，它不能在电流全范围内使用。

本节介绍了在模拟集成电路中几种常用的电流源电路，每种电流源各有优缺点，在模拟集成电路设计中，可根据电路的不同要求选择使用。在一种集成运放中，常选择几种电流源同时并用。

7. 缓冲型电流源

当电路要求有多个电流源输出电流时，若仍采用基本型电流源，则输出电流和参考电流误差会很大。为了解决这一问题，常采用缓冲型电流源。如图 5-8 所示，在 V 管 b、c 极之间接了缓冲级 V_0 管，来提高各路电流的精度。

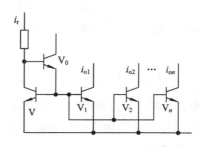

图 5-8　缓冲型恒流源

假设 V、V_0、V_1、…、V_n 各管完全对称，现在来看输出电流和参考电流之间的关系。

由图 5-8 可以写出

$$i_r = i_c + i_{b0} = i_c + \frac{n+1}{\beta+1} i_b \approx i_c + \frac{n+1}{\beta(\beta+1)} i_c = i_c \left(1 + \frac{n+1}{\beta^2 + \beta} \right) \qquad (5-34)$$

因

$$i_o = i_c$$

故

$$i_r = i_o \left(1 + \frac{n+1}{\beta^2 + \beta} \right) \qquad (5-35)$$

$$i_o = i_r \left(1 - \frac{n+1}{\beta^2 + \beta + n + 1} \right) \qquad (5-36)$$

相对误差为

$$\frac{i_r - i_o}{i_r} = \frac{n+1}{\beta^2 + \beta + n + 1} \qquad (5-37)$$

当 $\beta = 100$，$n = 5$ 时相对误差仅为 0.06%。当 $\beta = 5$，$n = 5$ 时，相对误差为 16%。现在再回头看，如果不用 V_0 管，而用基本型电流源，即把 V 管 b、c 极短接，此时有如下关系：

$$i_r = i_c + (n+1)i_b = i_c \left(1 + \frac{n+1}{\beta} \right) = i_o \left(1 + \frac{n+1}{\beta} \right) \qquad (5-38)$$

$$i_o = \left(1 - \frac{n+1}{\beta + n + 1} \right) i_r \qquad (5-39)$$

相对误差为

$$\frac{i_r - i_o}{i_r} = \frac{n+1}{\beta + n + 1} \qquad (5-40)$$

当 $\beta = 100$，$n = 5$ 时，相对误差为 5.7%，当 $\beta = 5$，$n = 5$ 时，相对误差为 55%。可见采用带缓冲级的电流源，其输出电流和参考电流之间的误差将大幅度地减小。

5.1.2　MOS 电流源

在 MOS 模拟集成电路中，MOS 电流源电路用做有源负载和偏置电路，给电路中各个 MOS 管以稳定正确的工作点；同时还可作为双端变单端转换电路。MOS 电流源电路是 MOS 集成运放和其他模拟集成电路不可缺少的基本单元电路。

1. 基本型 MOS 电流镜

如何给一个 MOSFET 加偏置才能使其作为一个稳定的电流源工作呢？为了能对这个问题有一个更好的认识，考虑图 5-9 所示的简单的电阻偏置。假设 V_{M1} 工作在饱和区，可得

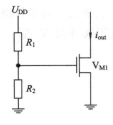

图 5-9　用电阻分压确定电流

$$i_{out} \approx \frac{1}{2} \mu_n C_{ox} \frac{W}{L} \left(\frac{R_2}{R_1 + R_2} U_{DD} - U_{TH} \right)^2 \qquad (5-41)$$

此式显示出 i_{out} 受很多因素影响：电源、工艺和温度。过驱动电压是 U_{DD} 与 U_{TH} 的函数；不同晶片之间的阈值电压可能会有 $100\ \text{mV}$ 的变化；而且，μ_n 与 U_{TH} 都受温度的影响。因此，i_{out} 很难确定。当为了消耗更少的电压裕度而把器件偏置于较小的过驱动电压时，i_{out} 就更难确定了。例如，如果过驱动电压额定值为 $200\ \text{mV}$，U_{TH} 有 $50\ \text{mV}$ 的误差，就会导致输出电流产生 44% 的误差。

值得注意的是：即使栅电压不是电源电压的函数，上述关于电流对工艺与温度的依赖性仍然存在。换句话说，即使精确地给定了一个 MOSFET 的栅源电压，它的漏电流也不能准确地确定。因此，我们必须寻找为 MOS 电流源提供偏置的其他方法。

在模拟电路中，电流源的设计基于对基准电流的"复制"，其前提是已经存在一个精确的电流源可供利用。我们怎样才能产生一个基准电流的复制电流呢？例如，在图 5 - 10 中，我们如何保证 $i_{out} = I_{REF}$ 呢？

对于一个 MOSFET，如果 $I_D = f(U_{GS})$，其中 $f(\cdot)$ 表示 I_D 与 U_{GS} 之间的函数关系，那么有 $U_{GS} = f^{-1}(I_D)$。即，如果一个晶体管偏置在 I_{REF}，则有 $U_{GS} = f^{-1}(I_{REF})$（见图 5 - 11(a)）。因此，如果这样一个电压加到第二个 MOSFET 的栅源之间，则输出的电流为 $i_{out} =$

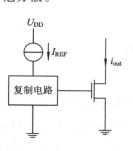

图 5 - 10　复制电流方法的原理

$ff^{-1}(I_{REF}) = I_{REF}$（见图 5 - 11(b)）。从另一个观点来看，就是两个都工作在饱和区且具有相等栅源电压的相同晶体管传输相同的电流(如果 $\lambda = 0$)。

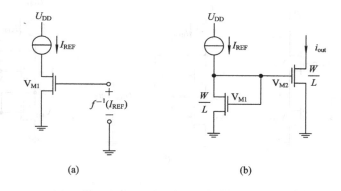

图 5 - 11　复制电流的基本电路

(a) 二极管连接的器件提供反相运算；(b) 基本电流镜

图 5 - 11(b)中由 V_{M1} 和 V_{M2} 组成的结构就叫做"电流镜"。忽略沟道长度调制，我们可以写出如下式子：

$$I_{REF} = \frac{1}{2}\mu_n C_{ox} \left(\frac{W}{L}\right)_1 (U_{GS} - U_{TH})^2 \qquad (5-42)$$

$$i_{out} = \frac{1}{2}\mu_n C_{ox} \left(\frac{W}{L}\right)_2 (U_{GS} - U_{TH})^2 \qquad (5-43)$$

联立式(5 - 42)和式(5 - 43)得出

$$i_{out} = \frac{(W/L)_2}{(W/L)_1} I_{REF} \qquad (5-44)$$

该电路的一个关键特性是：它可以精确地复制电流而不受工艺和温度的影响。i_{out} 与 I_{REF} 的比值由器件尺寸的比率决定，该值可以控制在精度范围内。

2. 共源共栅电流镜

到目前为止，我们在有关电流镜的讨论中都忽略了沟道长度调制。在实际中，这一效应使得镜像的电流产生了极大的误差，尤其是当使用最小长度晶体管以便通过减小宽度来减小电流源输出电容时。对于图 5 - 11(b)所示的简单的镜像，我们可以写出如下公式：

$$I_{D1} = \frac{1}{2}\mu_n C_{ox} \left(\frac{W}{L}\right)_1 (U_{GS} - U_{TH})^2 (1 + \lambda U_{DS1}) \qquad (5-45)$$

$$I_{D2} = \frac{1}{2}\mu_n C_{ox} \left(\frac{W}{L}\right)_2 (U_{GS} - U_{TH})^2 (1 + \lambda U_{DS2}) \qquad (5-46)$$

因此有

$$\frac{I_{D2}}{I_{D1}} = \frac{(W/L)_2}{(W/L)_1} \cdot \frac{1 + \lambda U_{DS2}}{1 + \lambda U_{DS1}} \qquad (5-47)$$

虽然 $U_{DS1} = U_{GS1} = U_{GS2}$，但由于 V_{M2} 输出端负载的影响，U_{DS2} 可能不等于 U_{GS2}。

为了抑制沟道长度调制的影响，可以使用共源共栅电流源。如图 5 - 12(a)所示，如果选择 u_b 使得 $u_Y = u_X$，那么 i_{out} 非常接近于 I_{REF}。这是因为共源共栅器件可以使底部晶体管免受 u_P 变化的影响。因此，我们认为 $u_Y \approx u_X$，从而有 $I_{D2} \approx I_{D1}$，且这是一个很精确的结果。这样一个精度的获得是以 V_{M3} 消耗的电压裕度为代价的。注意，虽然 L_1 必须等于 L_2，但 V_{M3} 的长度却不需要等于 L_1 和 L_2。

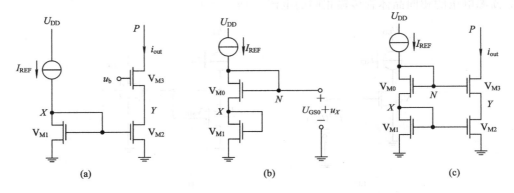

图 5 - 12　可抑制沟道长度调制的共源共栅电流镜

（a）共/源共栅电流源；（b）为产生共源共栅偏置电压而对镜像电路的改进；（c）共源共栅电流镜

我们如何产生图 5 - 12(a)中的 u_b 呢？因为目标是为了确保 $u_Y = u_X$，所以我们必须保证 $u_b - U_{GS3} = u_X$ 即 $u_b = U_{GS3} + u_X$。这一结果显示：如果在 u_X 上叠加一栅源电压，可以得到所需的 u_b 值。如图 5 - 12(b)所示，方法是将另一个二极管连接的器件 V_{M0} 与 V_{M1} 串联，从而产生一个电压 u_N，$u_N = U_{GS0} + u_X$。根据 V_{M3} 的尺寸适当选择 V_{M0} 的尺寸，使 $U_{GS0} = U_{GS3}$。如图 5 - 12(c)所示，将 N 结点与 V_{M3} 的栅相连，可得 $U_{GS0} + u_X = U_{GS3} + u_Y$。因此，如果 $\frac{(W/L)_3}{(W/L)_0} = \frac{(W/L)_2}{(W/L)_1}$，那么 $U_{GS0} = U_{GS3}$，$u_X = u_Y$。注意，即使 V_{M0} 与 V_{M3} 存在衬偏效应，该结果仍然成立。

5.2　差分放大器

差分放大器是一种可以将两个信号的差值进行放大的放大器，它是模拟集成电路设计中的基本单元模块，是一种形式多样而又用途广泛的子电路，其制作工艺和集成电路工艺兼容。

5.2.1　双极 IC 中的放大电路

1. 工作原理及性能分析

双极基本差动放大器如图 5-13 所示。它由两个性能参数完全相同的共射放大电路组成。两管射极相连并通过电阻 R_e 将它们耦合在一起，因此也称其为射极耦合差动放大器。

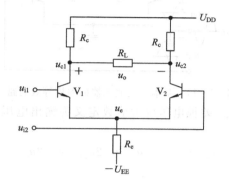

图 5-13　基本差动放大器

由图可见，差动放大器有两个输入端和两个输出端。信号可以从两个输出端之间接出，称为双端输出；也可以从一个输出端到地输出，称为单端输出。

先来分析图 5-13 电路的静态工作点。为使差动放大器的输入端的直流电位是零，我们采用正负两路电源供电。由于 V_1、V_2 管参数相同，电路结构对称，因此两管工作点必然相同。由图 5-13 可知，当 $u_{i1} = u_{i2} = 0$ 时，$u_e = -U_{BE} \approx -0.7$ V，则流过 R_e 的电流 i 为

$$i = \frac{u_e - (-U_{EE})}{R_e} = \frac{U_{EE} - 0.7}{R_e} \tag{5-48}$$

故有

$$I_{C1Q} = I_{C2Q} \approx I_{E1Q} = I_{E2Q} = \frac{1}{2}i \tag{5-49}$$

$$U_{CE1Q} = U_{CE2Q} \approx U_{DD} + 0.7 - I_{C1Q}R_C \tag{5-50}$$

$$U_{C1Q} = U_{C2Q} = U_{DD} - I_{C1Q}R_C \tag{5-51}$$

可见，静态时，差动放大器两输出端之间的直流电压为零。下面我们分析差动放大器的动态特性。

1）差模放大特性

如果在图 5-13 所示差动电路的两个输入端加上一对大小相等、相位相反的差模信号，即 $u_{i1} = u_{id1}$，$u_{i2} = u_{id2}$，而 $u_{id1} = -u_{id2}$，这时一管的射极电流增大，另一管的射极电流减小，且增大量和减小量时时相等。因此流过 R_E 的电流始终为零，公共射极端电位将保持不变。

另外，由于输入了差模信号，两管输出端电位变化时，一端升高，另一端则降低，且升高量等于降低量，因此双端输出时，负载电阻 R_L 可以视为差模地端。

通过以上分析，可得出图 5-13 所示电路的差模等效通路如图 5-14 所示。图 5-14 中还画出了输入、输出波形的相位关系。利用图 5-14 的等效通路，我们来计算差动放大器的各项差模性能指标。

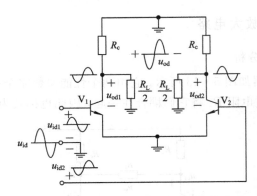

图 5 - 14　基本差动放大器的差模等效通路

（1）差模电压放大倍数。差模电压放大倍数定义为输出电压与输入差模电压之比。在双端输出时，输出电压为

$$u_{od} = u_{od1} - u_{od2} = 2u_{od1} = -2u_{od2} \qquad (5-52)$$

输入差模电压为

$$u_{id} = u_{id1} - u_{id2} = 2u_{id1} = -2u_{id2} \qquad (5-53)$$

所以

$$A_{ud} = \frac{u_{od}}{u_{id}} = \frac{u_{od1}}{u_{id1}} = \frac{u_{od2}}{u_{id2}} = -\frac{\beta R_L'}{r_{be}} \qquad (5-54)$$

式中，$R_L' = R_c // \frac{1}{2}R_L$。可见，双端输出时的差模电压放大倍数等于单边共射放大器的电压放大倍数。

单端输出时，有

$$A_{ud(单)} = \frac{u_{od1}}{u_{id}} = \frac{u_{od1}}{2u_{id1}} = \frac{1}{2}A_{ud} \qquad (5-55)$$

或

$$A_{ud(单)} = \frac{u_{od2}}{u_{id}} = \frac{-u_{od1}}{2u_{id1}} = -\frac{1}{2}A_{ud} \qquad (5-56)$$

可见，这时的差模电压放大倍数为双端输出时的一半，且两输出端信号的相位相反。需要指出的是，若单端输出时的负载 R_L 接在输出端到地之间，则计算 A_{ud} 时，总负载应改为 $R_L' = R_c // R_L$。

（2）差模输入电阻。差模输入电阻定义为差模输入电压与差模输入电流之比。由图 5 - 14 可得

$$R_{id} = \frac{u_{id}}{i_{id}} = \frac{2u_{id1}}{i_{id}} = 2r_{be} \qquad (5-57)$$

（3）差模输出电阻。双端输出时，差模输出电阻为

$$R_{od} = 2R_c \qquad (5-58)$$

单端输出时，差模输出电阻为

$$R_{od(单)} = R_c \qquad (5-59)$$

2）共模抑制特性

如果在图 5 - 13 所示的差动放大器的两个输入端加上一对大小相等、相位相同的共模

信号，即 $u_{i1}=u_{i2}=u_{ic}$，由图可知，此时两管的射极将产生相同的变化电流 Δi_e，使得流过 R_e 的变化电流为 $2\Delta i_e$，从而使两管射极电位有 $2R_e\Delta i_e$ 的变化。从电压等效的观点看，相当于每管的射极各接 $2R_e$ 的电阻。

在输出端，由于共模输入信号引起的两管集电极的电位变化完全相同，因此流过负载 R_L 的电流为零，相当于 R_L 开路。

通过以上分析可知，图 5-13 电路的共模等效通路如图 5-15 所示。下面我们来分析它的共模电压放大倍数。

双端输出时的共模电压放大倍数定义为

$$A_{uc}=\frac{u_{oc}}{u_{ic}}=\frac{u_{oc1}-u_{oc2}}{u_{ic}} \qquad (5-60)$$

当电路完全对称时，$u_{oc1}=u_{oc2}$，所以双端输出的共模电压放大倍数为零，即 $A_{uc}=0$。

单端输出时的共模电压放大倍数定义为

$$A_{uc(单)}=\frac{u_{oc1}}{u_{ic}} \qquad (5-61)$$

或

$$A_{uc(单)}=\frac{u_{oc2}}{u_{ic}} \qquad (5-62)$$

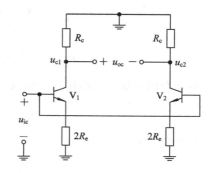

图 5-15　基本差动放大器的共模等效通路

由图 5-15 可得

$$A_{uc(单)}=\frac{u_{oc1}}{u_{ic}}=\frac{u_{oc2}}{u_{ic}}=-\frac{\beta R_c}{r_{be}+(1+\beta)2R_e} \qquad (5-63)$$

通常，$(1+\beta)2R_e\gg r_{be}$，所以上式可简化为

$$A_{uc(单)}\approx-\frac{R_c}{2R_e} \qquad (5-64)$$

可见，由于射极电阻 $2R_e$ 的自动调节（负反馈）作用，使得单端输出的共模电压放大倍数大为减小。在实际电路中，均满足 $R_e>R_c$，故 $|A_{uc(单)}|<0.5$，即差动放大器对共模信号不是放大而是抑制。共模负反馈电阻 R_E 越大，抑制作用越强。

在差动电路中，因温度变化、电源波动等引起的两个差动管的等效输入漂移电压，相当于一对共模信号。由于 R_e 的负反馈作用，使得每管输出端的漂移电压减小了。如果双端输出，则完全被抵消。因此，差动电路能有效克服零点漂移现象。

3）共模抑制比 K_{CMR}

为了衡量差动放大电路对差模信号的放大和对共模信号的抑制能力，我们引入参数共模抑制比 K_{CMR}。它定义为差模放大倍数与共模放大倍数之比的绝对值，即

$$K_{CMR}=\left|\frac{A_{ud}}{A_{uc}}\right| \qquad (5-65)$$

K_{CMR} 也常用分贝数表示，并定义为

$$K_{CMR}=20\lg\left|\frac{A_{ud}}{A_{uc}}\right| \quad (dB) \qquad (5-66)$$

K_{CMR} 实质上用来反映实际差动电路的对称性。在双端输出理想对称的情况下，因 $A_{uc}=0$，所以 K_{CMR} 趋于无穷大。但实际的差动电路不可能完全对称，因此 K_{CMR} 为一有限

值。在单端输出不对称的情况下，K_{CMR} 必然减小。由式(5-54)、式(5-55)和式(5-63)可求得

$$K_{\text{CMR}(\text{单})} = \left| \frac{A_{ud(\text{单})}}{A_{uc(\text{单})}} \right| \approx \frac{\beta R'_L R_e}{r_{be} R_c} \tag{5-67}$$

4）对任意输入信号的放大特性

如果在图 5-13 所示的差动放大器的两个输入端分别加上任意信号 u_{i1} 和 u_{i2}，即 u_{i1} 和 u_{i2} 既不是差模信号也不是共模信号，这时可以把 u_{i1} 和 u_{i2} 写成如下形式：

$$u_{i1} = \frac{u_{i1} - u_{i2}}{2} + \frac{u_{i1} + u_{i2}}{2} = u_{id1} + u_{ic1} \tag{5-68}$$

$$u_{i2} = -\frac{u_{i1} - u_{i2}}{2} + \frac{u_{i1} + u_{i2}}{2} = u_{id2} + u_{ic2} \tag{5-69}$$

不难看出，差动电路相当于输入了一对共模信号

$$u_{ic1} = u_{ic2} = \frac{u_{i1} + u_{i2}}{2} = u_{ic} \tag{5-70}$$

和一对差模信号

$$u_{id1} = -u_{id2} = \frac{u_{i1} - u_{i2}}{2} \tag{5-71}$$

对输入信号作了以上处理后，根据叠加原理可知，输出电压应为差模输出电压和共模输出电压之和。双端输出时，由于 $A_{uc}=0$，故有

$$u_o = A_{ud} u_{id} = A_{ud}(u_{i1} - u_{i2}) \tag{5-72}$$

单端输出时，则有

$$u_{o1} = \frac{1}{2} A_{ud} u_{id} + A_{uc(\text{单})} u_{ic} \tag{5-73}$$

$$u_{o2} = -\frac{1}{2} A_{ud} u_{id} + A_{uc(\text{单})} u_{ic} \tag{5-74}$$

当共模抑制比足够高时，即满足 $A_{ud} \gg A_{uc(\text{单})}$，以上两式中的第二项可忽略不计，故有

$$u_{o1} \approx \frac{1}{2} A_{ud} u_{id} = \frac{1}{2} A_{ud}(u_{i1} - u_{i2}) \tag{5-75}$$

$$u_{o2} \approx -\frac{1}{2} A_{ud} u_{id} = -\frac{1}{2} A_{ud}(u_{i1} - u_{i2}) \tag{5-76}$$

由此可见，无论是双端还是单端输出，差动放大器都只放大两输入端的差信号。事实上，当共模抑制比足够高时，差动电路通过公共电阻 R_e 的负反馈作用，能自动将射极电位 U_E 调整至

$$U_E \approx \frac{u_{i1} + u_{i2}}{2} = u_{ic} \tag{5-77}$$

从而把两输入端的差信号变为差模信号，把两输入端的和信号变为共模信号。

2. 具有电流源的差动放大电路

图 5-13 所示的差动放大器存在两个缺点：一是共模抑制比做不高，二是不允许输入端有较大的共模电压变化。前一个缺点是因为差分放大管的 r_{be} 与 R_e 相关所致。当 R_e 较大而忽略 r'_{bb} 时，r_{be} 可近似为

$$r_{be} \approx (1+\beta)\frac{U_T}{I_{EQ}} \approx (1+\beta)\frac{2R_e U_T}{U_{EE}} \qquad (5-78)$$

即 r_{be} 与 R_e 成正比。其中，U_T 为热电压。对于单端输出，将式(5-78)代入式(5-67)可得

$$K_{CMR(单)} \approx \frac{U_{EE}R'_L}{2U_T R_c} \leqslant \frac{U_{EE}}{2U_T} \qquad (5-79)$$

若 $U_{EE}=15$ V，则在室温下，$K_{CMR(单)}$ 的上限约为 300，而与 R_e 的取值无关。对于双端输出，在电路不对称时，也有类似情况。可见，不能单靠增大 R_e 来提高共模抑制比。

存在后一个缺点的原因是因为输入共模电压的变化将引起差分放大管公共射极电位的变化，进而将影响差分放大管的静态工作电流，使 r_{be} 改变。因此，输入共模电压变化将直接造成差模电压放大倍数的变化，这是我们不希望的。

用电流源代替图 5-13 电路中的 R_e，可有效克服以上缺点。一种基本的具有电流源的差动放大电路如图 5-16 所示。

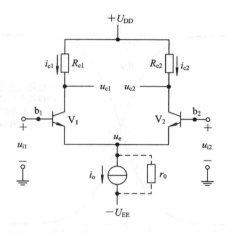

图 5-16　基本差动放大电路

当没有输入信号电压，即 $u_{i1}=u_{i2}=0$ 时，由于电路完全对称，故 $R_{c1}=R_{c2}=R_c$，$U_{BE1}=U_{BE2}=0.7$ V，这时 $i_{c1}=i_{c2}=i_c=i_o/2$，$R_{c1}i_{c1}=R_{c2}i_{c2}=R_c i_c$，$U_{CE1}=U_{CE2}=U_{DD}-i_c R_c +0.7$ V，$u_o=u_{c1}-u_{c2}=0$。由此可知，输入信号为零时，输出信号也为零。该差动放大器的动态分析与前面的分析完全相同。有关差模指标的计算公式，在这里也同样适用。图中 r_0 为实际电流源的交流电阻，其阻值一般很大，所以无论是双端输出还是单端输出，共模电压放大倍数都可近似为零，从而使共模抑制比趋于无穷大。

另外，由于电流源的输出端电位在很宽的范围内变化时，输出电流的变化极小，因而当输入共模信号引起射极电位改变时，将不会影响差模性能。因此，引入电流源后，扩大了差动电路的共模输入电压范围。

3. 差动放大器的传输特性

以上我们讨论了差动放大器的工作原理和小信号放大时的性能指标，下面来讨论它的传输特性。所谓差动放大器的传输特性，通常是指放大器输出电流或输出电压与差模输入电压之间的函数关系。研究它，对于了解差动放大器小信号线性工作范围以及大信号运用特性都是极为重要的。

利用双极管的 be 结电压 U_{BE} 与发射极电流 i_e 的基本关系（$i_e = I_S e^{U_{BE}/U_T}$）求出（i_{c1}，i_{c2}）＝ $f(u_{id})$ 的关系，即得出差动放大电路的传输特性如图 5－17 中实线所示。从传输特性可看出：

（1）当 $u_{i1} - u_{i2} = u_{id} = 0$ 时，$i_{c1} = i_{c2} = i_o/2$，即 $i_{c1}/i_o = i_{c2}/i_o = 0.5$，电路在曲线的 Q 点处于静态工作状态。

（2）u_{id} 在 $0 \sim \pm U_T$ 范围内，当 u_{id} 增加时，i_{c1} 增加，i_{c2} 减小，i_{c1}、i_{c2} 与 u_{id} 间呈线性关系，放大电路工作在放大区，如图 5－17 中用虚线所标示的线性区间。

（3）当 $|u_{id}| \geqslant 4U_T$，即超过 ± 100 mV 时，曲线趋于平坦。当 u_{id} 增大时，一管电流 i_{c1} 趋于饱和值，另一管电流 i_{c2} 趋于零（截止），$i_{c1} - i_{c2}$ 几乎不变，此时电路工作在非线性区，差动放大电路呈现良好的限幅特性或电流开关特性。

（4）要扩大传输特性的线性工作范围，可在两管发射极上分别串接电阻 $R_{e1} = R_{e2} = R_e$，利用 R_e 的电流负反馈作用，使传输特性曲线斜率减小，线性区扩大，如图 5－17 中的虚线所示。

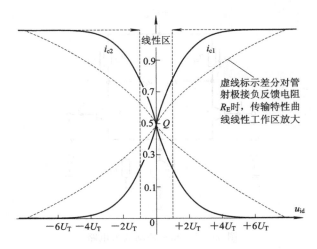

图 5－17　i_{c1} 和 i_{c2} 与 u_{id} 关系的传输特性

5.2.2　CMOS 差动放大器

1. 基本差动对

我们如何放大一个差动信号呢？如上一节讲到的那样，可以将两条相同的单端信号路径结合起来，分别处理两个差动相位信号，如图 5－18(a) 所示。这种电路确实提供了一些差动工作的优点：高的电源噪声抑制，更大的输出摆幅等。但是，如果 u_{in1} 和 u_{in2} 存在很大的共模干扰或者仅仅是直流共模电平设置得不好，随着共模输入电平（$u_{in, CM}$）的变化，V_{M1} 和 V_{M2} 的偏置电流也会发生变化，从而导致器件的跨导和输出共模电平发生变化。跨导的变化相应地就会改变小信号增益，而输出共模电平相对于理想值的偏离会降低最大允许输出摆幅。例如，在图 5－18(b) 中，如果输入共模电平太低，u_{in1} 和 u_{in2} 的最小值实际上可能会使 V_{M_1} 和 V_{M_2} 管截止，从而导致输出端出现很严重的失真。因此，重要的是，应使器件的偏置电流受输入共模电平的影响尽可能地小。

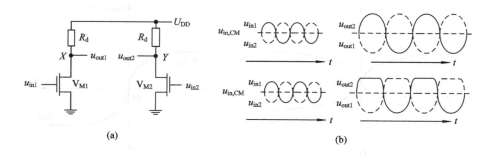

图 5-18　输入共模电平对差动电路输出的影响

（a）简单差动电路；（b）输入共模电平对输出的影响

　　对电路做一个简单的修改就可以解决上述问题。如图 5-19 所示，在差动对电路中引入电流源 I_{SS}，以使 $I_{D1}+I_{D2}$ 不依赖于 $u_{in, CM}$。这样，当 $u_{in1}=u_{in2}$ 时，每个晶体管的偏置电流都等于 $I_{SS}/2$，输出共模电平等于 $U_{DD}-R_d I_{SS}/2$。因此，研究差动输入和共模输入变化时电路的大信号特性是有益的。

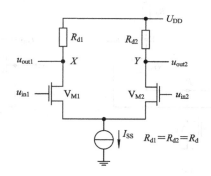

图 5-19　基本差动对

　　1）定性分析

　　假设图 5-19 中 $u_{in1}-u_{in2}$ 从 $-\infty$ 变化到 $+\infty$。如果 u_{in1} 比 u_{in2} 负得多，则 V_{M1} 管截止，V_{M2} 管导通，$I_{D2}=I_{SS}$。因此，$u_{out1}=U_{DD}$，$u_{out2}=U_{DD}-R_d I_{SS}$。当 u_{in1} 变化到比较接近 u_{in2} 时，V_{M1} 管逐渐导通，从 R_{d1} 抽取 I_{SS} 的一部分电流，从而使 u_{out1} 减小。由于 $I_{D1}+I_{D2}=I_{SS}$，因此 V_{M2} 管的漏极电流减小，u_{out2} 增大。如图 5-20(a)所示，当 $u_{in1}=u_{in2}$ 时，$u_{out1}=u_{out2}=U_{DD}-R_d I_{SS}/2$。当 u_{in1} 比 u_{in2} 更正时，V_{M1} 管的电流大于 V_{M2} 管的电流，从而使 u_{out1} 小于 u_{out2}。对于足够大的 $u_{in1}-u_{in2}$，V_{M1} 管流过所有的 I_{SS} 电流，因此 $u_{out1}=U_{DD}-R_d I_{SS}$，$u_{out2}=U_{DD}$。图 5-20(b)画出了 $u_{out1}-u_{out2}$ 随 $u_{in1}-u_{in2}$ 变化的曲线。

　　上述分析揭示了差动对的两个重要特性：第一，输出端的最大电平和最小电平是完全确定的(分别为 U_{DD} 和 $U_{DD}-R_d I_{SS}$)，它们与输入共模电平无关；第二，当 $u_{in1}=u_{in2}$ 时，小信号增益($u_{out1}-u_{out2}$ 与 $u_{in1}-u_{in2}$ 关系曲线的斜率)达到最大，且随着 $|u_{in1}-u_{in2}|$ 的增大而逐渐减小为零。也就是说，随着输入电压摆幅的增大，电路变得更加非线性。当 $u_{in1}=u_{in2}$ 时，我们说电路处于平衡状态。

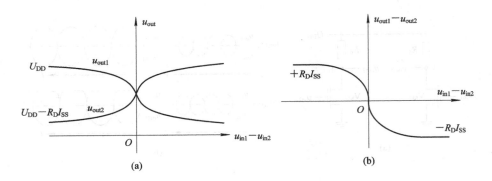

图 5-20　差动对的输入—输出特性

现在来讨论电路的共模特性。如先前所述，尾电流源的作用就是抑制输入共模电平的变化对 V_{M1} 管和 V_{M2} 管的工作以及输出电平的影响。这是否意味着 $u_{in,CM}$ 的大小可以随便设定呢？为了回答这个问题，令 $u_{in1}=u_{in2}=u_{in,CM}$，然后使 $u_{in,CM}$ 从 0 变化到 U_{DD}。图 5-21(a) 中用 NFET 来提供尾电流 I_{SS}。注意电路的对称性要求：$u_{out1}=u_{out2}$。

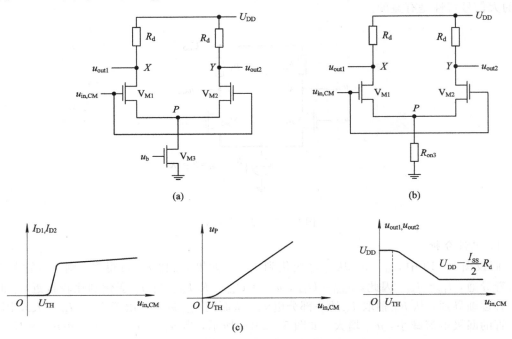

图 5-21　差动对电路共模输入—输出关系检测

(a) 检测输入共模电压变化的差动对电路；(b) V_{M3} 管工作在深度线性区时的等效电路；

(c) 共模输入—输出特性曲线

若 $u_{in,CM}=0$，由于 V_{M1} 管和 V_{M2} 管的栅电位不比它们的源电位更正，因此两个晶体管都处于截止状态，因而 $I_{D3}=0$。这表明 V_{M3} 管处于深度线性区，因为 u_b 是高电位，足以在晶体管中形成反型层。由于 $I_{D1}=I_{D2}=0$，因而该电路不具有信号放大的功能，即 $u_{out1}=u_{out2}=U_{DD}$。

现在假设 $u_{in,CM}$ 变得更正。如图 5-21(b) 所示，将 V_{M3} 等效为一个电阻。我们注意到，

当 $u_{\text{in, CM}} \geqslant U_{\text{TH}}$ 时，V_{M1} 管和 V_{M2} 管导通。此后，I_{D1} 和 I_{D2} 持续增加，u_P 也会上升（见图 5-21(c)）。从某种意义上说，V_{M1} 管和 V_{M2} 管构成了一个源极跟随器，强制 u_P 跟随 $u_{\text{in, CM}}$ 变化。对于足够高的 $u_{\text{in, CM}}$，V_{M3} 管的漏—源电压降大于 $U_{\text{GS3}} - U_{\text{TH3}}$，使 V_{M3} 管工作在饱和态，流过 V_{M1} 管和 V_{M2} 管的电流之和保持为常数。可以推断，电路正常工作时应该满足 $u_{\text{in, CM}} \geqslant U_{\text{GS1}} + (U_{\text{GS3}} - U_{\text{TH3}})$。

如果 $u_{\text{in, CM}}$ 进一步增大，又会发生什么情况？由于 u_{out1} 和 u_{out2} 相对恒定，我们预期，如果 $u_{\text{in, CM}} > u_{\text{out1}} + U_{\text{TH}} = U_{\text{DD}} - R_d I_{\text{SS}}/2 + U_{\text{TH}}$，则 V_{M1} 管 V_{M2} 管进入三极管区。这就为输入共模电平设定了上限。总之，$u_{\text{in, CM}}$ 允许的范围如下：

$$U_{\text{GS1}} + U_{\text{GS3}} - U_{\text{TH3}} \leqslant u_{\text{in, CM}} \leqslant \min\left[U_{\text{DD}} - R_d \frac{I_{\text{SS}}}{2} + U_{\text{TH}}, \ U_{\text{DD}}\right] \qquad (5-80)$$

例 5.1　画出差动对的小信号差动增益与共模输入电平之间的函数关系草图。

解　如图 5-22 所示，当 $u_{\text{in, CM}}$ 大于 U_{TH} 时，增益逐渐增大。在尾电流源进入饱和区（$u_{\text{in, CM}} = U_1$）后，增益相对保持恒定。最后，如果 $u_{\text{in, CM}}$ 增大而使输入晶体管进入了线性区（$u_{\text{in, CM}} = U_2$），增益则开始下降。

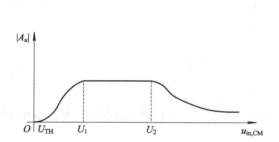

图 5-22　共模输入电平—差对增益特性

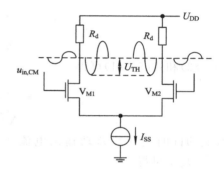

图 5-23　差动对的最大允许输出摆幅

理解了差动对的差动特性和共模特性后，我们能够回答另一个重要的问题：差动对的输出电压摆幅能有多大呢？如图 5-23 所示，由于 V_{M1} 和 V_{M2} 工作在饱和区，每一端的输出可高达 U_{DD}，但最小值约为 $u_{\text{in, CM}} - U_{\text{TH}}$，即输入共模电平越大，允许的输出摆幅就越小。有鉴于此，希望选择相对小的 $u_{\text{in, CM}}$，但是前级电路可能不容易提供这么低的电平。

在图 5-23 所示的电路中，$u_{\text{in, CM}}$ 最大值与差动增益之间存在一个有趣的折中。差动对的增益是负载电阻上的直流压降的函数。因此，如果 $R_d I_{\text{SS}}/2$ 比较大，则 $u_{\text{in, CM}}$ 必须保持在接近于地的电位上。

2）定量分析

现在，我们定量分析 MOS 差动对的特性，建立其差动输出电流（电压）与差动输入电压的函数关系。我们先进行大信号分析，以得到图 5-20 所示波形的表达式。

对于图 5-24 所示的差动对，我们有 $u_{\text{out1}} = U_{\text{DD}} - R_{d1} I_{\text{D1}}$，$u_{\text{out2}} = U_{\text{DD}} - R_{d2} I_{\text{D2}}$，即如果 $R_{d1} = R_{d2} = R_d$，则 $u_{\text{out1}} - u_{\text{out2}} = R_{d2} I_{d2} - R_{d1} I_{d1} = R_d(I_{\text{D2}} - I_{\text{D1}})$。因此，假设电路是对称的，$V_{\text{M1}}$ 和 V_{M2} 均工作在饱和区，且 $\lambda = 0$，则可以用 u_{in1} 和 u_{in2} 简单地计算出 I_{D1} 和 I_{D2}。由于 P 点的电压既等于 $u_{\text{in1}} - U_{\text{GS1}}$，也等于 $u_{\text{in2}} - U_{\text{GS2}}$，因此

$$u_{\text{in1}} - u_{\text{in2}} = U_{\text{GS1}} - U_{\text{GS2}} \qquad (5-81)$$

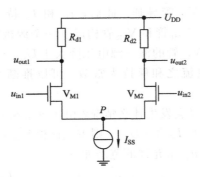

图 5 - 24　差动对电路

对于平方律器件，有

$$(U_{GS} - U_{TH})^2 = \frac{I_D}{\frac{1}{2}\mu_n C_{ox} \frac{W}{L}} \tag{5-82}$$

因此有

$$U_{GS} = \sqrt{\frac{2I_D}{\mu_n C_{ox} \frac{W}{L}}} + U_{TH} \tag{5-83}$$

由式(5-83)和式(5-81)可得

$$u_{in1} - u_{in2} = \sqrt{\frac{2I_{D1}}{\mu_n C_{ox} \frac{W}{L}}} - \sqrt{\frac{2I_{D2}}{\mu_n C_{ox} \frac{W}{L}}} \tag{5-84}$$

我们的目的是计算差动输出电流 $I_{D1} - I_{D2}$，将式(5-84)两边同时平方，考虑到 $I_{D1} + I_{D2} = I_{SS}$，可得

$$(u_{in1} - u_{in2})^2 = \frac{2}{\mu_n C_{ox} \frac{W}{L}}(I_{SS} - 2\sqrt{I_{D1}I_{D2}}) \tag{5-85}$$

即

$$\frac{1}{2}\mu_n C_{ox} \frac{W}{L}(u_{in1} - u_{in2})^2 - I_{SS} = -2\sqrt{I_{D1}I_{D2}} \tag{5-86}$$

将式(5-86)两边再同时平方，留意到

$$4I_{D1}I_{D2} = (I_{D1} + I_{D2})^2 - (I_{D1} - I_{D2})^2 = I_{SS}^2 - (I_{D1} - I_{D2})^2 \tag{5-87}$$

我们得到

$$(I_{D1} - I_{D2})^2 = -\frac{1}{4}\left(\mu_n C_{ox} \frac{W}{L}\right)^2 (u_{in1} - u_{in2})^4 + I_{SS}\mu_n C_{ox} \frac{W}{L}(u_{in1} - u_{in2})^2 \tag{5-88}$$

因此

$$I_{D1} - I_{D2} = \frac{1}{2}\mu_n C_{ox} \frac{W}{L}(u_{in1} - u_{in2})\sqrt{\frac{4I_{SS}}{\mu_n C_{ox} \frac{W}{L}} - (u_{in1} - u_{in2})^2} \tag{5-89}$$

恰如所期望的那样，$I_{D1} - I_{D2}$ 是 $u_{in1} - u_{in2}$ 的奇函数，当 $u_{in1} = u_{in2}$ 时，$I_{D1} - I_{D2}$ 下降为零。因为平方根项前的系数的增加快于平方根中值的减小，所以当 $|u_{in1} - u_{in2}|$ 从零逐渐增大时，$|I_{D1} - I_{D2}|$ 也逐渐增大。

在进一步分析式(5-89)之前，让我们计算电流特性的斜率，即 V_{M1} 管和 V_{M2} 管的等价 G_m。将 $I_{D1}-I_{D2}$ 和 $u_{in1}-u_{in2}$ 分别用 ΔI_D 和 ΔU_{in} 表示，可以得到

$$\frac{\partial \Delta I_D}{\partial \Delta u_{in}} = \frac{1}{2} \mu_n C_{ox} \frac{W}{L} \frac{\dfrac{4 I_{SS}}{\mu_n C_{ox} W/L} - 2\Delta u_{in}^2}{\sqrt{\dfrac{4 I_{SS}}{\mu_n C_{ox} W/L} - \Delta u_{in}^2}} \qquad (5-90)$$

如果 $\Delta u_{in}=0$，则 $G_m = \sqrt{\mu_n C_{ox} (W/L) I_{SS}}$。而且，既然 $u_{out1}-u_{out2}=R_d \Delta I = R_d G_m \Delta u_{in}$，我们可以写出平衡状态下电路的小信号差动电压增益为

$$|A_u| = \sqrt{\mu_n C_{ox} \frac{W}{L} I_{SS}} R_d \qquad (5-91)$$

式(5-90)也表明当 $\Delta u_{in} = \sqrt{\dfrac{2 I_{SS}}{\mu_n C_{ox} W/L}}$ 时，G_m 下降为零。正如我们在下面将要看到的那样，Δu_{in} 的值在电路工作中起着非常重要的作用。

现在，让我们更仔细地分析式(5-89)。可以看出，当 $\Delta u_{in} = \sqrt{\dfrac{4 I_{SS}}{\mu_n C_{ox} W/L}}$ 时，平方根项的值下降为零，意味着 ΔI_D 会在 Δu_{in} 的两个不同的值处穿过零点。这一点在图 5-20 的定性分析中并没有预示。然而，这一结论是不正确的。要了解原因，让我们先回顾一下。式(5-89)是在 V_{M1} 管和 V_{M2} 管都导通的假设下得到的。实际中，当 Δu_{in} 超过某一限定值时，所有的 I_{SS} 电流就流经一个晶体管，而另一个晶体管截止。用 Δu_{in1} 表示这一限定值，由于 V_{M2} 管几乎截止，因此我们得到 $I_{D1}=I_{SS}$ 以及 $\Delta u_{in1}=U_{GS1}-U_{TH}$。从而可得

$$\Delta u_{in1} = \sqrt{\frac{2 I_{SS}}{\mu_n C_{ox} \dfrac{W}{L}}} \qquad (5-92)$$

对于 $\Delta u_{in} > \Delta u_{in1}$，$V_{M2}$ 管截止，式(5-89)不再成立。如前所述，当 $\Delta u_{in} = \Delta u_{in1}$ 时，G_m 降为零。图 5-25 画出了该特性。

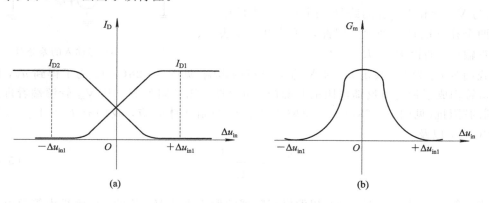

图 5-25　漏级电流和总跨导随输入电压变化的曲线

例 5.2　画出当晶体管宽度以及尾电流变化时，差动对的输入—输出特性曲线。

解　考虑图 5-26(a)所示的特性曲线。当 W/L 增加时，Δu_{in1} 减小，使两个晶体管都导通的输入电压范围减小(见图 5-26(b))。随着 I_{SS} 的增加，输入范围和输出电流摆幅都增加(见图 5-26(c))。显然，我们希望随着 I_{SS} 的增大或者 W/L 的减小，电路的线性更好。

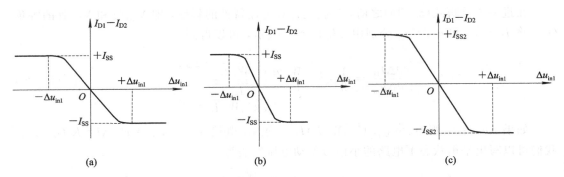

图 5 - 26　输入—输出特性曲线

式(5 - 92)中 Δu_{in1} 的值实际上就是电路可以"处理"的最大差模输入。可以将 Δu_{in1} 和平衡态时 V_{M1} 和 V_{M2} 的过驱动电压联系起来。对于零差模输入,有 $I_{D1} = I_{D2} = I_{SS}/2$,可得

$$(U_{GS} - U_{TH})_{1,2} = \sqrt{\frac{I_{SS}}{\mu_n C_{ox} \dfrac{W}{L}}} \tag{5-93}$$

因此,平衡态过驱动电压等于 $\Delta u_{in1}/\sqrt{2}$。问题是,增加 Δu_{in1} 来使电路具有更好的线性不可避免地要增加 V_{M1} 管和 V_{M2} 管的过驱动电压。对于给定的 I_{SS},这一点只能靠减小 W/L 值(也就是晶体管跨导)来实现。

现在来研究差动对的小信号特性。如图 5 - 27 所示,施加两个小信号 Δu_{in1} 和 Δu_{in2},并假设 V_{M1} 管和 V_{M2} 管都饱和。求差动电压增益 A_u。回顾一下式(5 - 91),这个量等于 $\sqrt{\mu_n C_{ox} I_{SS} \dfrac{W}{L}} R_d$。由于电路工作在平衡态附近时,流过每个晶体管的电流大约为 $I_{SS}/2$,因此差动电压增益简化为 $g_m R_d$,其中 g_m 为 V_{M1} 管和 V_{M2} 管的跨导。图 5 - 27 中的电路由两个独立的信号驱动。因此,可以用叠加法来计算输出。假设 $R_{d1} = R_{d2} = R_d$。

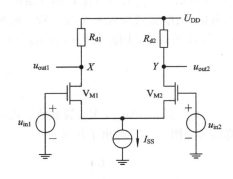

图 5 - 27　小信号输入的差分对

我们令 u_{in2} 为零,找出 u_{in1} 对 X 与 Y 结点的影响(见图 5 - 28(a))。为了得到 u_X,注意到 V_{M1} 管构成了带有负反馈电阻的共源极,负反馈电阻的阻值等于从 V_{M2} 管源端看进去后"看到的"阻抗(见图 5 - 28(b))。忽略沟道长度调制和体效应,我们有 $R_s = 1/g_{m2}$(见图 5 - 28(c)),以及

$$\frac{u_X}{u_{in1}} = \frac{-R_d}{\dfrac{1}{g_{m1}} + \dfrac{1}{g_{m2}}} \tag{5-94}$$

为计算 u_Y,注意到 V_{M1} 管是以源极跟随器的形式驱动 V_{M2} 管的,用戴维南等效电路来替换 u_{in1} 和 V_{M2} 管,如图 5 - 29 所示。戴维南等效电压为 $U_T = u_{in1}$,等效电阻为 $R_T = 1/g_{m1}$。因此,V_{M2} 管以共栅极形式工作,其增益为

$$\frac{u_Y}{u_{in1}} = \frac{R_d}{\dfrac{1}{g_{m1}} + \dfrac{1}{g_{m2}}} \tag{5-95}$$

由式(5-94)和式(5-95)得电路输入为 u_{in1} 时总的电压增益为

$$u_X - u_Y = \frac{-2R_d}{\dfrac{1}{g_{m1}} + \dfrac{1}{g_{m2}}} u_{in1} \tag{5-96}$$

其中，若 $g_{m1} = g_{m2} = g_m$，则式(5-96)简化为

$$u_X - u_Y = -g_m R_d u_{in1} \tag{5-97}$$

由于电路对称，因此除了极性相反外，u_{in2} 在 X 点和 Y 点产生的作用和 u_{in1} 产生的作用一样，即

$$u_X - u_Y = g_m R_d u_{in2} \tag{5-98}$$

应用叠加法，将式(5-97)和式(5-98)两边分别相加，得

$$\frac{(u_X - u_Y)_{tot}}{u_{in1} - u_{in2}} = -g_m R_d \tag{5-99}$$

比较式(5-97)、式(5-98)和式(5-99)可以得到：无论怎样施加输入信号，差动增益的幅度都等于 $g_m R_d$。例如在图 5-28 和图 5-29 中信号是单边输入，而在图 5-27 中两个信号源是差动的。如果是单边输出，即检测 X 与地之间或者 Y 与地之间，则增益减半，认识这一点同样十分重要。

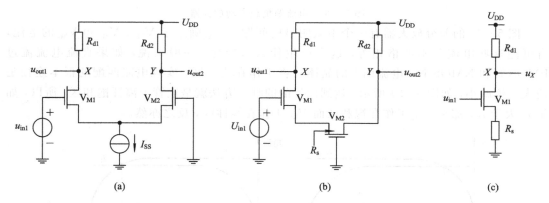

图 5-28　一个输入信号的差动对及其等效电路

（a）检测一个输入信号的差动对；（b）将图(a)视为带 V_{M2} 负反馈的共源极；（c）图(b)的等效电路

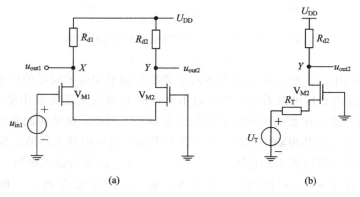

图 5-29　将 V_{M1} 管用戴维南定理等效的电路

2. 电流源负载差动放大器

我们感兴趣的另一种结构是用电流源作为负载的 CMOS 差动放大器，如图 5 - 30 所示。它的优点是有较大的共模输入电压范围。

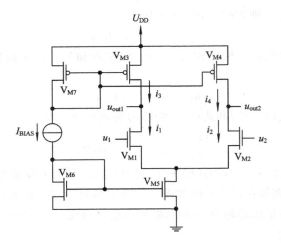

图 5 - 30　电流源负载差动放大器

图 5 - 30 的差分放大器有一个不太明显的问题。I_{BIAS} 确定了 V_{M3}、V_{M4} 和 V_{M5} 的电流，有可能这些电流并不严格相等，这会产生什么影响呢？一般来说，如果直流电流流过 PMOS 管和 NMOS 管，电流偏大的晶体管将工作在线性区。实现电流匹配的根本途径是使大电流减小，如图 5 - 31 所示。达到此目的的唯一方法就是让管子离开饱和区。所以，如果 i_3 大于 i_1，那么 V_{M1} 工作在饱和区而 V_{M3} 工作在线性区，反之亦然。

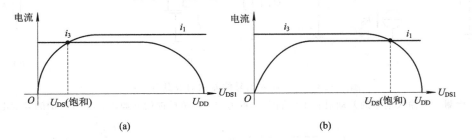

图 5 - 31　图 5 - 30 中漏级电流不相等的影响

(a) $i_1 > i_3$；(b) $i_3 > i_1$

那么将怎样用电流源作为差动放大器的负载呢？如果知道了问题的产生原因，就可以找到答案。从上面的分析可以看出，当电流不平衡时差动放大器的输出将会增加或减小。解决这个问题的关键是注意两个输出是增加还是减少。因此，如果我们施加共模反馈，将可以稳定差动放大器的共模输出电压，而允许差模输出电压由放大器的差模输入决定。

图 5 - 32 采用共模反馈来稳定图 5 - 30 中 u_{out1} 和 u_{out2} 的共模输出电压。在这个电路中，u_{out1} 和 u_{out2} 的均值与 $u_{in,CM}$ 相比较后，调整 V_{M3} 和 V_{M4} 的电流直到 u_{out1} 和 u_{out2} 的均值与 $u_{in,CM}$ 相等。因为共模反馈电路迫使均值电压等于 $u_{in,CM}$，所以 u_{out1} 和 u_{out2} 之间的差可忽略。例如，如果 u_{out1} 和 u_{out2} 同时增加（它们的均值同时增加），V_{MC2} 的栅极电压增加引起 i_{C3} 减

小，因此 i_3 和 i_4 降低，这就使 u_{out1} 和 u_{out2} 减小。一般来说，共模反馈从差动放大器的最后输出引出，输出端应有足够的驱动能力对付因 R_{CM1} 和 R_{CM2} 引起的电阻性负载。但是，这些负载必须足够大，以不降低差分信道的性能。

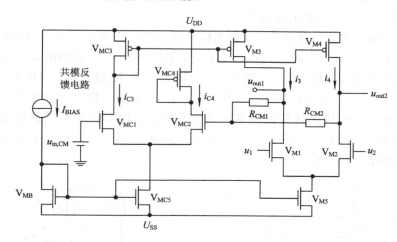

图 5 - 32 采用共模输出电压反馈来稳定图 5 - 30 所示偏置电流的实例

3. 吉尔伯特单元

我们对差动对的研究揭示了差动放大器的两个重要特征：

（1）电路的小信号增益是尾电流的函数；

（2）差动对的两个输入管为控制尾电流在两个支路的流动提供了一个简单的方法。

结合这两个特性，我们可以创建出一个通用的电路模块。

假设我们想构建一个增益随控制电压变化而变化的差动对，这可以通过图 5 - 33(a) 所示的电路来实现，其中的控制电压确定了尾电流的大小，从而也决定了增益的大小。在这种电路结构中，$A_u = u_{out}/u_{in}$ 可以从零（当 $I_{D3} = 0$ 时）变化到由电压余度极限和器件的尺寸所决定的最大值。该电路是"可变增益放大器（VGA）"的一个简单的例子。可变增益放大器适用于信号摆幅变化很大，而且要求增益能够反向变化的系统。

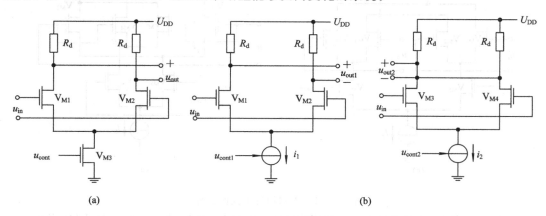

图 5 - 33 可变增益放大器（VGA）

（a）简单的 VGA；（b）提供可变增益的两级电路

现在，假设我们想找到这样一种放大器，其增益可由负值连续变化到正值。考虑两个差动对，它们以相反的增益对输入进行放大（见图 5-33(b)）。现在我们有 $u_{out1}/u_{in}=-g_m R_d$ 和 $u_{out2}/u_{in}=+g_m R_d$，式中 g_m 为平衡时每个晶体管的跨导。如果 I_1 和 I_2 变化的方向相反，则 $|u_{out1}/u_{in}|$ 和 $|u_{out2}/u_{in}|$ 变化的方向也相反。

但是如何将 u_{out1} 和 u_{out2} 合并为一个输出信号呢？如图 5-34(a)所示，这两个电压可以相加，从而产生 $u_{out}=u_{out1}+u_{out2}=A_1 u_{in}+A_2 u_{in}$，其中 A_1 和 A_2 分别由 u_{cont1} 和 u_{cont2} 控制。实际上，电路的具体实现相当简单：因为 $u_{out1}=R_d I_{D1}-R_d I_{D2}$ 以及 $u_{out2}=R_d I_{D4}-R_d I_{D3}$，所以我们得到 $u_{out1}+u_{out2}=R_d(I_{D1}+I_{D4})-R_d(I_{D2}+I_{D3})$。这样，我们不需要将 u_{out1} 和 u_{out2} 相加，只需简单地短接相应晶体管的漏端而使电流相加，即可产生所需的输出电压（见图 5-34(b)）。注意：如果 $i_1=0$，则 $u_{out}=+g_m R_d u_{in}$；如果 $i_2=0$，则 $u_{out}=-g_m R_d u_{in}$。当 $i_1=i_2$ 时，电路的电压增益降为零。

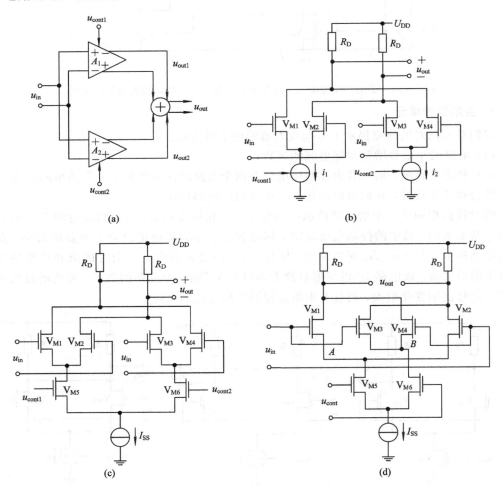

图 5-34 吉尔伯特单元的原理

(a) 两个放大器输出电压的相加；(b) 电流的相加；(c) 用 V_{M5} 和 V_{M6} 控制增益；(d) 吉尔伯特单元

在图 5-34(b)所示的电路中，u_{cont1} 和 u_{cont2} 必须使 i_1 和 i_2 的变化方向相反，以保证放大器的增益单调变化。但是什么样的电路可以使两个电流的变化方向相反呢？差动对电路

具有这种特点，从而产生了图 5-34(c)所示的电路。注意，对于大的 $|u_{cont1}-u_{cont2}|$，所有的尾电流就只流过顶端两个差动对中的一个，所以从 u_{in} 到 u_{out} 的增益就为最高正值或最低负值。如果 $u_{cont1}=u_{cont2}$，则电路的增益为零。为简化起见，我们将电路画成图 5-34(d)所示的形式。该电路也叫做"吉尔伯特单元(Gilbert Cell)"，它广泛应用于许多模拟系统和通信系统中。在典型设计中，$V_{M1}\sim V_{M4}$ 管是相同的，V_{M5} 管和 V_{M6} 管也是如此。

例 5.3　解释为什么吉尔伯特单元可以用做模拟电压乘法器。

解　既然电路的增益为 $u_{cont}=u_{cont1}-u_{cont2}$ 的函数，从而可以得到 $u_{out}=u_{in}f(u_{cont})$。将 $f(u_{cont})$ 用泰勒级数展开，只保留一阶项 αu_{cont}，得到 $u_{out}=\alpha u_{in}u_{cont}$。因此，这个电路可以实现电压相乘。任何电压控制的可变增益放大器都有这种特性。

与共源共栅结构一样，吉尔伯特单元比简单的差动对消耗更多的电压裕度。这是因为 V_{M1}、V_{M2} 和 V_{M3}、V_{M4} 组成的两个差动对"层叠"在控制差动对的顶部。为了便于理解这一点，假设在图 5-34(d)中，差动输入(u_{in})的共模电平为 $u_{CM,in}$，则 $u_A=u_B=u_{CM,in}-U_{GS1}$，这里假设 $V_{M1}\sim V_{M4}$ 晶体管完全相同。为了使 V_{M5} 管和 V_{M6} 管工作在饱和区，u_{cont} 的共模电平($u_{CM,cont}$)必须满足 $u_{CM,cont}\leqslant u_{CM,in}-U_{GS1}+U_{TH5,6}$。由于 $U_{GS1}-U_{TH5,6}$ 近似等于一个过驱动电压，因此可以推断：控制共模电平必须比输入共模电平至少小一个过驱动电压。

在导出吉尔伯特单元结构的过程中，我们选择通过控制尾电流来改变每个差动对的增益，因此将控制电压加在底部的差动对上，而将输入信号加在顶部的两个差动对上。有趣的是，控制信号和输入信号可以交换位置而仍然可以实现 VGA。如图 5-35(a)所示，借助 V_{M5} 管和 V_{M6} 管将输入电压转化为电流，并把通过 $V_{M1}\sim V_{M4}$ 管的电流送到输出结点。如图 5-35(b)所示，如果 u_{cont} 为很大的正值，则只有 V_{M1} 管和 V_{M3} 管导通，从而使 $u_{out}=-g_{m5,6}R_Du_{in}$。同理，如果 u_{cont} 为绝对值很大的负值，如图 5-35(c)所示，则只有 V_{M2} 管和 V_{M4} 管导通，从而使 $u_{out}=+g_{m5,6}R_Du_{in}$。如果差动控制电压为零，则 $u_{out}=0$。输入差动对可以引入负反馈，形成一个线性的电压—电流转换器。

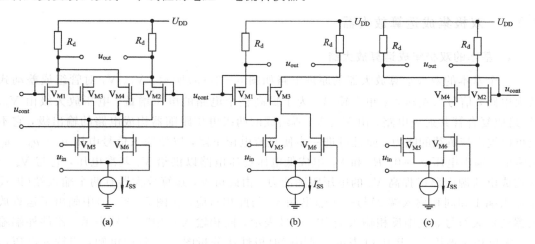

图 5-35　输入电压在底层差动对的吉尔伯特单元的电路分析
（a）输入电压在底层差动对的吉尔伯特单元电路；（b）u_{cont} 为很大的正值时的信号路径图；
（c）u_{cont} 为很大的负值时的信号路径图

5.3　集成运算放大器电路

集成运算放大器早期主要用于模拟计算机，实现各种数学运算，并由此而得名，沿用至今。现在，集成运放的应用已远远超出模拟运算的范围，而作为一种高增益器件广泛用于各种电子设备中。

目前集成运放种类繁多，按照性能不同，通常把它们化分为通用型和专用型两种。对于通用型集成运放，它的性能参数指标比较均匀，适合于一般应用场合。专用型集成运放是根据某些特殊要求，着重提高其中一项或几项性能指标的运放。例如高输入阻抗型、低漂移型、高速带宽型、低功耗型等。

图 5-36 表示集成运放的内部组成原理框图。图中输入级一般是由 BJT 或 MOSFET 组成的差动式放大电路，利用它的对称特性可以提高整个电路的共模抑制比和其他方面的性能，它的两个输入级构成整个电路的反相输入端和同相输入端。电压放大级的主要作用是提高电压增益，它可由一级或多级放大电路组成。输出级一般由电压跟随器或互补电压跟随器组成，以降低输出电阻，提高带负载能力。偏置电路为各级提供合适的工作电流。此外还有一些辅助环节，如电平移位电路、过载保护电路及高频补偿环节等。

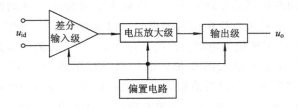

图 5-36　集成运算放大器的内部组成原理框图

5.3.1　双极集成运算放大器

1. 基本的双极集成运算放大器

一个基本的双极运算放大器的原理电路如图 5-37(a)所示。V_1、V_2 对管组成差动式放大电路，信号双端输入、单端输出。为了提高整个电路的电压增益，电压放大级由 V_3、V_4 组成复合管共射极电路。由 V_5、V_6 所组成的两级电压跟随器构成电路的输出级，它不仅可以提高带负载的能力，而且可进一步使直流电位下降，以使输入信号电压 $u_{id} = u_{i1} - u_{i2}$ 为零时，输出电压 $u_o = 0$。R_7 和 V_D 组成低电压稳压电路以供给 V_9 基准电压，它与 V_9 一起构成电流源电路以提高 V_5 的电压跟随能力。由此可见，运算放大器有两个输入端(即反相输入端 1 和同相输入端 2)与一个输出端 3。与此相对应，在图 5-37(b)中画出了运算放大器的代表符号，其中反相输入端用"－"号表示，同相输入端用"＋"号表示。器件外端输入、输出相应地用 N、P 和 O 表示。利用瞬时极性法分析图 5-37(a)可知：当输入电压信号 u_{i1} 从反相端输入时($u_{i2} = 0$)，如 u_{i1} 的瞬时变化极性为正(＋)，则各级输出端的瞬时电位极性为 $u_{c2}(＋) \rightarrow u_{o2}(－) \rightarrow u_{b6}(－) \rightarrow u_o(－)$，输出信号电压 u_o 与 u_{i1} 反相；同理，当输入信号电压从同相端 u_{i2} 输入时($u_{i1} = 0$)，输出电压 u_o 和 u_{i2} 同相。

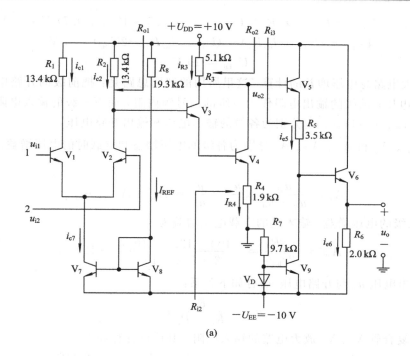

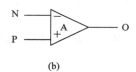

(b)

图 5-37 简单的运算放大器电路

(a) 原理电路；(b) 代表符号

例 5.4 电路如图 5-37(a)所示，设所有 BJT 的 $\beta=100$，$U_{BE}=0.7$ V，$r_{ce}=\infty$，$\mu_r=0$，$r_{be1}=r_{be2}=5.2$ kΩ，$r_{be3}=260$ kΩ，$r_{be4}=r_{be5}=2.6$ kΩ，$r_{be6}=0.25$ kΩ。

(1) 分析放大电路的直流工作状态；

(2) 计算放大电路总的电压增益。

解 (1) 放大电路的直流分析。当 $u_{i1}-u_{i2}=0$ 时，$u_o=0$。可计算如下：

$$i_{c7} = I_{REF} = \frac{U_{DD} - U_{BE} - (-U_{EE})}{R_8} = \left(\frac{10 - 0.7 + 10}{19.3}\right) \text{ mA} \approx 1 \text{ mA}$$

$$i_{c1} = i_{c2} = \frac{1}{2}i_{c7} = 0.5 \text{ mA}$$

为简化起见，可以认为 $U_{BE3} \approx U_{BE4} = U_{BE} = 0.7$ V，则有

$$i_{R3} = i_{R4} = \frac{U_{DD} - (i_{c2}R_2 + 2U_{BE})}{R_4} = \left[\frac{10 - (0.5 \times 13.4 + 1.4)}{1.9}\right] \text{ mA} = 1 \text{ mA}$$

$$i_{e5} = \frac{U_{DD} - i_{R3}R_3 - U_{BE5} - U_{BE6}}{R_5} = \left(\frac{10 - 5.1 \times 1 - 1.4}{3.5}\right) \text{ mA} = 1 \text{ mA}$$

$$i_{e6} = \frac{-(-U_{EE})}{R_6} = \left(\frac{10}{2}\right) \text{ mA} = 5 \text{ mA}$$

$$U_{CE1} = U_{CE2} = U_{DD} - i_{c1}R_1 - U_E = (10 - 0.5 \times 13.4 + 0.7) \text{ V} = 4 \text{ V}$$
$$U_{CE4} = (U_{DD} - i_{R3}R_3) - (U_{DD} - i_{R2}R_2 - 2U_{BE}) = 3 \text{ V}$$
$$U_{CE6} = 10 \text{ V}$$

（2）放大电路总电压增益的计算。这里所用的解题思路是：把前级的开路电压作为下级的信号源电压；前级的输出电阻作为下级的信号源内阻，而下一级的输入电阻就是前级的负载。设 u_{o1}、u_{o2} 和 u_{o1}'、u_{o2}' 分别为各级的输出电压和输出开路电压。

A_{ud}、A_{u2}、A_{u3} 和 A_{ud}'、A_{u2}'、A_{u3}' 分别为各级的电压增益和空载时的电压增益。电路的总电压增益为

$$A_u = \frac{u_{o1}}{u_{i2} - u_{i1}} \times \frac{u_{o2}}{u_{o1}} \times \frac{u_o}{u_{o2}} = A_{ud} \times A_{u2} \times A_{u3}$$

① 输入级的电压增益。输入级的空载电压增益为

$$A_{ud}' = \frac{-\beta R_1}{2r_{be1}} = -\frac{100 \times 13.4 \times 10^3}{2 \times 5.2 \times 10^3} = -129$$

第一级的输出电压 u_{o1} 与开路电压 u_{o1}' 有如下关系：

$$u_{o1} = \frac{R_{i2}}{R_{i2} + R_{o1}} u_{o1}'$$

其中，R_{i2} 是复合管 V_3、V_4 放大电路的输入电阻，其值可计算如下：

$$R_{i2} = r_{be3} + (1 + \beta)[r_{be4} + (1 + \beta)R_4] = 19.9 \text{ M}\Omega$$

第一级输出电阻为

$$R_{o1} = R_2 = 13.4 \text{ k}\Omega$$

由于 $R_{i2} \gg R_{o1}$，因此有

$$u_{o1} \approx u_{o1}'$$

故

$$A_{ud} \approx A_{ud}'$$

② 电压放大级的电压增益。电压放大级的空载电压增益为

$$A_{u2}' = \frac{u_{o2}'}{u_{o1}} \approx -\frac{\beta^2 R_3}{R_{i2}} = -2.6$$

输出级的输入电阻为

$$R_{i3} = r_{be5} + (1 + \beta)[R_5 + r_{be6} + (1 + \beta)R_6] = 20.8 \text{ M}\Omega$$

电压放大级的输出电阻为

$$R_{o2} = R_3 = 5.1 \text{ k}\Omega$$

显然可得

$$u_{o2} \approx u_{o2}'$$

故

$$A_{u2} \approx A_{u2}'$$

③ 输出级的电压增益近似为1。

④ 总电压增益为

$$A_u = A_{ud} A_{u2} A_{u3} = (-129) \times (-2.6) \times 1 = 335$$

2. 双极跨导型放大器

1) 性能与模型

跨导型放大器可将电压输入信号放大，提供电流输出信号，是一种电压控制电流源。

跨导放大器的增益是输出电流与输入电压的比值，具有电导的量纲西门子(S)。由于决定增益的输出电流和输入电压是分别在输出端和输入端测量的，因此称其增益为跨导，称这种放大器为跨导放大器。跨导放大器的直流(或低频)信号的模型如图 5-38 所示。

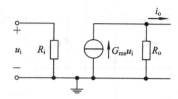

图 5-38　跨导放大器的模型

图 5-38 中，$G_{ms}u_i$ 是增益为 G_{ms} 的电压控制电流源；R_o 是输出电阻，它衡量随负载电阻变化的输出电流的稳定程度；R_i 是输入电阻。

当在输入端连接具有内阻 R_S 的电压源 U_S，而在输出端连接负载电阻 R_L 时，跨导放大器输出电流和跨导增益的表达式分别为

$$i_o = G_{ms}u_i \frac{R_o}{R_L + R_o}$$

$$G_m = \frac{i_o}{u_i} = G_{ms} \frac{R_o}{R_L + R_o}$$

当 $R_L = 0$ 时，$G_m = G_{ms}$。因此，G_{ms} 称做短路跨导增益，G_m 则称做负载跨导增益。

考虑到信号源内阻对输入电压信号的分压作用，实际输入电压为

$$u_i = U_S \frac{R_i}{R_S + R_i}$$

为了减小由于输入电阻 R_i 和输出电阻 R_o 对增益造成的损失，在设计跨导放大器时，应满足条件 $R_o \gg R_L$，$R_i \gg R_S$。

理想跨导放大器的条件是 $R_o = \infty$，$R_i = \infty$。在理想条件下，G_m 恒等于 G_{ms}，电流增益和功率增益均为无穷大，电压增益与 R_L 值呈正比例关系。

2) 基本的跨导运算放大器电路

双极型集成跨导运算放大器的结构框图如图 5-39 所示。图中，u_{i+}、u_{i-} 分别为同相、反相电压输入端；i_o 为电流输出端；晶体管 V_1、V_2 组成差分式跨导输入级，将输入电压信号变换成电流信号。

图 5-39 中的方框 M_X、M_Y、M_Z、M_W 均为电流镜电路，其中电流镜 M_W 将放大器外加偏置电流 I_B 输送到 V_1、V_2 的发射极作尾电流；电流镜 M_X、M_Y 将 V_1 的电流 i_{c1} 输送到输出端。电流镜 M_Z 将 V_2 的电流 i_{c2} 输送到输出端，由于电流镜 M_Y 和 M_Z 具有互补极性关系，故将 i_{c2} 与 i_{c1} 之差取作输出电流。

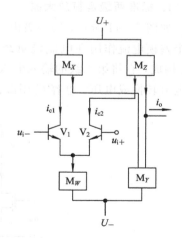

图 5-39　双极型跨导运放框图

如图 5-40 所示是一个基本的双极跨导运算放大器，它由 11 只晶体管和 6 只二极管组成，所有二极管均为集电极短接的晶体管。

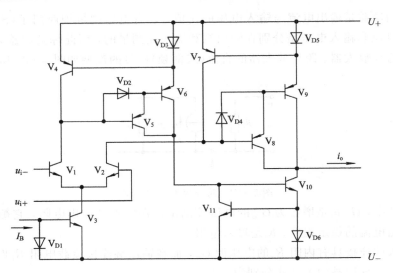

图 5-40　CA3080 等效电路图

在图 5-40 所示电路中，V_1、V_2 组成差分式跨导输入级，V_3、V_{D1} 组成基本电流镜，镜像外加偏置电流 I_B 到输入级；V_7、V_8、V_9 和 V_{D5} 组成威尔逊电流镜，起到图 5-39 方框图中电流镜 M_Z 的作用；V_8、V_9 的达林顿接法可提高该电流镜的输出电阻；V_4、V_5、V_6 和 V_{D3} 组成另一个威尔逊电流镜，起到 M_X 的作用；并联在 V_5 与 V_8 发射结上的二极管 V_{D2} 和 V_{D4} 用来加快电路的工作速度；V_{10}、V_{11} 和 V_{D6} 组成第三个威尔逊电流镜，起到 M_Y 的作用；输出端取自 V_9 和 V_{10} 的集电极，输出电流为 V_9 和 V_{10} 的集电极电流之差。

5.3.2　CMOS 集成运算放大器

CMOS 运放电路的组成与双极型运放相同，各部分电路的作用及构成形式也基本相似。

1. 标准两级运算放大器

如图 5-41 所示，第一级由一个差动放大器组成，将差模输入电压转换为差模电流，这个差模电流作用在电流镜负载上时恢复成差模电压。第二级由共源 MOSFET 放大器 V_{M6} 构成，它将第二级的输入电压转换成电流。这只管子用电流源 V_{M7} 作为负载，在输出端将电流转换成电压。电容 C_c 用做密勒补偿。

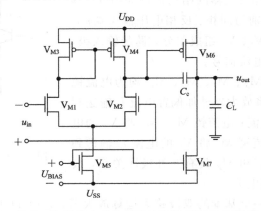

图 5-41　具有 n 沟道输入对的无缓冲两级 CMOS 运算放大器电路

由图 5-41 可得，第一级增益为

$$A_{u1} = -g_{m1}(r_{o2} \; // \; r_{o4}) = \frac{-2g_{m1}}{I_{D5}(\lambda_2 + \lambda_4)} \qquad (5-100)$$

第二级增益为

$$A_{u2} = -g_{m6}(r_{o6} \; // \; r_{o7}) = \frac{-g_{m6}}{I_{D6}(\lambda_6 + \lambda_7)} \qquad (5-101)$$

总的放大增益为

$$A_u = A_{u1} A_{u2} = \frac{2(g_{m1})(g_{m6})}{I_{D5}(\lambda_2 + \lambda_4)I_{D6}(\lambda_6 + \lambda_7)} \qquad (5-102)$$

式中，$r_o = \dfrac{\partial U_{DS}}{\partial I_D} \approx \dfrac{1}{\lambda I_D}$，$\lambda$ 是沟道长度调制系数。

2. 共源共栅运算放大器

共源共栅结构的一个重要特性就是输出阻抗高，采用共源共栅结构可以有效提高运算放大器的增益。

1) 在第一级使用共源共栅

如图 5-42 所示，晶体管 $V_{MC1} \sim V_{MC4}$ 加电阻 R 构成第一级输出的共源共栅电路，晶体管 V_{MC3} 和 V_{MC4} 以增加输出电阻来增大第一级的增益。输出电阻可表示为：$R_I \cong (g_{mc22} r_{omc2} r_{om2}) \; // \; (g_{mc4} r_{omc4} r_{om4})$，其值增加大约两个数量级。

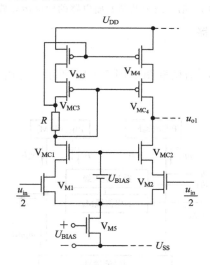

图 5-42 两级运算放大器的第一级共源共栅结构

2) 在第二级使用共源共栅电路

为了增加第二级输出电阻以此来提高增益，我们采用如图 5-43 所示的共源共栅结构。

电压增益可表示为

$$A_u = g_{mI} g_{mII} R_I R_{II} \qquad (5-103)$$

其中

$$g_{mI} = g_{m1} = g_{m2}$$

$$g_{m\,II} = g_{m6}$$

$$R_I = r_{om2} \mathbin{/\mkern-5mu/} r_{om4} = \frac{2}{I_5(\lambda_2 + \lambda_4)} \tag{5-104}$$

$$R_{II} = (g_{mc6} r_{omc6} r_{om6}) \mathbin{/\mkern-5mu/} (g_{mc7} r_{omc7} r_{om7}) \tag{5-105}$$

采用共源共栅结构的两级运算放大器的增益通常是一般两级运算放大器增益的 100 倍。

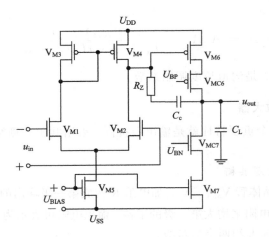

图 5-43 第二级为共源共栅电路的两级运算放大器

3. CMOS 跨导运算放大器

1) 结构框图

CMOS 跨导运算放大器的结构框图如图 5-44 所示，它由差动式跨导输入级和 $M_1 \sim M_4$ 四个电流镜组成。

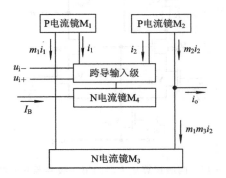

图 5-44 CMOS 跨导运放结构图

差动式输入级将输入电压信号变换成电流信号，完成跨导型增益；电流镜 $M_1 \sim M_3$ 将双端输出电流变换成单端输出电流；电流镜 M_4 将外加偏置电流 I_B 传输到输入级作为尾电流，并控制放大器的增益值。在上述四个电流镜中，M_1、M_2 为 P 沟道，M_3、M_4 为 N 沟道。

输出电流 i_o 由下列方程式给出：

$$i_o = m_2 i_2 - m_1 m_3 i_1 \tag{5-106}$$

式中，m_1、m_2、m_3 分别为 3 个电流镜 M_1、M_2、M_3 的电流传输比，如果取 $m_1 m_3 = m_2 = m$，则输出电流 i_o 为

$$i_o = m(i_2 - i_1) \tag{5-107}$$

若差动式跨导输入级的增益用 g_m 表示，则跨导运算放大器的输出电流与输入电压的关系式为

$$i_o = m g_m (u_{i+} - u_{i-}) = G_m (u_{i+} - u_{i-}) \tag{5-108}$$

$$G_m = m g_m \tag{5-109}$$

式中，G_m 是跨导运算放大器的增益。

2) 基本型 CMOS 跨导运算放大器电路结构

图 5-45 所示为基本型 CMOS 跨导运算放大器电路，该电路由 10 个 MOS 晶体管组成，包括 6 个 N 沟道增强型管和 4 个 P 沟道增强型管。其中，V_1、V_2 组成基本的源极耦合差动式跨导输入级，完成电压—电流变换；V_3、V_4 组成传输比为 1 的基本电流镜，将外加偏置电流 I_B 输送到差动输入级作为尾电流 I_{SS}，并控制其增益值；V_5 与 V_6、V_7 与 V_8、V_9 与 V_{10} 组成 3 个基本电流镜，对输入级的差动输出电流移位和导向。下面我们讨论该电路的直流传输特性。

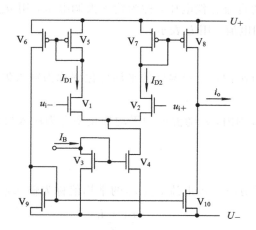

图 5-45 基本型 CMOS 跨导运算放大器

当电流镜中的晶体管 V_6、V_8、V_{10} 始终工作在饱和状态时，电流传输比 m 可视为常数。这时，跨导运算放大器的传输特性将由跨导输入级的传输特性决定。源极耦合差分放大器的输出电流—输入电压方程式，即直流传输特性表达式为

$$i_o = K u_{id} \sqrt{\frac{2 I_{SS}}{K} - u_{id}^2} \tag{5-110}$$

式 (5-110) 可改写成下列形式：

$$i_o = I_{SS} \sqrt{\frac{2K}{I_{SS}}} u_{id} \sqrt{1 - \frac{2K/I_{SS}}{4} u_{id}^2} \tag{5-111}$$

式中，$u_{id} = u_{i+} - u_{i-}$，$K = \dfrac{\mu_n C_{ox}}{2} \dfrac{W}{L}$，令

$$u_{b} = \sqrt{\frac{I_{SS}}{2K}}$$

这里，u_{b} 是 V_1、V_2 静态栅－源电压与开启电压之差。

再令 $\dfrac{u_{id}}{u_{b}} = X$，$\dfrac{i_{o}}{I_{SS}/2} = Y$，则可得到基本型 CMOS 跨导运算放大器的归一化传输特性表达式如下：

$$Y = 2X\sqrt{1 - \frac{1}{4}X^{2}} \tag{5-112}$$

当 $X \leqslant \sqrt{2}$ 时，对应于 $|U_{id\ max}| \leqslant \sqrt{I_{SS}/K}$，式(5-112)成立；当 $X > \sqrt{2}$ 时，V_1、V_2 中已有一管处于截止状态，不能进行正常放大。

5.3.3 集成运算放大器的主要性能指标

1. 输入失调电压 u_{io} 和输入失调电流 i_{io}

输入失调主要反映运放输入级差动电路的对称性。欲使静态时输出端为零电位，运放两输入端之间必须外加的直流补偿电压，称为输入失调电压，用 u_{io} 表示；必须外加的直流补偿电流，称为输入失调电流，用 i_{io} 表示。

2. 失调的温漂

在规定的工作温度范围内，u_{io} 随温度的平均变化率称为输入失调电压温漂，以 du_{io}/dT 表示。

在规定的工作温度范围内，i_{io} 随温度的平均变化率称为输入失调电流温漂，以 di_{io}/dT 表示。

3. 输入偏置电流 i_{ib}

静态时，输入级两差分管基极电流 i_{b1}、i_{b2} 的平均值称为输入偏置电流，即

$$i_{ib} = \frac{i_{b1} + i_{b2}}{2} \tag{5-113}$$

4. 开环差模电压放大倍数 A_{ud}

在无反馈回路条件下，运放输出电压与输入差模电压之比称为开环差模电压放大倍数，用 A_{ud} 表示。

5. 共模抑制比 K_{CMR}

运放差模电压放大倍数与共模电压放大倍数之比的绝对值称为共模抑制比，用 K_{CMR} 表示，常以分贝(dB)数表示。

6. 差模输入电阻 r_{id}

运放的两个差动输入端之间的等效动态电阻称为差模输入电阻，用 r_{id} 表示。

7. 共模输入电阻 r_{ic}

运放的每个输入端对地之间的等效动态电阻称为共模输入电阻，用 r_{ic} 表示。

8. 输出电阻 r_o

从运放输出端和地之间看进去的动态电阻称为输出电阻,用 r_o 表示。

9. 输入电压范围

当加在运放两输入端之间的电压差超过某一数值时,输入级的某一侧晶体管将因发射结反向击穿而不能工作,则输入端之间能承受的最大电压差称为最大差模输入电压,用 U_{dm} 表示。

当运放输入端所加共模电压超过某一数值时,放大器不能正常工作,此最大电压值称为最大共模输入电压,用 U_{cm} 表示。

10. 带宽

运放开环电压增益下降到直流增益的 $1/\sqrt{2}(-3\ \mathrm{dB})$ 时所对应的频带宽度,称为运放的 $-3\ \mathrm{dB}$ 带宽,用 BW 表示。

运放开环电压增益下降到 1 时的频带宽度,称为运放的单位增益带宽,用 BW_G 表示。

11. 转换速率(压摆率)S_R

该指标反映了运放对于高速变化的输入信号的响应情况。运放在额定输出电压下,输出电压的最大变化率称为转换速率(压摆率),即

$$S_R = \left| \frac{\mathrm{d}u_o}{\mathrm{d}t} \right|_{\max} \qquad (5-114)$$

12. 静态功耗 P_C

当输入信号为零时,运算放大器消耗的总功率称为静态功耗,用 P_C 表示。

13. 电源电压抑制比 PSRR

电源电压的改变将引起失调电压的变化,失调电压的变化量与电源电压变化量之比定义为电源电压抑制比,即

$$\mathrm{PSRR} = \frac{\Delta u_{io}}{\Delta E} \qquad (5-115)$$

5.4　比　较　器

比较器可以比较一个模拟信号和另一个模拟信号或参考信号,并且输出比较结果的二进制信号。这里所说的模拟信号是指在任何给定时刻幅值都连续变化的信号。严格意义上讲,二进制信号在任一时刻只能取两个定值中的一个,但是这种二进制信号的概念对于现实情况而言太过于理想化。现实中,在两个二进制状态之间存在一个过渡区间,而使比较器快速通过过渡区间是非常重要的。

比较器广泛应用于模拟信号到数字信号的转换过程中。在模/数转换中,首先必须对输入进行采样。接着,经过采样的信号通过比较器来决定模拟信号的数字值。

5.4.1 比较器的基本特性

比较器的电路符号如图 5-46 所示。比较器的许多特性与高增益放大器相同，因此其符号也跟放大器类似。正电平从 u_P 输入，将使比较器输出为正；正电平从 u_N 输入，将使比较器输出为负。比较器输出电平的最大、最小值分别为 U_{OH} 和 U_{OL}。

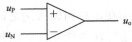

图 5-46 比较器的电路符号

1. 静态特性

比较器是用来比较两个输入模拟信号并由此产生一个二进制输出的电路。图 5-47 对这一点作了说明。当同相和反相输入之差为正时，比较器输出为高电平(U_{OH})；差为负时，输出为低电平(U_{OL})。尽管在现实情况中不可能出现这样理想的状态，但它可以作为理想的电路元件进行数学描述。图 5-48 给出了这样的一种电路模型，它包含有一个电压控制电压源(VCVS)，它的特性在图中用数学公式进行了描述。

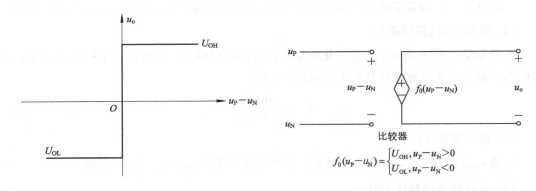

图 5-47 比较器的理想传输曲线　　　　图 5-48 理想的比较器模型

$$f_0(u_P - u_N) = \begin{cases} U_{OH}, & u_P - u_N > 0 \\ U_{OL}, & u_P - u_N < 0 \end{cases}$$

这个模型在输出 U_{OH} 和 U_{OL} 之间的转换是理想的：输入改变 ΔU，造成输出状态改变，而 ΔU 近似为零，这说明增益为无限大，即

$$增益 = A_u = \lim_{\Delta U \to 0} \frac{U_{OH} - U_{OL}}{\Delta U}$$

$$(5-116)$$

图 5-49 是一个一阶模型的直流传输曲线。这是一个可实现的比较器电路的近似模型，与前面提到的模型的不同之处是增益，这一模型增益可表示为

$$A_u = \frac{U_{OH} - U_{OL}}{U_{IH} - U_{IL}} \qquad (5-117)$$

其中，U_{IH} 和 U_{IL} 是输出分别达到上限和下限时所需要的输入电压差 $u_P - u_N$。这种输入变化称为比较器的精度。

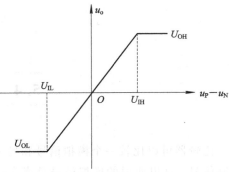

图 5-49 有限增益比较器的传输曲线

增益是描述比较器工作情况的最重要的特性，因为它定义了输出能够在两个二进制状态间改变所必需的最小输入变化量(精度)。这两个输出状态通常被设定为由比较器驱动的数字线路所要求的状态。电压 U_{OH} 和 U_{OL} 必须适合后面一级数字线路的 U_{IH} 和 U_{IL} 的要求。

对 CMOS 工艺来说,这两个值通常分别取电源电压的 70% 和 30%。

图 5-49 所示的转换曲线用图 5-50 的电路模型来表示,它与图 5-48 的模型类似,唯一的区别是函数 f_1 和 f_0 不同。

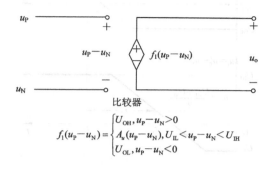

$$f_1(u_P-u_N)=\begin{cases}U_{OH},u_P-u_N>0\\ A_u(u_P-u_N),U_{IL}<u_P-u_N<U_{IH}\\ U_{OL},u_P-u_N<0\end{cases}$$

图 5-50 有限增益比较器的模型

比较器的第二种非理想情况是输入失调电压。在图 5-47 中,当输入之差过零时,输出发生变化。如果直到输入之差达到某个 $+U_{OS}$ 值时输出才有变化,那么这个差值就被定义为失调电压。如果失调能够被预测,则不会产生任何问题,但是在给定设计的情况下,一个电路和另一个电路的失调将随机改变。图 5-51 说明了比较器传输曲线的失调,图 5-52 给出了含有一个失调电压源的电路模型。失调电压的正负号(±)说明 U_{OS} 的极性不能确定。

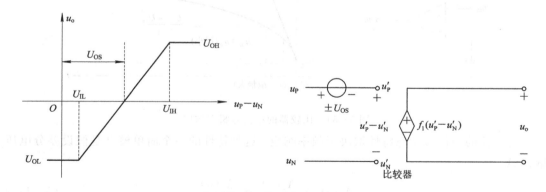

图 5-51 包含输入失调电压的比较器的传输曲线　　图 5-52 含有输入失调电压的比较器的模型

2. 动态特性

比较器的动态特性包括小信号方式和大信号方式。

图 5-53 显示了比较器的响应时间。可以注意到,在输入激励和输出响应之间有一个时延,这一时延称为比较器的传输时延。这个参数非常重要,因为在 A/D 转换器中,它经常是转换率的限制因素。比较器的传输时延随输入幅度的变化而变化,较大的输入将使时延较短。当输入电平增大到一个上限时,即使输入电平再增大,也无法对时延产生影响,这时电压的变化率被称为摆率(SR)。

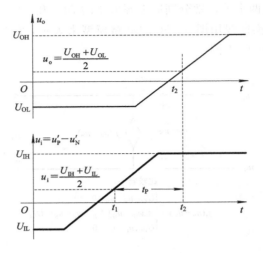

图 5-53　同相比较器的传输时延

比较器的小信号瞬态响应如图 5-54 所示，其小信号动态特性取决于比较器的频率响应。

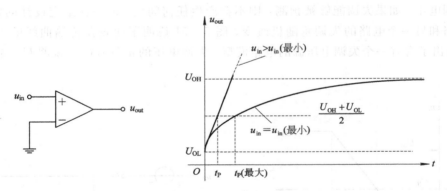

图 5-54　比较器的小信号瞬态响应

比较器的小信号动态特性取决于频率响应。这种特性的一个简单模型是假设差分电压增益 A_u 为

$$A_u(s) = \frac{A_u(0)}{\dfrac{s}{\omega_c} + 1} = \frac{A_u(0)}{s\tau_c + 1} \tag{5-118}$$

其中，$A_u(0)$ 是比较器直流增益，$\omega_c = 1/\tau_c$ 是比较器频率响应单极点（主极点）的 -3 dB 频率。通常比较器的 $A_u(0)$ 比运算放大器的 $A_u(0)$ 小，但比较器的 ω_c 比运算放大器的 ω_c 大。

设比较器的最小输入电压差为比较器的精度，我们定义比较器的最小输入电压为

$$u_{in}(\text{最小}) = \frac{U_{OH} - U_{OL}}{A_u(0)} \tag{5-119}$$

对于一个阶跃输入电压，由式(5-118)定义的比较器以一阶指数响应形式从 U_{OL} 上升到 U_{OH}（或从 U_{OH} 下降到 U_{OL}），如图 5-54 所示。如果 u_{in} 比 u_{in}（最小）大，则输出上升或下降时间变短。当以 u_{in}（最小）加在比较器上时，我们可以写出如下公式：

$$\frac{U_{\mathrm{OH}} - U_{\mathrm{OL}}}{2} = A_u(0)(1 - \mathrm{e}^{-t_{\mathrm{P}}/\tau_{\mathrm{c}}}) u_{\mathrm{in}}(\text{最小}) = A_u(0)(1 - \mathrm{e}^{-t_{\mathrm{P}}/\tau_{\mathrm{c}}})\left(\frac{U_{\mathrm{OH}} - U_{\mathrm{OL}}}{A_u(0)}\right)$$

$$(5-120)$$

因此，阶跃输入为 u_{in}（最小）时的传输时延可写为

$$t_{\mathrm{P}}(\text{最大}) = \tau_{\mathrm{c}} \ln 2 = 0.693\tau_{\mathrm{c}} \tag{5-121}$$

这一传输时延对于比较器的正向或负向输出均有效。在图 5 - 54 中，如果输入是 u_{in}（最小）的 k 倍，则传输时延将为

$$t_{\mathrm{P}} = \tau_{\mathrm{c}} \ln\left(\frac{2k}{2k-1}\right) \tag{5-122}$$

其中

$$k = \frac{u_{\mathrm{in}}}{u_{\mathrm{in}}(\text{最小})} \tag{5-123}$$

很明显，比较器的输入越大，传输时延越短。

随着比较器输入的增大，比较器最终进入大信号模式。在大信号模式下，由于电容充放电电流的限制，将出现摆率限制。如果传输时延由比较器的摆率决定，那么这一时延可以写为

$$t_{\mathrm{P}} = \Delta T = \frac{\Delta U}{\mathrm{SR}} = \frac{U_{\mathrm{OH}} - U_{\mathrm{OL}}}{2 \cdot \mathrm{SR}} \tag{5-124}$$

当传输时延由摆率决定时，减小传输时间的重要手段是增加比较器供出或吸入电流的能力。

5.4.2　两级开环比较器

进一步分析前面的要求可知比较器需要差分输入和足够的增益以达到所要求的精度，因此前面章节提到的两级运算放大器可以很好地应用于比较器。比较器大都采用开环模式，这种简化使得没有必要对比较器进行补偿。事实上，对比较器最好不要进行补偿，以使其具有最大的带宽和较快的响应。因此，我们将对如图 5 - 55 所示的使用两级、非补偿运算放大器的比较器的性能进行讨论。

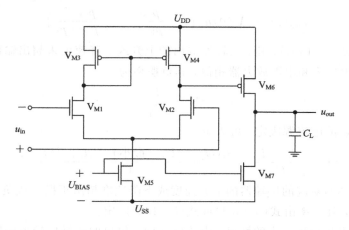

图 5 - 55　两级比较器

1. 两级开环比较器的性能

我们首先关心的是如图 5-55 所示的两级比较器的 U_{OL} 和 U_{OH} 值。因为输出级是电流源反相器，因此可以使用电流源/电流源反相器的分析方法。假设 V_{M6} 栅极有一个最小电压 U_{G6}(最小)，则最大输出电压可写为

$$U_{OH} = U_{DD} - (U_{DD} - U_{G6}(最小) - |U_{TP}|)\left[1 - \sqrt{1 - \frac{2I_7}{\beta_6(U_{DD} - U_{G6}(最小) - |U_{TP}|)^2}}\right]$$

$$(5-125)$$

最小输出电压为

$$U_{OL} = U_{SS} \tag{5-126}$$

比较器小信号增益为

$$A_u(0) = \left(\frac{g_{m1}}{g_{ds2} + g_{ds4}}\right)\left(\frac{g_{m6}}{g_{ds6} + g_{ds7}}\right) \tag{5-127}$$

利用式(5-125)～式(5-127)和式(5-119)，可以求出比较器的精度 u_{in}(最小)。

对于图 5-55 所示的比较器，有两点值得注意：首先是第一级的输出极点 p_1，其次是第二级的输出极点 p_2。这两个极点可分别表示为

$$p_1 = \frac{-1}{C_I(g_{ds2} + g_{ds4})} \tag{5-128a}$$

$$p_2 = \frac{-1}{C_{II}(g_{ds2} + g_{ds4})} \tag{5-128b}$$

其中，C_I 是与第一级输出相连的总电容；C_{II} 是与第二级输出相连的总电容。C_{II} 一般来说由 C_L 决定。

综合以上结果，两级比较器的频率响应可表示为

$$A_u(s) = \frac{A_u(0)}{\left(\frac{s}{p_1} + 1\right)\left(\frac{s}{p_2} + 1\right)} \tag{5-129}$$

一个具有两个极点的两级开环、输入为 u_{in} 的比较器的响应为

$$u_{out}(t) = A_u(0)u_{in}\left(1 + \frac{p_2 e^{-tp_1}}{p_1 - p_2} - \frac{p_1 e^{-tp_2}}{p_1 - p_2}\right) \tag{5-130}$$

其中，$p_1 \neq p_2$。式(5-130)适用于比较器输出的上升或下降速度未超出输出摆率时所有比较器的输出。输出摆率和甲类放大器相似，其负摆率为

$$SR^- = \frac{I_7}{C_{II}} \tag{5-131}$$

正摆率由 V_{M6} 的电流源决定，可表示为

$$SR^+ = \frac{I_6 - I_7}{C_{II}} = \frac{\beta_6(U_{DD} - U_{G6}(最小) - |U_{TP}|^2) - I_7}{C_{II}} \tag{5-132}$$

如果式(5-130)对应的比较器的上升速度或下降速度超出正摆率或负摆率，则输出响应近似为一斜线，其斜率由式(5-131)或式(5-132)决定。

下面设计不发生超出摆率的情况。由式(5-130)给出的两级比较器的阶跃响应可以用归一化的幅度和时间描述，即

$$u'_{\text{out}}(t_{\text{n}}) = \frac{u_{\text{out}}(t_{\text{n}})}{A_u(0)u_{\text{in}}} = 1 - \frac{m}{m-1}\text{e}^{-t_{\text{n}}} + \frac{1}{m-1}\text{e}^{-mt_{\text{n}}} \qquad (5-133)$$

其中

$$m = \frac{p_2}{p_1} \neq 1 \qquad (5-134)$$

$$t_{\text{n}} = tp_1 = \frac{t}{\tau_1} \qquad (5-135)$$

如果 $m=1$，则式(5-133)变为

$$u'_{\text{out}}(t_{\text{n}}) = 1 - p_1\text{e}^{-t_{\text{n}}} - \frac{t_{\text{n}}}{p_1}\text{e}^{-t_{\text{n}}} = 1 - \text{e}^{-t_{\text{n}}} - t_{\text{n}}\text{e}^{-t_{\text{n}}} \qquad (5-136)$$

其中，设 p_1 不变，图5-56给出了式(5-133)和式(5-136)中 m 值从0.25~4的情况。

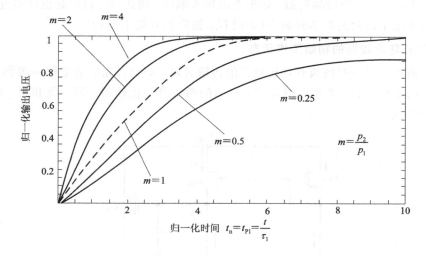

图 5-56　以 p_1 和 p_2 为实轴极点的比较器的线性阶跃响应

如果输入阶跃大于 u_{in}（最小），则图5-56中曲线的幅度被限制在 U_{OH}。应注意到，当 $t=0$ 时斜率为零，这一点可以通过对式(5-133)进行微分并令 $t=0$ 得到。曲线的最大斜率发生在 t_{n}（最大）时：

$$t_{\text{n}}(\text{最大}) = \frac{\ln m}{m-1} \qquad (5-137)$$

对式(5-133)微分两次并令其等于零，在 t_{n}（最大）处的斜率可写成：

$$\frac{\text{d}u'_{\text{out}}(t_{\text{n}}(\text{最大}))}{\text{d}t_{\text{n}}} = \frac{m}{m-1}\left[\exp\left(\frac{-\ln m}{m-1}\right) - \exp\left(-m\frac{\ln m}{m-1}\right)\right] \qquad (5-138)$$

如果线性响应的斜率超出了摆率，则阶跃响应变为摆率受限响应。如果摆率接近式(5-138)的值，则很难建立阶跃响应的模型。可以假设摆率受限响应直至线性响应的斜率比摆率小，但这一点不易找到。如果比较器 $u_{\text{in}} > u_{\text{in}}$（最小），且摆率比式(5-138)小，则摆率可以用来预测阶跃响应。

当斜率低于摆率时，对两极点比较器传输时延的预测是值得关注的。为了解决这个问题，令式(5-133)等于 $0.5(U_{\text{OH}} + U_{\text{OL}})$，进而求出传输时延 t_{P}。但是这一等式不易求解。一种变换的方法是把式(5-133)中的指数项用它们的级数表示代替，即得到

$$u_{\text{out}}(t_{\text{n}}) \approx A_u(0)u_{\text{in}}\left[1 - \frac{m}{m-1}\left(1 - t_{\text{n}} + \frac{t_{\text{n}}^2}{2} + \cdots\right) + \frac{1}{m-1}\left(1 - mt_{\text{n}} + \frac{m^2 t_{\text{n}}^2}{2} + \cdots\right)\right]$$

$$(5-139)$$

式(5-139)可化简为

$$u_{\text{out}}(t_{\text{n}}) \approx \frac{m t_{\text{n}}^2 A_u(0)u_{\text{in}}}{2} \tag{5-140}$$

设 $u_{\text{out}}(t_{\text{n}})$ 等于 $0.5(U_{\text{OH}} + U_{\text{OL}})$，解出 t_{n}，得到归一化传输时延 t_{pn} 为

$$t_{\text{pn}} \approx \sqrt{\frac{U_{\text{OH}} + U_{\text{OL}}}{m A_u(0)u_{\text{in}}}} = \sqrt{\frac{u_{\text{in}}(\text{最小})}{m u_{\text{in}}}} = \frac{1}{\sqrt{mk}} \tag{5-141}$$

其中，k 由式(5-123)定义。式(5-141)近似于图 5-56 中形如抛物线的响应。因为 t_{n} 的值比 1 小，所以这是一个合理的近似。如果考虑输入响应，则式(5-141)是更好的近似。过驱动的影响只作用于最初的那部分响应(如同 U_{OH} 被降低并趋于零)。

2. 两级开环比较器的初始工作状态

为了分析达到摆率时两级开环比较器的传输时延，必须首先搞清楚第一级和第二级初始输出电压的工作状态。考察如图 5-57 所示的两级开环比较器。第一级和第二级的电容分别为 C_{I} 和 C_{II}。

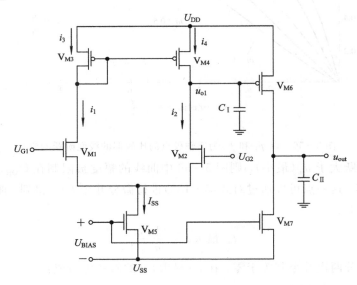

图 5-57 用于求初始状态的两级开环比较器

我们选择一个直流电平作为输入，并且找出其他比这一直流电平高或低的电平作为输入时第一级和第二级的输出电压。事实上，我们要对每种可能性考虑两种情况，它们是 V_{M1} 和 V_{M2} 的电流不等但都不为零，以及一个输入晶体管的电流为 I_{SS}，另一个为零。

我们首先假设 u_{g2} 等于直流 U_{g2}，且 $i_1 < I_{\text{SS}}$，$i_2 > 0$ 时，$u_{\text{g1}} > U_{\text{G2}}$。在这种情况下，$V_{\text{M4}}$ 处在饱和区，$i_4 = i_3 = i_1 > i_2$。由于有差分电流流入 C_{I}，u_{o1} 变大。随着 u_{o1} 不断增大，V_{M4} 将进入放大区，且 $i_4 < i_3$。当 V_{M4} 的源、漏电压降到使 $i_4 = i_2$ 时，第一级的输出电压 u_{o1} 稳定。这一电压值的范围为

$$U_{\text{DD}} - U_{\text{SD4}}(\text{饱和}) < u_{\text{o1}} < U_{\text{DD}}, \quad u_{\text{g1}} > U_{\text{G2}}, \quad i_1 < I_{\text{SS}}, i_2 > 0 \tag{5-142}$$

在式(5-142)成立的情况下，U_{GS6} 的值小于 $|U_{TP}|$，V_{M6} 将截止，此时，输出电压为

$$u_{out} = U_{SS}, \quad u_{g1} > U_{g2}, \quad i_1 < I_{SS}, \ i_2 > 0 \tag{5-143}$$

如果 $u_{g1} \gg U_{G2}$，则 $i_1 = I_{SS}$，$i_2 = 0$，$u_{o1} = U_{DD}$ 且 u_{out} 仍为 U_{SS}。

接下来，假设 u_{g2} 仍然等于 U_{G2}，但当 $i_1 > 0$，$i_2 < I_{SS}$ 时，$u_{g1} < U_{G2}$。在这种情况下，$i_4 = i_3 = i_1 < i_2$，同时 u_{o1} 减小。当 $u_{o1} \leqslant U_{G2} - U_{TN}$ 时，V_{M2} 处在放大区。随着 u_{o1} 持续降低，$U_{DS2} < U_{DS2}$(饱和)，V_{M2} 的电流持续降低，直到 $i_1 = i_2 = I_{SS}/2$，在这一点上 u_{o1} 稳定。此时有

$$U_{G2} - U_{GS2} < u_{o1} < U_{G2} - U_{GS2} + U_{DS2}(饱和) \tag{5-144}$$

或

$$U_{S2} < u_{o1} < U_{S2} + U_{DS2}(饱和), \quad u_{g1} < U_{G2}, \quad i_1 > 0, \quad i_2 < I_{SS} \tag{5-145}$$

在式(5-145)的条件下，输出电压 u_{out} 接近 U_{DD}，并且可计算出结果。如果 $u_{g1} \ll U_{G2}$，则刚才的结果仍然有效，直到 V_{M1} 或 V_{M2} 的源电压使 V_{M5} 离开饱和区为止。如果出现这种情况，则 I_{SS} 降低，u_{o1} 接近 U_{SS}。

假设 V_{M1} 栅极电压等于直流电压 U_{G1}，现在重复以上过程，对第一级和第二级的初始输出状态进行考察。首先假设 $u_{g1} = U_{G1}$，$u_{g2} > U_{G1}$，$i_2 < I_{SS}$ 且 $i_1 > 0$。只要 V_{M4} 处于饱和区，由 $i_1 < i_2$ 可得 $i_4 < i_2$。由于差分电流流出 C_1，u_{o1} 降低。随着 u_{o1} 的降低，V_{M2} 将进入放大区，且 i_2 将降低到 $i_1 = i_2 = I_{SS}/2$ 处，此时 u_{o1} 稳定，其值的范围为

$$U_{G1} - U_{GS2}\left(\frac{I_{SS}}{2}\right) < u_{o1} < U_{G1} - U_{GS2}(I_{SS}/2) + U_{DS2}(饱和) \tag{5-146}$$

或

$$U_{S2}\left(\frac{I_{SS}}{2}\right) < u_{o1} < U_{S2}(I_{SS}/2) + U_{DS2}(饱和), \quad u_{g2} > U_{G1}, \quad i_1 > 0, \quad i_2 < I_{SS} \tag{5-147}$$

在式(5-147)的条件下，输出电压 u_{out} 接近 U_{DD}，同样可计算出结果。如果 $u_{g2} \gg U_{G1}$，则以上结论仍然有效，直到 V_{M1} 或 V_{M2} 的源电压使 V_{M5} 离开饱和区为止。如果出现这种情况，则 I_{SS} 降低，u_{o1} 接近 U_{SS}。

接下来，假设 u_{g1} 仍然等于 U_{G1}，但 $u_{g2} < U_{G1}$，$i_1 < I_{SS}$ 且 $i_2 > 0$。由 $i_1 > i_2$ 得到 $i_4 > i_2$ 并使 u_{o1} 增大。只要 V_{M4} 处于饱和区，都有 $i_4 > i_2$。当 V_{M4} 进入放大区时，i_4 将降至 $i_4 = i_2$，在这一点上 u_{o1} 稳定，且

$$U_{DD} - U_{SD4}(饱和) < u_{o1} < U_{DD}, \quad u_{g2} < U_{G1}, \quad i_1 < I_{SS} \ 及 \ i_2 > 0 \tag{5-148}$$

在式(5-148)的条件下，U_{GS6} 的值小于 $|U_{TP}|$，且 V_{M6} 截止，输出电压为

$$u_{out} = U_{SS}, \quad u_{g2} < U_{G1}, \quad i_1 < I_{SS} \ 及 \ i_2 > 0 \tag{5-149}$$

如果 $u_{g2} \ll U_{G1}$，则 $i_1 = I_{SS}$，$i_2 = 0$，$u_{o1} = U_{DD}$，u_{out} 仍然是 U_{SS}。

5.4.3　其他开环比较器

除了前面讲到的两级比较器外，还有很多其他类型的比较器。事实上，前面讲到的大部分运算放大器都可用于比较器。在这一部分，我们将对推挽输出、折叠共源共栅比较器进行讨论，这些比较器能够驱动非常大的容性负载。

1. 推挽输出比较器

我们注意到上一小节讲到的两级比较器的传输时延是由第一级输出和第二级输出的转变造成的。如果我们把第一级的电流镜负载用 MOS 二极管（栅漏相连的 MOSFET）代替，那么第一级的输出信号幅度将减小。这种类型的比较器叫钳位比较器，如图 5-58 所示。

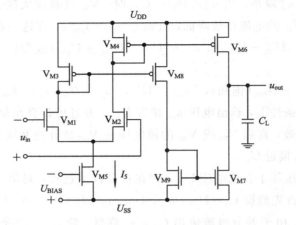

图 5-58 钳位推挽输出比较器

图 5-58 中有几个有趣的特点：第一，由于第一级的电流镜负载被换成了 MOS 二极管，因此增益下降；第二，输出是推挽式的，在输出端，可吸入和供出的最大电流是 V_{M3}-V_{M8}（V_{M4}-V_{M6}）中电流增益的 I_5（V_{M5} 的偏置电流）倍。两级比较器的等效增益可以通过如图 5-59 所示的共源共栅输出结构来实现。大的输出电阻将导致单极点响应。这个极点比两级开环比较器的极点频率低，所以在同等驱动的情况下，线性响应会比较慢。然而，由于比较器是推挽的，它可以向输出电容 C_{II} 供出和从输出电容 C_{II} 吸入大电流。

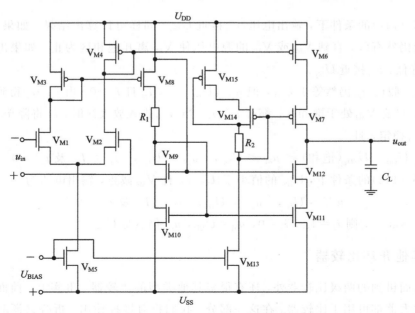

图 5-59 采用共源共栅输出级的钳位比较器

　　折叠共源共栅运算放大器也可以实现较好的比较器。它的性能和图 5 - 59 所示的比较器类似，最主要的区别是它有更好的输入共模电压范围，这是因为 MOS 二极管没有作为第一级的负载。从线性速度的角度来看，具有共源共栅输出级的比较器速度偏低。一般来说，在响应为线性的情况下不采用这几种类型的比较器，但如果比较器响应达到摆率，那么采用它们将会有令人满意的性能。

2. 可以驱动大容性负载的比较器

　　如果比较器连接有大的容性负载，它的速度将受到摆率的限制。在这种情况下，我们将给出几种驱动大电容 C_{II} 的方法。第一种方法是在两级开环比较器的输出端增加几个级联的推挽反相器，如图 5 - 60 所示。

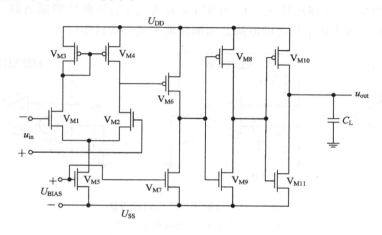

图 5 - 60　增大两级开环比较器的容性驱动能力

　　反相器 V_{M8} - V_{M9} 和 V_{M10} - V_{M11} 可以允许有很大的 C_{II}，且不牺牲比较器速度。这一原理在高速数字缓冲器中很容易理解。如果大电容连接到 V_{M6} 和 V_{M7} 的漏级，由于吸入和供出的电流不大，摆率会很差。反相器 V_{M8} - V_{M9} 使电流驱动能力增大且不影响摆率，V_{M8} 和 V_{M9} 的 W/L 值必须足够大，以增加吸入和供出电流的能力，且不加载 V_{M6} 和 V_{M7}。同样，反向器 V_{M10} 和 V_{M11} 使吸入和供出电流的能力继续增大，且不加载 V_{M8} 和 V_{M9}。可以证明，如果 W/L 增大到原来的 2.72 倍，则达到最小的传输时延。但因为这是最佳情况，所以可以使用像 10 这样更大的倍数来减少所要求的级数。

5.4.4　开环比较器性能的改进

　　在两个方面可以通过很小的改动来对开环高增益比较器的性能进行改进，这两个方面是输入失调电压和比较器在噪声环境下的单转换。第一个方面的问题可以通过自动校零解决，第二个方面的问题可以通过双稳态电路的迟滞解决。

1. 自动校零技术

　　输入失调电压是比较器设计中特别困难的问题。在诸如高精度 A/D 转换器等精密应用中，较大的输入失调电压是不允许的。虽然恰当的设计可以消除系统失调(尽管仍然会受到工艺变化的影响)，但随机的失调仍然存在且不可预测。MOS 技术中的失调消除技术可去除大部分输入失调的影响，因为 MOS 晶体管的输入电阻近似于无穷，所以在 MOS 中可以运用这些技术。这一特性允许在晶体管的栅极长期存储电压。所以，失调电压可以得到测量并存储在电容中，然后与输入相加以消除失调。

图 5-61 给出了失调消除的方法。包含输入失调电压的比较器模型如图 5-61(a)所示。为方便起见，给失调电压加上极性，但在实际中，失调电压的极性和数值都不能确定。图 5-61(b)给出了单位增益比较器，这样，输入失调就出现在输出端。为了使电路正常工作，必须使比较器在单位增益结构下稳定。这说明只有自补偿高增益放大器适合于自动校零。可以使用两级开环比较器，但是在自动校零时要加入补偿电路。在最后的自动校零运算操作中，C_{AZ} 置于比较器的输入端与 U_{OS} 串联，如图 5-61(c)所示。C_{AZ} 的电压加到 U_{OS} 上，使加在比较器同相输入的电压为 0 V。因为没有直流通路对自动校零电容进行放电，所以其电压得以保持(在理想状况下)。事实上，存在与 C_{AZ} 并联的泄漏通路，会在一定周期内对电容放电。解决这个问题的方法是周期性地重复自动校零过程。

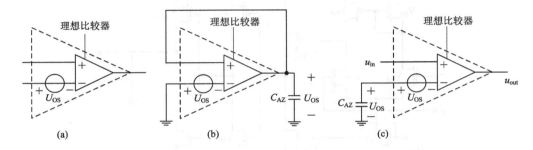

图 5-61　消除比较器失调的方法

(a) 包含失调的比较器简单模型；

(b) 在前半个自动校零周期内在自动校零电容 C_{AZ} 上存储失调的单位增益比较器；

(c) 在后半个自动校零周期内在同相输入端抵消失调的开环比较器

2. 迟滞比较器

通常情况下，比较器工作于噪声环境中，并且在阈值点检测信号的变化。如果比较器足够快(这取决于最普遍出现的噪声的频率)且噪声的幅度足够大的话，其输出端也将存在噪声。在这种情况下，我们希望对比较器的传输特性进行修改。在特定情况下，需要在比较器中引入迟滞。

迟滞是比较器的一种性质，其输入阈值是输入(或输出)电平的函数。尤其是当输入电平达到阈值时输出会改变，同时，输入阈值也会随之降低，所以在比较器的输出又一次改变状态之前输入必须回到上一阈值。以上变化可清晰地显示在图 5-62 中。可以注意到，输入从负值开始向正值变化时，输出不变，直至输入达到正向转折点 U_{TRP}^{+} 时，比较器输出才开始改变。一旦输出变高，实际转折点就被改变。当输入向负值方向减小时，输出不变，直至输入达到负向转折点 U_{TRP}^{-} 时，比较器输出才开始转换。

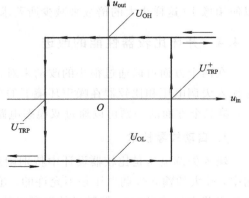

图 5-62　迟滞比较器的传输曲线

噪声环境中,迟滞带来的优点如图 5-63 所示。在图 5-63(a)中,一个包含噪声的信号加在没有迟滞的比较器的输入端时(电路的功能是使比较器的输出跟随输入的低频信号),阈值点附近噪声的变化使比较器的输出充满噪声。该比较器的响应可通过添加迟滞来改进,如图 5-63(b)所示,迟滞电压必须等于或大于最大噪声幅度。

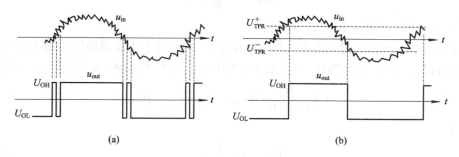

图 5-63　迟滞比较器在噪声环境中的优点
(a) 一般比较器对含有噪声的输入的响应;(b) 迟滞比较器对含有噪声的输入的响应

在比较器中应用迟滞的方法很多,所有这些方法都使用正反馈,且被分为外部方法或内部方法。外部迟滞使用外部正反馈来实现迟滞,它的实现是在比较器建成以后。使用内部迟滞的比较器自身具备迟滞功能,不需要外部反馈。

图 5-62 所示的电压传输函数被称为双稳态特性。一个双稳态电路可以是顺时针方向,也可以是逆时针方向。此处为逆时针方向双稳态。有时,逆时针方向的双稳态电路被称为同相器,顺时针方向的双稳态电路被称为反相器。双稳态电路的特性由它的宽度和高度以及是顺时针方向还是逆时针方向来决定。宽度由 U_{TRP}^+ 和 U_{TRP}^- 之间的差给出,高度通常由 U_{OH} 和 U_{OL} 之间的差决定。另外,双稳态特性可通过增加直流失调电压来实现左移和右移。

图 5-64(a)给出了一个使用外部正反馈实现迟滞的同相双稳态电路。

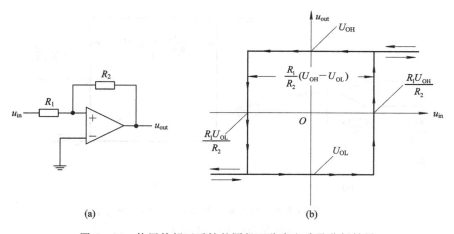

图 5-64　使用外部正反馈的同相双稳态电路及分析结果
(a) 电路;(b) 分析结果

假设比较器的最大和最小输出电压分别是 U_{OH} 和 U_{OL}。转折点定义如下,假设当 u_{in} 大大低于比较器正输入端的电压时,输出电压将等于 U_{OL}。随着 u_{in} 的增加,上转折点 U_{TRP}^+ 可通过令 u_{in} 和 U_{OL} 在比较器正输入端产生的电压为零来求得,计算如下:

$$0 = \left(\frac{R_1}{R_1+R_2}\right)U_{\text{OL}} + \left(\frac{R_2}{R_1+R_2}\right)U_{\text{TRP}}^+ \qquad (5-150)$$

解这个方程得到

$$U_{\text{TRP}}^+ = -\frac{R_1}{R_2}U_{\text{OL}} \qquad (5-151)$$

通常，U_{OL}是负的，因此上转折点为正电压。

下转折点 U_{TRP}^- 可以通过下述方法得到：假设 U_{in} 大大高于比较器的同相输入电压，则比较器输出为 U_{OH}，随着 u_{in} 的降低，当比较器的同相输入电压为零时，可得到 U_{TRP}^-。因此有

$$0 = \left(\frac{R_1}{R_1+R_2}\right)U_{\text{OH}} + \left(\frac{R_2}{R_1+R_2}\right)U_{\text{TRP}}^- \qquad (5-152)$$

从而得到

$$U_{\text{TRP}}^- = -\frac{R_1}{R_2}U_{\text{OH}} \qquad (5-153)$$

双稳态电路的宽度由如下公式给出：

$$\Delta u_{\text{in}} = U_{\text{TRP}}^+ - U_{\text{TRP}}^- = \left(\frac{R_1}{R_2}\right)(U_{\text{OH}} - U_{\text{OL}}) \qquad (5-154)$$

逆时针双稳态电路的分析结果如图 5-64(b) 所示。

采用外部正反馈顺时针方向的双稳态电路如图 5-65(a) 所示。假设输入大大低于比较器同相输入端电压，则定义此时的输出电压为 U_{OH}。当输入电压等于加在比较器同相输入端的电压时，输入电压即为上转折点，即

$$U_{\text{TRP}}^+ = u_{\text{in}} = \left(\frac{R_1}{R_1+R_2}\right)U_{\text{OH}} \qquad (5-155)$$

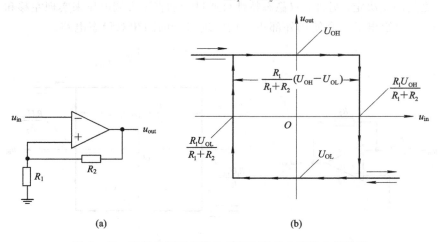

图 5-65　使用外部正反馈的反相双稳态电路及分析结果

(a) 电路；(b) 分析结果

假设输入大大高于比较器的同相输入端电压，此时的输出电压定义为 U_{OL}。当输入电压等于比较器同相输入端电压时，输入电压即为下转折点，即

$$U_{\text{TRP}}^- = u_{\text{in}} = \left(\frac{R_1}{R_1+R_2}\right)U_{\text{OL}} \qquad (5-156)$$

双稳态电路的宽度由如下公式给出：

$$\Delta u_{\text{in}} = U_{\text{TRP}}^{+} - U_{\text{TRP}}^{-} = \left(\frac{R_1}{R_1 + R_2}\right)(U_{\text{OH}} - U_{\text{OL}}) \tag{5-157}$$

顺时针方向双稳态电路的分析结果如图 5-65(b) 所示。

在图 5-64 和图 5-65 中，在双稳态电路的传输特性中心点插入电源 U_{REF}，可以改变中心点的水平位置。如图 5-66 所示的逆时针双稳态电路，如果求解此双稳态电路的转折点，可以得到

$$U_{\text{REF}} = \left(\frac{R_1}{R_1 + R_2}\right)U_{\text{OL}} + \left(\frac{R_2}{R_1 + R_2}\right)U_{\text{TRP}}^{+} \tag{5-158}$$

或者

$$U_{\text{TRP}}^{+} = \left(\frac{R_1 + R_2}{R_1}\right)U_{\text{REF}} - \frac{R_1}{R_2}U_{\text{OL}} \tag{5-159}$$

和

$$U_{\text{REF}} = \left(\frac{R_1}{R_1 + R_2}\right)U_{\text{OH}} + \left(\frac{R_2}{R_1 + R_2}\right)U_{\text{TRP}}^{-} \tag{5-160}$$

或者

$$U_{\text{TRP}}^{-} = \left(\frac{R_1 + R_2}{R_1}\right)U_{\text{REF}} - \frac{R_1}{R_2}U_{\text{OH}} \tag{5-161}$$

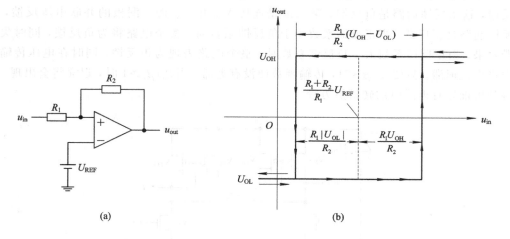

图 5-66　水平移动的使用外部正反馈的同相双稳态电路及分析结果
(a) 电路；(b) 分析结果

双稳态特性的宽度没有改变，但此时中心点已经变为 U_{REF} 的 $(R_1 + R_2)/R_1$ 倍。

图 5-67 说明了反相（或顺时针）双稳态电路的传输特性如何通过插入与 R_1 相串联的电压 U_{REF} 来水平移动。设输入电压等于比较器同相输入端电压，得到上转折点如下：

$$U_{\text{TRP}}^{+} = u_{\text{in}} = \left(\frac{R_1}{R_1 + R_2}\right)U_{\text{OH}} + \left(\frac{R_1}{R_1 + R_2}\right)U_{\text{REF}} \tag{5-162}$$

下转折点可以通过把输入设置为等于比较器同相输入端电压来得到，因此有

$$U_{\text{TRP}}^{-} = u_{\text{in}} = \left(\frac{R_1}{R_1 + R_2}\right)U_{\text{OL}} + \left(\frac{R_1}{R_1 + R_2}\right)U_{\text{REF}} \tag{5-163}$$

此双稳态电路特性的宽度没有改变，但此时中心点已经变为 U_{REF} 的 $R_1/(R_1 + R_2)$ 倍。

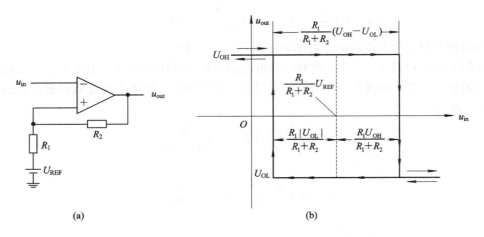

图 5-67　水平移动的使用外部正反馈的反相双稳态电路及分析结果

(a) 电路；(b) 分析结果

　　上述电路是使用外部正反馈来实现高增益开环迟滞比较器的一个例子，迟滞同样可以使用内部的正反馈来实现。图 5-68 显示了图 5-58 和图 5-59 所示的比较器的差分输入级。在此电路中共有两条反馈路径：第一条是通过晶体管 V_{M1} 和 V_{M2} 的共源节点的串联电流反馈，这条反馈通路是负反馈；第二条是连接 V_{M6} 和 V_{M7} 源—漏极的并联电压反馈，这条反馈通路是正反馈。当正反馈系数小于负反馈系数时，整个电路将为负反馈，同时失去迟滞效果；当正反馈系数大于负反馈系数时，整个电路表现为正反馈，同时在电压传输曲线中将出现迟滞。只要 $\beta_6/\beta_3 < 1$，传输函数便没有迟滞；当 $\beta_6/\beta_3 > 1$ 时，迟滞将会出现。以下将分析推导有迟滞时的转折点方程。

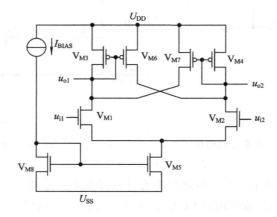

图 5-68　在高增益开环比较器的输入级使用内部正反馈实现迟滞

　　假设使用正、负电源，且 V_{M1} 的栅极接地。当 V_{M2} 的输入远低于零时，V_{M1} 导通，V_{M2} 截止，于是 V_{M3} 和 V_{M6} 将导通，V_{M4} 和 V_{M7} 将截止。i_5 全部流经 V_{M1} 和 V_{M3}，因此 u_{o2} 是高电平。这种状态下的电路如图 5-69(a) 所示。可以看到，尽管 V_{M2} 是截止的，但它在电路中仍然被画出。此时，V_{M6} 提供如下电流：

$$i_6 = \frac{(W/L)_6}{(W/L)_3} i_5 \qquad (5-164)$$

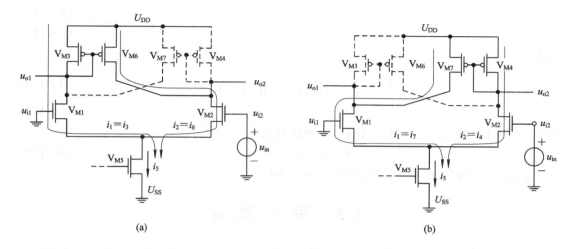

图 5-69　图 5-68 所示比较器的状态分析

（a）图 5-68 的比较器，其中 u_{in} 很负且向 U_{TRP}^{+} 增加；

（b）图 5-68 的比较器，其中 u_{in} 很正且向 U_{TRP}^{-} 减小

随着 u_{in} 不断向阈值点（未知）增加，i_5 的一些电流开始流过 V_{M2}，此现象将一直持续到某一点，即流过 V_{M2} 的电流等于流过 V_{M6} 的电流。当超过这一点时，比较器才改变状态。为了估算其中的一个转折点，必须在 $i_2 = i_6$ 时对电路进行分析。计算如下：

$$i_6 = \frac{(W/L)_6}{(W/L)_3} i_3 \tag{5-165}$$

$$i_2 = i_6 \tag{5-166}$$

$$i_5 = i_2 + i_1, \quad i_1 = i_3 \tag{5-167}$$

因此有

$$i_3 = \frac{i_5}{1 + [(W/L)_6/(W/L)_3]} = i_1 \tag{5-168}$$

$$i_2 = i_5 - i_1 \tag{5-169}$$

知道了 V_{M1} 和 V_{M2} 的电流，就很容易计算出它们各自的 U_{GS}。因为 V_{M1} 的栅极接地，用 V_{M1} 和 V_{M2} 栅—源电压差值可计算出正的转折点，计算如下：

$$U_{GS1} = \left(\frac{2i_1}{\beta_1}\right)^{1/2} + U_{T1} \tag{5-170}$$

$$U_{GS2} = \left(\frac{2i_2}{\beta_2}\right)^{1/2} + U_{T2} \tag{5-171}$$

$$U_{TRP}^{+} = U_{GS2} - U_{GS1} \tag{5-172}$$

一旦达到阈值，比较器就会改变状态，于是大部分的尾电流流过 V_{M2} 和 V_{M4}。此时，V_{M7} 导通，V_{M3}、V_{M6} 和 V_{M1} 截止。与先前的情况一样，随着输入电压的减小，V_{M1} 中的电流值增加，直到到达某一点时与 V_{M7} 中的电流值相等，在这一点的输入电压正是负转折点 U_{TRP}^{-}。这种状态下的等效电路如图 5-69(b) 所示。使用如下方程来计算转折点：

$$i_7 = \frac{(W/L)_7}{(W/L)_4} i_4 \tag{5-173}$$

$$i_1 = i_7 \tag{5-174}$$

$$i_5 = i_2 + i_1 \tag{5-175}$$

因此有

$$i_4 = \frac{i_5}{1 + [(W/L)_7/(W/L)_4]} = i_2 \tag{5-176}$$

$$i_1 = i_5 - i_2 \tag{5-177}$$

利用式(5-170)和式(5-171)计算 U_{GS}，则转折点为

$$U_{TRP} = U_{GS2} - U_{GS1} \tag{5-178}$$

上述方程没有考虑沟道长度调制效应的影响。

5.5　带隙基准

在许多 ASIC 中都需要能提供稳定的电压和电流的模块。"基准"这一术语表明基准电压和电流的数值要有极高的精度和稳定性，要与工艺、电源电压和温度无关。本节将重点讨论 CMOS 带隙基准的原理和设计。

5.5.1　基本原理分析

集成电路带隙基准的工作原理是根据硅材料的带隙电压与电源和温度无关的特性，通过将两个具有相反温度系数的量以适当的权重相加来得到零温度系数，如图 5-70 所示。这两个电压一个是具有大约 -2 mV/℃ 温度系数的三极管（或正偏二极管，CMOS 工艺中常用衬底 PNP）基极—发射极电压 U_{BE}，另一个是从 PN 结电压电流方程得到的热电压 U_T，它是与绝对温度成正比的，在室温时大约为 $+0.087$ mV/℃，即

$$U_T = \frac{kT}{q} \tag{5-179}$$

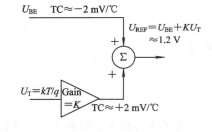

图 5-70　带隙基准原理

其中，k 是 Boltzmann 常数，q 是电子电量，T 是绝对温度。热电压与增益常数 K 相乘后和 U_{BE} 相加产生一个理想的零温度系数的基准电压：

$$U_{REF} = U_{BE} + KU_T \tag{5-180}$$

零温度系数时，U_{REF} 的最小值在理论上等于硅半导体材料在绝对温度为 0 时的带隙电压（U_{g0}，大约为 1.205 V），带隙基准的命名也是由此而来。

1. 负温度系数电压

双极晶体管的基极—发射极电压，或者更一般地说，PN 结二极管的正向电压，具有负温度系数。下面我们首先推导温度系数的表达式。

对于一个双极器件，我们可以写出 $i_c = I_S \exp(U_{BE}/U_T)$，饱和电流 I_S 正比于 $\mu k T n_i^2$，其中 μ 为少数载流子的迁移率，n_i 为硅的本征载流子浓度。这些参数与温度的关系可以表示为 $\mu \propto \mu_o T^m$，其中 $m \approx -3/2$，并且 $n_i^2 \propto T^3 \exp[-E_g/(kT)]$，其中 $E_g \approx 1.12$ eV，为硅的带隙能量。所以

$$I_{\mathrm{S}} = bT^{4+m} \exp\frac{-E_{\mathrm{g}}}{kT} \qquad (5-181)$$

其中，b 是一个比例系数。因为 $U_{\mathrm{BE}} = U_{\mathrm{T}}\ln(i_{\mathrm{c}}/I_{\mathrm{S}})$，我们现在就可以计算基极—发射极电压的温度系数了。在 U_{BE} 对 T 取导数时，要注意 i_{c} 也是温度的函数。为了简化分析，暂时假设 i_{c} 保持不变。这样

$$\frac{\partial U_{\mathrm{BE}}}{\partial T} = \frac{\partial U_{\mathrm{T}}}{\partial T}\ln\frac{i_{\mathrm{c}}}{I_{\mathrm{S}}} - \frac{U_{\mathrm{T}}}{I_{\mathrm{S}}}\frac{\partial I_{\mathrm{S}}}{\partial T} \qquad (5-182)$$

由式（5-181）可得

$$\frac{\partial I_{\mathrm{S}}}{\partial T} = b(4+m)T^{3+m}\exp\frac{-E_{\mathrm{g}}}{kT} + bT^{4+m}\left(\exp\frac{-E_{\mathrm{g}}}{kT}\right)\left(\frac{E_{\mathrm{g}}}{kT^2}\right) \qquad (5-183)$$

所以

$$\frac{U_{\mathrm{T}}}{I_{\mathrm{S}}}\frac{\partial I_{\mathrm{S}}}{\partial T} = (4+m)\frac{U_{\mathrm{T}}}{T} + \frac{E_{\mathrm{g}}}{kT^2}U_{\mathrm{T}} \qquad (5-184)$$

由式（5-182）和式（5-184）我们可以得到

$$\begin{aligned}\frac{\partial U_{\mathrm{BE}}}{\partial T} &= \frac{U_{\mathrm{T}}}{T}\ln\frac{i_{\mathrm{c}}}{I_{\mathrm{S}}} - (4+m)\frac{U_{\mathrm{T}}}{T} - \frac{E_{\mathrm{g}}}{kT^2}U_{\mathrm{T}}\\ &= \frac{U_{\mathrm{BE}} - (4+m)U_{\mathrm{T}} - E_{\mathrm{g}}/q}{T}\end{aligned} \qquad (5-185)$$

式（5-185）给出了在给定温度 T 下基极—发射极电压的温度系数，从中可以看出，它与 U_{BE} 本身的大小有关。当 $U_{\mathrm{BE}}\approx750\ \mathrm{mV}$，$T=300\ \mathrm{K}$ 时，$\partial U_{\mathrm{BE}}/\partial T\approx-1.5\ \mathrm{mV/K}$。

从式（5-185）我们注意到，U_{BE} 的温度系数本身与温度有关，如果正温度系数的量是一个固定的温度系数，那么在恒定基准的产生电路中就会产生误差。

2. 热电压 U_{T} 的产生

正向工作时，三极管基极—发射极电流和电压的关系为

$$U_{\mathrm{BE}} = U_{\mathrm{T}}\ln\left(\frac{i_{\mathrm{c}}}{I_{\mathrm{S}}}\right) \qquad (5-186)$$

热电压可以通过两个 U_{BE} 之差来产生。对于给定的两个正向偏置的基极—发射极电压 U_{BE1} 和 U_{BE2}，假设两个晶体管的基极—发射极面积比为 $1:A(A>1)$，则两个结的电压差 ΔU_{BE} 可表示为

$$\begin{aligned}\Delta U_{\mathrm{BE}} &= U_{\mathrm{BE1}} - U_{\mathrm{BE2}} = U_{\mathrm{T}}\ln\left(\frac{i_{c1}}{I_{\mathrm{S1}}}\right) - U_{\mathrm{T}}\ln\left(\frac{i_{c2}}{I_{\mathrm{S2}}}\right)\\ &= U_{\mathrm{T}}\ln\left(A\frac{i_{c1}}{i_{c2}}\right)\end{aligned} \qquad (5-187)$$

3. CMOS 带隙基准电压的结构

CMOS 带隙基准电压的结构如图 5-71 所示。V_1 和 V_2 是衬底 PNP（在 CMOS 工艺中是较容易实现的），发射区面积比设计为 $1:8$，以利于版图布局和有更好的匹配性；运算放大器负反馈保证 A、B 两点电压相等，若基准输出 U_{REF} 升高，则运算放大器输出减小，使受控电流源输出电流下降，从而保

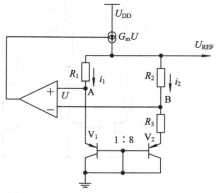

图 5-71 CMOS 带隙基准电压的结构

证基准输出稳定，反之亦然。以下来推导基准关系式。

由 A、B 两点电压相等可得到

$$i_1 = \frac{R_2}{R_1} i_2 \tag{5-188}$$

$$i_2 = \frac{U_{BEV1} - U_{BEV2}}{R_3} \tag{5-189}$$

再根据式(5-187)对 ΔU_{BE} 进行的推导可得到

$$i_2 = \frac{U_T}{R_3} \ln\left(A \frac{i_{c1}}{i_{c2}}\right) = \frac{U_T}{R_3} \ln\left(8 \frac{R_2}{R_1}\right) \tag{5-190}$$

图 5-71 中基准电压 U_{REF} 可表示为

$$U_{REF} = U_{BEV1} + i_1 R_1 \tag{5-191}$$

合并式(5-188)~式(5-190)，可得带隙基准电压为

$$U_{REF} = U_{BEV1} + U_T \frac{R_2}{R_3} \ln\left(8 \frac{R_2}{R_1}\right) \tag{5-192}$$

因此只要适当地选取电阻 R_1、R_2、R_3 之间的比例，就可以得到零温度系数带隙电压。

5.5.2 实际电路分析

下面我们介绍 LTC3407 中的电压基准电路，如图 5-72 所示。

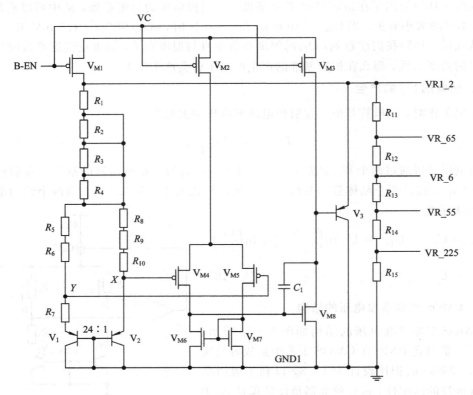

图 5-72 LTC3407 的电压基准电路

1. 输出/输入信号

输出/输入信号如表 5－1 所示。

表 5－1　输出/输入信号的功能描述

输入/输出	信号名称	功 能 描 述
输入	B-EN	PTAT 电流基准偏置电压信号
	VC	电源电压分压信号
	GND1	主接地引脚
输出	VR1_2	1.2 V 的带隙基准电压
	VR_65、VR_6、VR_55、VR_225	由基准 1.2 V 分压而得，给其他模块提供偏置电压

2. 电路原理分析

图 5－72 中左半部分为带隙基准电压源，V_1、V_2 的发射极面积之比为 24∶1；V_{M4}、V_{M5}、V_{M6} 和 V_{M7} 组成第一级运算放大器。V_{M8} 为第二级共源放大电路，由 V_3 实现负反馈功能，使得电路有稳定的输出。当输出 VR1_2 比 1.2 V 大时，如果 X、Y 点电压不变，则经过电阻 R_7 的电流会增大，导致 Y 点电压升高，运放输出将会变小，从而使输出 VR1_2 保持在 1.2 V；同理，当输出 VR1_2 比 1.2 V 小时，如果 X、Y 点电压不变，则经过电阻 R_7 的电流会减小，导致 Y 点电压降低，运放输出将会变大，从而使输出 VR1_2 保持在 1.2 V，保证了稳定的 1.2 V 输出。电容 C_1 跨接于第二级的输入和输出之间，其作用是进行密勒补偿。

下面来计算 VR1_2 的电压。

电路稳定工作时，V_{M4} 和 V_{M5} 栅端的电位相等，流经带隙基准的两路电流相等，则有

$$i_{R7} = \frac{\Delta U_{BE}}{R_7} = \frac{U_T \ln\left(24\,\dfrac{R_5 + R_6}{R_8 + R_9 + R_{10}}\right)}{R_7} \tag{5－193}$$

所以

$$VR1\_2 = i_{R7} \times (R_5 + R_6 + R_7) + i_{R7} \times \left(\frac{R_5 + R_6}{R_8 + R_9 + R_{10}} + 1\right)R_1 + U_{BEV1} \tag{5－194}$$

调节电阻的值即可得到零温度系数的 VR1_2。

5.6　振　荡　器

振荡器可应用于许多电子系统中，如微处理器中的时钟产生电路、移动电话中的载波合成等。振荡器常常集成在相位锁定系统中。本节主要介绍 CMOS 振荡器。

5.6.1　概述

振荡器的基本功能是产生周期性的、通常是电压形式的输出。同时电路在持续不断地产生输出信号时并没有输入信号。考虑如图 5－73 所示的单位增益负反馈系统，有

$$\frac{u_{out}}{u_{in}}(s) = \frac{H(s)}{1 + H(s)} \tag{5－195}$$

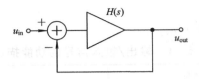

图 5-73　反馈系统

可见，如果一个负反馈电路的环路增益同时满足以下两个条件：

$$|H(j\omega_0)| \geqslant 1 \tag{5-196}$$

$$\angle H(j\omega_0) = 180° \tag{5-197}$$

则电路就会在频率 ω_0 处振荡，这称为"巴克豪森判据"。但在工程应用中，为了确保电路在温度和工艺等条件变化的情况下振荡，一般常选择环路增益至少两倍或三倍于所要求的值。

值得注意的是，根据第二个条件，图 5-74 所示的三种情况是等价的。图 5-74(a)表示一个 180°频率相关的相移(用箭头表示)和一个 180°直流相移。图 5-74(b)和(c)之间的不同之处在于前者中的开环放大器包含有足够多的含适当极点的级电路，使得在频率 ω_0 处有 360°的相移，而后者在 ω_0 处不产生相移。

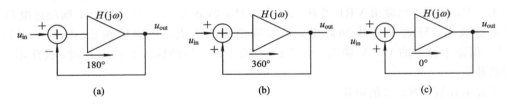

图 5-74　振荡的反馈系统的各种样式

5.6.2　环形振荡器

环形振荡器由环路中的若干增益级电路组成。一个实际的环形振荡器电路如图 5-75 所示。

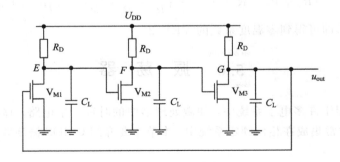

图 5-75　三级环形振荡器

忽略栅漏交叠电容的效应，用 $-A_0(1+s/\omega_0)$ 表示每一级的传输函数，可以得到闭环增益为

$$H(s) = -\frac{A_0^3}{\left(1 + \dfrac{s}{\omega_0}\right)^3} \tag{5-198}$$

只有在相关的相移等于 180°，也就是每级 60° 时电路才振荡。发生振荡的频率可以由下式给出：

$$\arctan\frac{\omega_{\text{osc}}}{\omega_0} = 60°$$

则

$$\omega_{\text{osc}} = \sqrt{3}\,\omega_0 \tag{5-199}$$

每级的最小电压增益必须使环路增益在频率 ω_{osc} 处等于 1，即

$$\frac{A_0^3}{\left[\sqrt{1 + \left(\dfrac{\omega_{\text{osc}}}{\omega_0}\right)^2}\,\right]^3} = 1 \tag{5-200}$$

由式(5-199)和式(5-200)可以得到

$$A_0 = 2$$

总之，三级环形振荡器要求每级电路的低频增益为 2，其振荡频率为 $\sqrt{3}\,\omega_0$，ω_0 是每级电路的 3 dB 带宽。

图 5-75 所示环形振荡器三个结点的波形如图 5-76 所示。由于每级与频率有关的相移为 60° 以及低频信号的 180° 反相，因而每个结点的波形相对其相邻结点相位差为 240°(或 120°)。能产生多相信号是环形振荡器的一个很有用的特性。

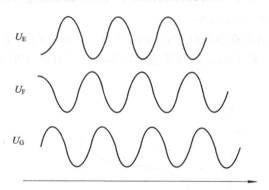

图 5-76　三级环形振荡器的波形

环形振荡器的级数是由各种性能要求所决定的，包括速度、功耗、抗噪声能力等。在大多数应用中，三到五级可以提供最优的性能(指差动形式)。

5.6.3　压控振荡器(VCO)

1. VCO 概述

许多工程应用要求振荡器频率是可以调节的，即其输出频率是一个控制输入的函数，这个控制输入通常是电压。一个理想的压控振荡器(VCO)的输出频率是其输入电压的线性函数，即

$$\omega_{\text{out}} = \omega_0 + K_{\text{VCO}} u_{\text{cont}} \tag{5-201}$$

VCO 的定义如图 5-77 所示。

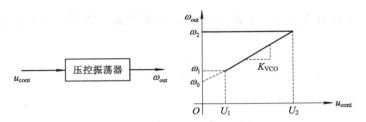

图 5-77　压控振荡器(VCO)的定义

图 5-77 中，ω_0 表示对应于 $u_{\text{cont}} = 0$ 时的截距，而 K_{VCO} 表示电路的增益或灵敏度(单位为 rad/(s·V))。$\omega_2 - \omega_1$ 被称为"调节范围"，表示频率可以达到的范围。

2. VCO 的重要性能参数

(1) 中心频率。中心频率即为图 5-77 中调节范围的中心值，它是由 VCO 使用的环境决定的。例如，在一个微处理器的时钟产生电路中，可能要求 VCO 的中心频率等于时钟频率甚至两倍于时钟频率。如今的 CMOS 压控振荡器可以达到高达 10 GHz 的中心频率。

(2) 调节范围。调节范围是由以下两个参数支配的：

① VCO 的中心频率(随工艺和温度而变化)；

② 应用要求的频率范围。

(3) 调节线性度。VCO 的调节特性表现出非线性，即其增益 K_{VCO} 不是常数。我们希望在整个调节范围内 K_{VCO} 的变化最小。

实际的振荡器特性通常在范围的中部是高增益区，而在两端是低增益区，如图 5-78 所示。与线性特性相比，对于给定的调节范围，非线性不可避免地在一些区域导致更高的灵敏度。

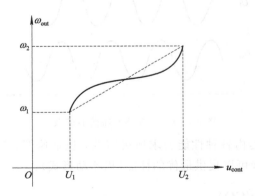

图 5-78　非线性的 VCO 特性

(4) 输出振幅。大的输出振荡振幅可以使输出波形对噪声不敏感。振幅的增加可以通过牺牲功耗、电源电压甚至是调节范围来得到。

(5) 功耗。与其他模拟电路一样，振荡器受速度、功耗和噪声的综合限制。振荡器典型的功耗在 1~10 mW 之间。

（6）电源与共模抑制。振荡器对噪声很敏感。通常情况下，振荡信号和控制线都采用差动线路会更好些。

（7）输出信号纯度。即使有恒定的控制电压，VCO 的振荡波形也不具有完美的周期性。振荡器中器件的电子噪声和电源噪声使输出相位与频率含有噪声。这些影响被量化成"信号抖动"和"相位噪声"，具体由每个应用的要求决定。

3. 环形 VCO 电路

图 5-79 中的差动对作为环形振荡器的一级。这里，V_{M3} 和 V_{M4} 工作在三极管区，每个晶体管都可以看做是一个由 u_{cont} 控制的可变电阻。当 u_{cont} 变得更正时，V_{M3} 和 V_{M4} 的导通电阻增加，使得输出的时间常数 τ_1 增加，从而降低了 f_{osc}。如果 V_{M3} 和 V_{M4} 保持在深三极管区，则有

$$\tau_1 = R_{on3,4} C_L = \frac{C_L}{\mu_p C_{ox} \left(\dfrac{W}{L} \right)_{3,4} (U_{DD} - u_{cont} - | U_{THP} |)} \qquad (5-202)$$

在式（5-202）中，C_L 表示从每个输出结点到地看到的总电容（包括下一级的输入电容）。电路延时大约与 τ_1 成正比，从而有

$$f_{osc} \propto \frac{1}{T_D} \propto \frac{\mu_p C_{ox} \left(\dfrac{W}{L} \right)_{3,4} (U_{DD} - u_{cont} - | U_{THP} |)}{C_L} \qquad (5-203)$$

这里，f_{osc} 与 u_{cont} 成线性比例关系。

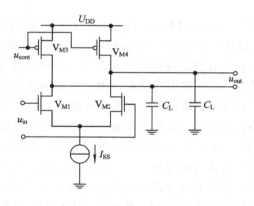

图 5-79　输出时间常数可变的差动对电路

第6章　专用集成电路设计方法

根据电路性能、设计周期、设计成本等不同的要求，ASIC 可以有以下几种设计方法：

(1) 全定制 ASIC。

(2) 半定制 ASIC，包括：

① 基于标准单元的 ASIC；

② 基于门阵列的 ASIC。

(3) 可编程逻辑器件(PLD)。

(4) 现场可编程门阵列(FPGA)。

6.1　全定制设计方法(Full - Custom Design Approach)

全定制设计方法(Full - Custom Design Approach)是利用各种 EDA 工具，从每个半导体器件的图形、尺寸开始设计，直至整个版图的布局、布线等完成。在全定制 ASIC 中，设计人员不使用已预先测试和具有预定特性的单元去进行全部或部分设计。原因可能是现有的单元库速度不够快、逻辑单元不够小或功耗太大。当采用新的或专门的 ASIC 工艺因而无现成单元库或因 ASIC 太特殊必须定制设计某些电路时，也需要使用全定制设计。

在全定制设计方法中，当确定了芯片的功能、性能、允许的芯片面积和成本后，设计人员要对结构、逻辑、电路等各个层次进行精心的设计，对不同方案进行反复比较，特别要对影响性能的关键路径作出深入的分析，一旦确定以后就进入全定制版图设计阶段。

全定制版图设计的特点是针对每个晶体管进行电路参数和版图优化，以获得最佳的性能(包括速度和功耗)以及最小的芯片面积。通常利用人机交互式图形编辑系统，由版图设计人员设计版图中各个器件及器件间的连线。

利用全定制方法进行设计时，除了要求有人机交互的图形编辑系统支持外，还要求有完整的检查和验证的 EDA 工具。这些工具包括设计规则检查(DRC)、电学规则检查(ERC)、连接性检查、版图参数提取(LPE)、电路图提取、版图与电路图一致性检查(LVS)等。通过这些工具可发现人机交互过程中所造成的版图上的某些错误，然后加以彻底纠正。但这种设计方法要求设计者具有微电子技术和生产工艺等方面的专业知识，以及一定的设计经验。而且全定制方法的设计周期长，查错困难且设计成本较高。

6.2　半定制设计方法(Semi – Custom Design Approach)

半定制设计方法(Semi – Custom Design Approach)适用于要求设计成本较低、设计周期较短而生产批量比较小的芯片设计。一般采用此种方法可迅速设计出产品并投入市场，在占领市场后再用其他方法进行一次"再设计"。

半定制的含意就是对一批芯片作"单独处理"，即单独设计和制作接触孔和连线以完成特定的电路要求。这样就使从设计到芯片制作完成的整个周期大大缩短，因而设计和制造成本大大下降。但基于门阵列的 ASIC 半定制设计方法的门利用率较低，芯片面积比起全定制设计的芯片要大。

半定制法可分为标准单元和门阵列两种设计方法。

6.2.1　标准单元设计方法

1. 概述

基于标准单元的 ASIC 通常采用预先设计好的称为标准单元的逻辑。也就是说，在标准单元设计法中，基本电路单元(如与非门、或非门、多路开关、触发器、全加器等)的版图是预先设计好的，且放在 EDA 工具的版图库中，具有统一的高度。这部分版图不必由设计者自行设计，这也是称之为"半定制"的原因。

设计者利用各种 EDA 工具绘制电路方框图或输入一种电路描述文件，再输入压焊块的排列次序，标准单元法自动设计系统将根据方框图中单元逻辑电路符号与单元电路版图的对应关系，自动布局布线，生成版图。在布局和布线过程中，布线通道的高度由设计系统根据需要加以调整，当布线发生困难时，将通道间距适当加大，因而布局布线是在一种不太受约束的条件下进行的，可以保证100％的布线布通率。设计者也可以利用标准单元的版图进行人工布局布线。一般来讲，人工布局布线的硅片面积利用率较高，但费时较多，容易出错。标准单元法不要求设计者必须具有专业的半导体工艺知识。标准单元设计可使 ASIC 版图布局过程自动化。标准单元组水平放置，形成行，行与行垂直堆放形成可变的矩形块(设计中可以改变形状)，然后可将上述可变矩形块与其他标准单元块或全定制逻辑块相连。

对于标准单元法，虽然每个被调用的单元都是事先设计好的，但制造芯片时的各层掩膜版图则需要根据布图结果进行专门的加工定制，即不同的电路需要一套完整的不同层的掩膜版图，因而无法事先完成部分加工工序。

可见，在标准单元设计方法中，ASIC 设计人员只需确定标准单元的布局以及在 CBIC (Cell-Based IC)中的互连即可。其优点是：采用了预先设计、预先测试过的具有预定特性的标准单元库，设计人员可省时、省钱、减小风险。另外，可对每个标准单元进行个别优化。例如，设计单元库时，可选择标准单元中的每个晶体管，使其速度最快或面积最小。但 CBIC 的缺点是要花较多的时间和费用来设计或购买标准单元库，另外，要花费较多的时间为新的 ASIC 设计制作所有的掩膜层。

图 6-1 示出了铝连线前用标准单元法设计的芯片示意图。不同的标准单元具有相同的高度，而宽度则根据单元的复杂程度而定。芯片主要分为 3 个区域：① 四周的 I/O 单元和压焊块；② 单元部分；③ 布线通道。电源线和地线在不同的单元中也位于相同的高度。

每一排中的各标准单元的电源线和地线可以自动对齐,相互连接。由于标准单元本身的信号端都引到了单元的上下两端,因此单元之间的连线都处在布线通道内。

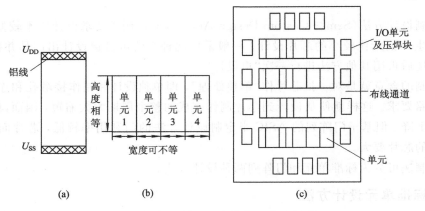

图 6-1 标准单元法设计的芯片示意图

(a) U_{DD}、U_{SS} 在两端;(b) 标准单元示意图;(c) 标准单元法的版图布置

2. 标准单元库

单元库中的每个标准单元都采用全定制方法设计。使用这些预先设计好的具有预定特性的电路,不必做任何全定制设计。这种设计方式在获得与全定制 ASIC 同样的性能和灵活性的同时,减少了设计时间,而且风险也较小。

1) 标准单元库的结构特征

单元库的结构特征如图 6-2 所示。

(1) 标准单元库包括基本单元、宏单元、I/O 单元等。

(2) 基本单元和宏单元等高,但一般不等宽。

(3) U_{DD}、U_{SS} 分别在顶部和底部。

(4) 单元的信号端口从顶端、底端或同时从顶底端引出。

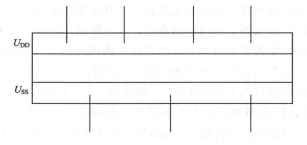

图 6-2 单元库的结构特征

(5) CMOS 工艺包括双层金属、单层多晶硅、硅栅、N 阱等。

2) 单元库中各单元的主要功能特点

(1) 可升级的 SCMOS.TDB 很重要,但成熟的是 CMOS3.TDB 库,它主要包括:

· SSI.TDB:包括基本单元、I/O 单元、测试单元。

· MSI.TDB:包括功能单元。

(2) 工作电压为 3~7 V。

(3) 工作温度范围是 -55~125℃(国军标),已经通过验证。

(4) 设计投片后,系统时钟可工作在 20 MHz 以上。

3. 设计步骤

标准单元法的主要设计步骤如下:

首先,设计者利用电路方框图调用电路符号库中的单元电路(如 D 触发器、与非门)符号，绘制逻辑方框图或利用一种硬件描述语言(如 HDL)编写系统设计的程序，这步称为设计输入。

接着，设计输入文件经过编译后，给出一种由中间设计语言 IDL(Internecliare Design Language)编写的文件，它可以称为网表(netlist)。这种网表可能与生产工艺有关，也可能只描述电路原理，与生产工艺和实际电参数无关。在决定生产工艺之后，需要结合工艺参数将此表编译，得出另一种网表(和工艺参数有关的网表)，然后进行功能模拟。若模拟结果符合设计要求，就可以将网表文件送交工厂生产；或者将网表经过版图绘制软件，变成掩模版图送交工厂生产，此掩膜的绘制是由该软件调用单元版图库中的单元版图自动布局布线功能完成的。

在进行功能模拟时，连线分布电容量的值是按公式算出的，可能不符合实际情况。版图设计好后，分布电容的值就进一步确定了，所以可对原设计进行修正，进行测试模拟(后模拟)。

一个典型的标准单元设计流程如图 6-3 所示。

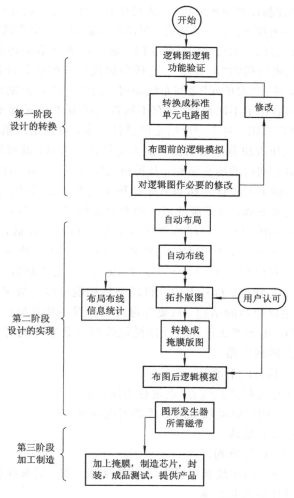

图 6-3　典型的标准单元设计流程

6.2.2　门阵列设计方法

1. 概述

门阵列是指在一个芯片上把逻辑门排列成阵列形式，这些基本门通常是三输入与非门之类的完备逻辑函数。每个门具有相同的版图形状，门与门之间暂不相连，因此构成一个未完成的逻辑阵列。严格地讲，门阵列设计方法是指把单元(若干器件)排列成阵列形式，每个单元内含有若干器件，通过连接单元内的器件使每个单元实现某种类型门的功能，并通过各单元之间的连接实现电路要求的方法。互连线的确定要根据用户电路的不同而最终完成半定制。等待做最后布线的门阵列半成品称为母片(Master)。

由于芯片内的单元是相同的，因而可以采用统一的掩膜，而且可以完成连线以外的所有芯片的加工步骤(即金属化前的所有工序)，这样的芯片可以大量制造并存储起来，在需要时可以从中取出一部分加以"单独处理"。所谓"单独处理"，就是根据网络的要求，考虑如何进行门的布局和门之间的连线。这时就需要单独设计和制作用于接触孔相连线的掩膜版。对于单层布线工艺，需再设计制作两块掩膜版(一为接触孔，另一为金属连线)；对于双层布线工艺，则需 4 块掩膜版(一为接触孔，一为通孔，另两块分别为第一层金属和第二层金属)。

对于一些标准的逻辑门，如与非门、或非门、触发器等可事先将若干个基本单元用确定的连线连接起来，构成所谓的"宏单元"。这样会加快门阵列的设计过程，因为这时只需对"宏单元"进行布局，并在"宏单元"之间布线即可。门阵列芯片的制造商为了适应不同规模电路的需要，设计和制作了不同尺寸(含有不同数目的基本单元和不同数目的 I/O 单元及压焊块)的母片供用户选用。对于一个给定的设计要求，可选用该系列中的某一品种；如果此品种由于单元数或压焊块数的限制而不能满足设计要求时，就可选用此系列中另一较大型的品种。对于给定系列内的所有品种，其栅格结构(Grid System)是完全相同的。因此对于同一系列，把某品种上的设计转移到另一品种上是非常容易的。因此，门阵列的生产周期大大缩短，成本大大下降，掩膜版的成本约为通常情况下的 $1/4\sim1/8$，适用于要求周期短而生产批量小的产品的设计。但门阵列芯片面积的利用率较低，对于较小的门阵列，其门的利用率约为 $80\%\sim90\%$，对于大的门阵列，其门的利用率约为 $40\%\sim60\%$。

门阵列母片可以由双极型工艺、MOS 工艺和 BiCMOS 工艺制造。显然，不同工艺结构的门阵列具有很强的工艺特点。母片上的元件阵列结构既可以为数字集成电路专用，也可以是数字电路和模拟电路兼容的结构。只要在母片上预置一些几何尺寸不同、电极独立的晶体管，预置一些电阻、电容等无源器件并使模拟阵列与数字阵列有良好的隔离，就可以得到数模电路兼容的门阵列电路。

门阵列电路通常应具有以下部分：

(1) 用来与外引线相连接的接线点(也常称为压焊盘)。

(2) 输出缓冲单元，用以驱动较重的负载和实现隔离。

(3) 分布式电源馈线和地线。

(4) 晶体管阵列和二极管阵列。

(5) 隐埋层连线，分单层连线和双层金属连线两种。多一层布线就需要多设计一张连线掩膜，从而增加了设计周期和成本。

门阵列的两种典型版图布局如图 6-4 所示。两种布局都可划分为三个区域：四周是压焊块及 I/O 电路，芯片中间为单元区和连线通道区。连线通道处于单元之间，连线为一系列垂直方向和水平方向的线段。如果门阵列允许有双层金属连线，则金属层之间通过"通孔(via)"连接。一般第一层金属是水平的，第二层是垂直的。如果只允许单层金属，则水平线段为金属，垂直线段就必须采用多晶硅。

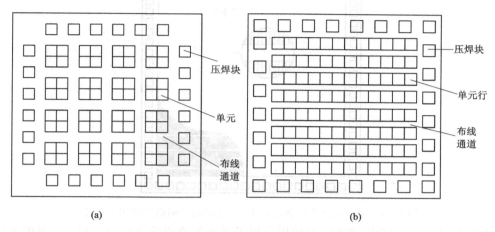

图 6-4　门阵列的两种典型版图布局

2. 基于门阵列的 ASIC 的类型

在门阵列(Gate Array，GA)或基于门阵列的 ASIC 中，晶体管在硅圆片上是预先确定的。门阵列上预先确定的晶体管图案即为基本阵列，基本阵列由最小单元重复排列组成，最小单元即为基本单元(有时称为基元)。只有上面几层用做晶体管间互连的金属层由设计人员用全定制掩膜方式确定。为了区别于其他类型的门阵列，这种门阵列称为掩膜式门阵列 (Masked Gate Array，MGA)。设计人员可从门阵列单元库中选择预先设计和具有预定特性的逻辑单元。门阵列库中的逻辑单元常称为宏单元，因为每个逻辑单元的基本单元的版图是一样的，只有互连(单元内以及单元之间)是定制的，所以门阵列宏单元类似于软件中的宏指令。

可以将已完成扩散并形成晶体管的硅圆片储备待用(所以有时把门阵列称为预扩散阵列)。对于 MGA，只有金属互连是各不相同的，因此可把储备的硅圆片用于不同需求的客户。采用金属化之前的预制硅圆片可使制备 MGA 所需要的时间(制造周期)减少到几天到两周。与定制或基于单元的 ASIC 设计相比，由于各个客户分担了 MGA 所有初始制造步骤的费用，因此降低了 MGA 的成本。

基于门阵列的 ASIC(或 MGA)的主要类型有：通道式门阵列、无通道式门阵列、结构式门阵列等。在 MGA 上晶体管排列(或阵列化)的方法有两种：通道式门阵列中，晶体管行与行之间的空间用做布线；无通道式门阵列中，采用未使用的晶体管进行布线。通道式门阵列首先被开发出来，但现在无通道式门阵列的使用更为广泛。结构式(或内嵌式)门阵列分通道式或无通道式两种，但它们都包括(或内嵌)定制块。

1) 通道式门阵列

在通道式门阵列设计中，各单元被排列成行，行与行之间留有作为连线用的通道区，通道的高度是固定的。这就是"有通道门阵列"这一名称的由来。为了保证单元之间的布线具有 100% 的布通率，希望有较宽的通道，但这会导致出现无用的走线区域，浪费硅面积。

图 6-5 所示为通道式门阵列，此类 MGA 的主要特性为：只有互连是定制的；互连使用预先确定的基本单元行之间的空间。

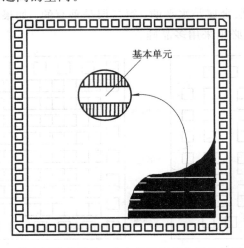

图 6-5　通道式门阵列管芯：基本单元的行之间的空间用于互连

通道式门阵列与 CBIC 相似，都使用由用于互连的通道分开的单元行。二者的不同之处是：通道式门阵列中单元的行与行之间用于互连的空间是固定的，而 CBIC 中的单元行与行之间的间隔可以调整。

2）无通道式门阵列

为了克服常规门阵列的门利用率较低的缺点，现在已开发出无通道门阵列，又称门海（SOG，Sea-Of-Gates 阵列）技术，它标志着第二代门阵列技术的出现。其版图的中心部位全部为门阵单元，自动布线时直接经过未使用的单元进行布线，所以单元电路可大可小，且连线通道的自由度也增加了。

图 6-6 是无通道式门阵列。无通道式门阵列与通道式门阵列的主要区别是其没有预留单元间的布线区，而是在门阵列器件上面布线。通过定制第一层金属 Metal 1 和晶体管之间连接的接触层，就可以实现上述布线。当无通道式门阵列的晶体管区域用做布线时，其下面的器件并没有接触，即不使用这些晶体管。

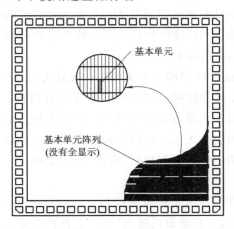

图 6-6　无通道式门阵列或门海（SOG）阵列管芯：核心区域布满基本单元阵列

逻辑密度是指一定硅片面积上可实现的逻辑门。无通道式门阵列的逻辑密度比通道式门阵列的密度高，这是因为两种阵列的结构类型不同。无通道式门阵列中的接触掩膜是定制的，而通道式门阵列中通常不是定制的，这导致无通道式门阵列的单元密度较高。由于可在不用的接触区上布线，因此可增加无通道式门阵列中门阵列单元的密度。

3) 结构式(或内嵌式)门阵列

结构式门阵列或内嵌式门阵列结合了 CBIC 和 MGA 的一些特点。MGA 的一个缺点是它的门阵列基本单元是固定的，要实现存储器之类的电路既困难、又低效。在内嵌式门阵列中，留出一些 IC 区域专用于实现特殊功能。这个内嵌区域可以包括更适合于组成存储器模块的其他基本单元，也可以包括完整的电路块，例如微控制器。

图 6-7 所示为内嵌式门阵列，这种 MGA 的主要特性为：只有互连是定制的；有可以内嵌式定制的功能块(适合于各种芯片设计)。

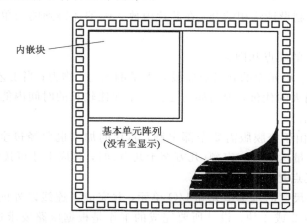

图 6-7　结构式或内嵌式门阵列管芯：左上角为内嵌块
(例如一个静态随机存取存储器)，其余部分为基本单元阵列

内嵌式门阵列提高了硅芯片面积的利用率，并且改进了 CBIC 的性能，还具有 MGA 的低成本和周期短的特点。内嵌式门阵列的缺点是所嵌入的功能是固定的。例如，一个内嵌式门阵列包含了 32 KB 存储器的区域，当仅需用 16 KB 存储器时，就浪费了内嵌存储器的一半功能。然而与用 SOG 阵列的宏单元方法相比，内嵌式门阵列仍更有效，价格也更便宜。

ASIC 供应商可提供几种内嵌式门阵列结构，它们包含不同类型和大小的存储器以及各种内嵌功能。提供多种内嵌功能的 ASIC 公司必须确保每一种内嵌式门阵列都有足够多的用户使用，这样才能使其价格优于定制门阵列或 CBIC。

6.2.3　标准单元法与门阵列法的比较

从表现上看，标准单元法得到的芯片版图与门阵列得到的芯片版图好像没有明显的差别，但实质上两者有以下原则性的差异：

(1) 标准单元法中各单元虽然高度相同，但宽度不同，而门阵列各单元全是相同的。

(2) 两者虽都有布线通道，但常规门阵列中的布线通道间距是固定的，而标准单元法中的布线通道间距是可变的。

(3) 在门阵列法中，对应于一种基片结构，其 I/O 管脚数是固定的，在部分利用时，空余的管脚不予连接。但在标准单元法中，是根据设计需要而设置 I/O 管脚数的，因而没有空余的 I/O 管脚。

(4) 门阵列基片已完成了连线以外的所有加工工序，完成逻辑时需要单独设计的掩膜版只有 2 或 4 块；但对标准单元法则不同，由于所调用的单元不同，布局的结果不同，布线结果不同，布线通道间距不同，因而需要设计所有层次的掩膜版。

标准单元法与门阵列法比较有明显的优点：

(1) 芯片面积的利用率比门阵列法要高。芯片内没有无用的单元，也没有无用的晶体管。

(2) 可以保证 100％ 的连线布通率。

(3) 单元可以根据设计要求临时加以特殊设计并加入库内，因而可以得到较佳的电路性能。

(4) 可以与全定制设计法相结合，在芯片内放入经编译得到的宏单元或人工设计的功能块。

标准单元法存在的缺点和问题：

(1) 原始投资大。单元库的开发需要投入大量的人力、物力；当工艺变化时，单元的修改工作需要付出相当大的代价，因而如何建立一个在比较长的时间内能适应技术发展的单元库是一个突出问题。

(2) 成本较高。由于掩膜版需要全部定制，芯片的加工也要经过全过程，因而成本较高。因此只有芯片产量达到某一定额（几万至十几万）时，其成本才可接受。

门阵列的主要优点是：

(1) 它采用相同尺寸的基本单元和 I/O 单元，并完成了连线以外的所有加工工序。需要定制的掩膜版只有 2 或 4 块。设计所要完成的工作是根据电路要求选择相应的宏单元，进行自动布局和自动布线。因此设计周期大大缩短，成本也大大下降。

(2) 在工艺改变或单元结构需要变化时，只需作较少的修改，CAD 软件不需更换，因而原始投资较低。即使芯片的产量很低，如只需几百或几千块芯片时，其价格也在可接受的范围内。这些优点是门阵列在各个应用领域中得到迅速推广的重要原因。

但门阵列法也存在一些固有的弱点：

(1) 单元内的晶体管可能无用，如采用四管基本单元来实现传输门时，就会有明显的面积浪费。

(2) 当基片上所提供的连线通道已被全部用完，或 I/O 单元及压焊块全部用完后，即使有多余的门也无法再利用。

(3) 为了保证布线的布通率，一般在选择门阵列基片时总是使基片的晶体管数大于实际电路所需的晶体管数，因而造成基片上有相当一部分晶体管实际无用，晶体管利用率通常低于 80％。

(4) 利用自动布局布线程序进行布图时，并不能保证 100％ 的布线布通率（特别是在单层金属布线时），这时需要进行人工干预，而人工干预常常需要花费大量的时间。

(5) 基本单元中的晶体管尺寸由于要适应各种不同的要求，一般设计得较大，因而相对于其他方法，门阵列的面积较大，速率较低，功耗较大。此外，由于晶体管尺寸是固定不变的，没有可能因负载、扇出的具体情况而实现特殊设计，因而难以保证门延迟的均匀性。

（6）由于单元之间存在很宽的布线通道，因而无法实现像 ROM、RAM 等这类规则结构的电路。

6.2.4 设计实例

1. CMOS 门阵列单元

CMOS 门阵列单元线路原理图及版图分别如图 6-8(a)和(b)所示。利用该单元可以构成二输入端与非门，其铝连线及布线后的合成版图如图 6-9 所示。

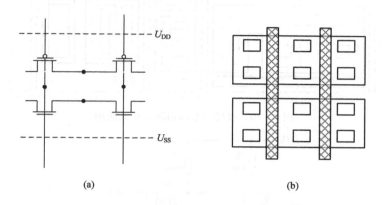

图 6-8 CMOS 门阵列单元版图

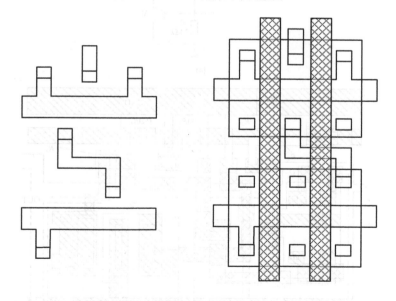

图 6-9 铝连线及布线后的合成版图

2. 双极型电路门阵列单元

双极型电路门阵列单元版图如图 6-10 所示。它是一个四输入端的单元，由三个晶体管(其中有一个为多发射极晶体管)和五个电阻组成，通过不同的布线，可以构成不同要求的门，如图 6-11 和图 6-12 所示。

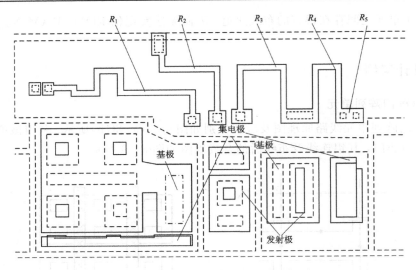

图 6 - 10　双极型电路门阵列单元版图

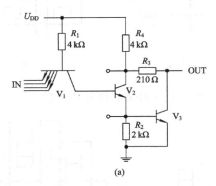

(a)

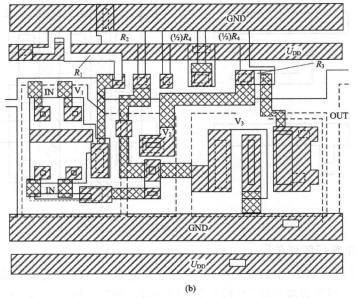

(b)

图 6 - 11　低功率门的电路图与版图

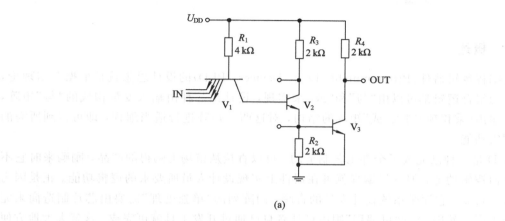

(a)

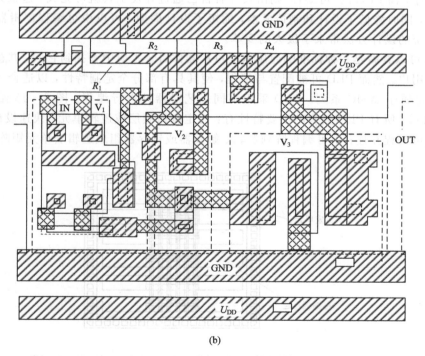

(b)

图 6-12　高功率门的电路图与版图

6.3 可编程逻辑器件(PLD)设计方法

6.3.1 概述

可编程逻辑器件(Programmable Logic Devices，PLD)的设计思想就是根据布尔理论，即任何的组合逻辑都可以由"与"和"或"来实现，设计出一种由输入变量构成的"与"矩阵，再将其输出(乘积项)馈入"或"矩阵的结构，对这两种矩阵进行适当编程，即可得到所需的各种逻辑功能。

PLD 是一种已完成了全部工艺制造的、可以直接从市场上购得的产品，刚购来时它不具有任何逻辑功能，但一经编程就可在器件上实现设计人员所要求的逻辑功能。正是因为具有这一特点，它深受系统设计人员的青睐。门阵列的"单独处理"需要由芯片制造商来完成连线工序，而 PLD 的"可编程"则由设计者自己通过开发工具就可完成。这就大大地方便了设计者，同时降低了设计和制造成本，缩短了设计周期。可以说可编程逻辑器件的出现对电子系统的设计方法带来了极大的变革。

PLD 可以看做是一种标准的通用 IC，可从器件目录手册中查找到它们，并被大量销售给不同的用户。然而 PLD 可被配置与编程，使其具有部分全定制特性，以适合于特定的应用，它们也属于 ASIC 系列。PLD 采用不同工艺对器件进行编程。图 6-13 给出了一个 PLD 的图示。所有 PLD 共有的主要特性有：无定制掩膜层或逻辑单元；快速设计周期；单独的大块可编程互连；由可编程阵列逻辑、触发器或锁存器组成逻辑宏单元矩阵。

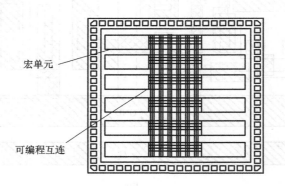

图 6-13　可编程逻辑器件(PLD)管芯：宏单元主要由可编程阵列逻辑、
触发器或锁存器组成，采用大的可编程互连线连接宏单元

6.3.2 PLD 的结构与分类

PLD 包含两个基本部分：一部分是逻辑阵列，另一部分是输出单元或宏单元(macrocell)。逻辑阵列是用户可编程的部分，它由"与"矩阵、"或"矩阵和反相器组成。宏单元的作用是使设计者能改变 PLD 的输出结构。

输入信号首先通过一个"与"矩阵，它产生一系列输入信号的组合，每组组合称为乘积项，然后这些乘积项在"或"矩阵中相加，再经输出单元或宏单元输出。

"与/或"这种结构可直接实现任何以"积之和"形式表达的逻辑，而任何逻辑功能从原则上讲，都可以通过采用卡诺图（Karnaugh maps）和摩根定理（De Mougan's theorem）得到"积之和"的逻辑方程。

以"与/或"阵列为基础的 PLD 器件实际包括 4 种基本类型，即可编程只读存储器（Programmable Read-Only Memories，PROM）、可编程逻辑阵列（Programmable Logic Arrays，PLA）、可编程阵列逻辑（Programmable Array Logic，PAL）、通用可编程阵列逻辑（Generic-Programmable Array Logic，GAL）。它们的区别在于哪个矩阵为可编程以及输出结构的形式，见表 6-1。

表 6-1 4 种 PLD 器件的区别

器件名	"与"矩阵	"或"矩阵	输出
PROM	固定	可编	
PLA	可编	可编	
PAL	可编	固定	I/O 可编
GAL	可编	固定	宏单元

1. 可编程只读存储器

最简单的可编程 IC 类型是只读存储器（Read-Only Memory，ROM）。一般的 ROM 采用可永久烧断的金属熔丝结构（可编程 ROM 或 PROM）。电可编程 ROM 或 EPROM 采用可编程 MOS 晶体管结构，其特性可用高电压改变。EPROM 可用高电压擦除或用紫外线擦除。

还有一种可放入各种 ASIC 中的 ROM——掩膜可编程 ROM（或掩膜 ROM）。掩膜可编程 ROM 是规则的晶体管阵列，由定制掩膜图实现永久性编程。内嵌式掩膜 ROM 是一种大的专门的逻辑单元。

2. 可编程逻辑阵列

正因为有了掩膜可编程 ROM，所以可以将可编程逻辑阵列（PLA）作为单元放入定制 ASIC 中。PLA 的基本结构如图 6-14 所示。它是由一个"与"矩阵和一个"或"矩阵组成的，两个矩阵都可以编程。其编程是通过组成矩阵的 MOSFET 的栅极是否连接到输入信号来实现的。"与"矩阵的输入为"n"个，输出为"p"个（称为乘积项）。"或"矩阵的输入为"p"个（是"与"矩阵的输出），输出为"m"个。

根据图中栅的连接（编程），可以得到如下的功能：

$$p_1 = \overline{\overline{n_1} + \overline{n_2} + \overline{n_3}} = \overline{n_1} \cdot n_2 \cdot n_3$$

$$p_2 = \overline{\overline{\overline{n_1} + n_3}} = n_1 \cdot \overline{n_3}$$

$$p_3 = \overline{\overline{n_1} + n_2 + n_3} = \overline{n_1} \cdot \overline{n_2} \cdot \overline{n_3}$$

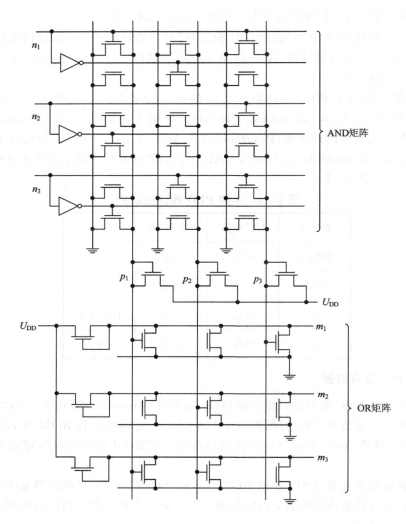

图 6-14　PLA 的基本结构

因而此 PLA 电路的输出为

$$\overline{m_1} = p_1 + p_3 = \overline{n_1} \cdot n_2 \cdot n_3 + \overline{n_1} \cdot \overline{n_2} \cdot \overline{n_3}$$

$$\overline{m_2} = p_2 = n_1 \cdot \overline{n_3}$$

$$\overline{m_3} = p_1 + p_2 = \overline{n_1} \cdot n_2 \cdot n_3 + n_1 \cdot \overline{n_3}$$

　　从这个例子可以看出，在逻辑上，可以把 PLA 看成"与—或"两级结构的可编程多输入/输出的组合逻辑电路，因而可以实现任意的逻辑函数。若把 PLA 的某些输出向输入反馈，则可构成 PLA 的时序逻辑电路。图 6-15 是用 PLA 实现五进制计数器的示意图，它是直接用内部带有触发器和反馈线的 PLA 来实现的。"或"矩阵的某些输出连到主从触发器，而触发器的输出再反馈到"与"矩阵的输入端。图中，Y_1、Y_2、Y_3 表示当前状态的编码，X 表示输入，Z 表示输出，Y_1'、Y_2'、Y_3' 表示转换后的状态，由 Y_1、Y_2、Y_3 和 X 的组合决定下一个状态及输出。

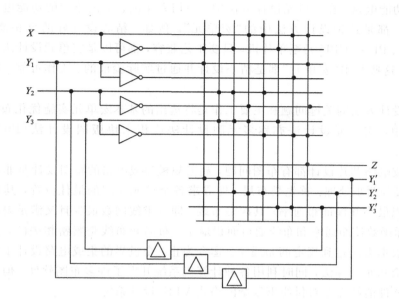

图 6-15　用 PLA 实现五进制计数器

PLA 的主要缺点有：速度慢，因为采用矩阵形式，所以有较长的连线，特别是乘积项较多时更是如此；占用面积较大，器件的利用率较低。

3. 可编程阵列逻辑

与 ROM 相同的可编程技术可用于更灵活的逻辑结构中。在大的"与"阵列和"或"阵列中用可编程逻辑器件可产生一系列灵活的、可编程的逻辑器件，称为可编程阵列逻辑（PAL）。PAL 与 PLA 都是采用"与"阵列和"或"阵列组合完成不同逻辑功能的，它们的不同之处在于：PLA 有可编程的"与"逻辑阵列即"与"平面，其后为可编程的"或"逻辑阵列即"或"平面；PAL 有可编程的"与"平面，而其"或"平面为固定的。另外，PLA 是在母片上进行最后的金属化和布线的，而 PAL 是利用熔丝实现连线断通的。

PAL 的设计方法采用 PAL 程序进行逻辑综合与设计，在任何特定的编程器上自动完成熔丝的通断，实现用户所需的逻辑功能。Monolithic Memories 公司（由 AMD 收购）是最早生产实用 PAL 的公司。PAL 可用做状态机的译码器。PAL 也可包含寄存器（触发器）以存储当前状态信息，因此用 PAL 就能构成一个完整的状态机。

4. 通用可编程阵列逻辑

通用可编程阵列逻辑（GAL）与 PAL 一样采用"与"矩阵及"或"矩阵结构。与 PAL 不同之处在于：GAL 采用 CMOS 的浮栅工艺制造晶体管，所以可电擦电写、可重复（100 次以上）编程；采用可编程输出逻辑宏单元（Output Logic Macro Cell，OLMC）。

GAL 首先通过软件编译，把布尔表达式（或编程语言的逻辑描述）编译成可写入 GAL 的编辑文件，即统一标准格式的 JEDEC 文件，再送入硬件编程器完成物理编程。

6.3.3　宏单元设计方法

专用集成电路的宏单元设计方法与标准单元设计方法非常相似。标准单元是一些等高的矩形单元功能电路。在宏单元设计方法中，一切有用的、工艺兼容的功能电路，无论几何形状如何，都是这种设计方法中的"宏单元"。例如，精心设计好的反相器、触发器、RAM、ROM、PLA、CPU 乃至单片机，只要工艺兼容，都可以是宏单元设计法中的库单元电路。当然，这些基本"宏单元"都是精心设计并通过实际验证的、工作可靠、参数稳定的功能块电路。

宏单元设计方法的关键问题和主要工作是将选出的基本宏单元实施优化布图。在布图自动化理论中，宏单元设计法亦称多元胞设计法或积木块版图设计法（Building Block Layout，BBL）。

所有集成电路芯片设计都有布图问题，超大规模集成电路的布图设计是非常复杂的难题。布图一般分两步处理：首先是布局，即寻求各个单元块间的最佳位置，其目标函数通常使芯片面积最小并保证布通率；其次是布线，即寻求线网数最少且又满足要求的各单元互连，其目标函数使布通率和布线通道面积最小。布局和布线是紧密相关的，直观感觉好的布局可能根本无法达到规定的布通率。迄今为止，全世界的集成电路设计工作者提出了许多布图理论和布图算法，同时利用各种计算机系统开发了许多布图软件，但是却没有哪一种算法和软件能够完全对付纷繁复杂的格式 VLSI 设计系统。

6.3.4　设计流程

PLA 和 GAL 的编程是在微机上或在工作站上进行，并由 PLD 软件开发系统来完成的。一种典型的设计流程如图 6－16 所示。在与器件无关的阶段，硬件描述语言经语言处理器和优化后自动选择某一合适的器件，并得到一个 ABEL-PLA 文件。在与具体器件有关的阶段，输入 ABEL-PLA 文件，并与器件库中的具体器件信息相匹配，确定器件中各熔丝的状态，即加以编程或不作编程，最后得到 JEDEC 格式的编程文件。将此编程文件再下载（Down Load）到器件中，即完成设计工作。

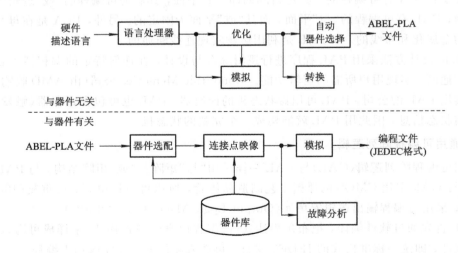

图 6－16　PLD 器件的设计流程

6.4　现场可编程门阵列(FPGA)设计方法

6.4.1　现场可编程门阵列(FPGA)的基本组成

现场可编程门阵列(Field Programmable Gate Array, FPGA)是利用各种 EDA 工具，绘制出实现用户逻辑的电路图或布尔方程，经过编译、自动布局布线、仿真等，最后生成二进制文件，装入 EPROM，对 FPGA 器件进行初始化，实现满足用户要求的专用集成电路芯片，可真正达到由用户自行设计、研制和生产。

"FPGA"这一称谓也许并不十分确切，因为它其实并不是一种真正的门阵列。不同于传统的逻辑电路(PAL 或门阵列)，在结构上，所有的 FPGA 器件用查表存储器方式实现组合逻辑；每个存储器既可反馈到触发器的 D 输入端，也可驱动其他逻辑或 I/O。每个器件包含相同的逻辑块矩阵，在逻辑块之间有长短不一的纵横金属线，它们可被编程为互连，也可连接逻辑块和 I/O 模块。目前开发出的 FPGA 产品具有不同的大小、速度、工作温度范围及封装形式。几乎所有的 FPGA 器件都使用 CMOS SRAM 技术，因此其静态功耗很低。

FPGA 器件的内部结构为逻辑单元阵列(LCA)，如图 6-17 所示。LCA 结构由三类可配置单元组成：周边是输入/输出模块(Input/Output Blocks, IOB)，核心阵列是可配置逻辑模块(Configurable Logic Blocks, CLB)，此外还有互连资源。IOB 为内部逻辑与器件封装引脚之间提供可编程接口，CLB 阵列实现用户指定逻辑功能，互连资源在模块间传递信号。存储在内部静态存储单元的配置程序可以确定逻辑功能和互连状态，在加电或得到指令时，配置数据自动装入器件。

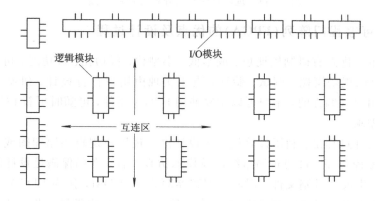

图 6-17　FPGA 的内部等效功能块

LCA 与 PLD 一样，也是一种已完成了制造、可从市场上直接购得的产品。设计人员得到该产品后，可以通过开发工具对其进行编程来实现特定的逻辑功能，因此同样深受欢迎。

但 LCA 与 PLD 不同，它不是以"与"、"或"矩阵这种结构为基础的。LCA 的内部由可配置逻辑功能块(Configurable Logic Block)排成阵列形式，在功能块之间为内连区，芯片四周为可编程输入/输出功能块(Programmable I/O Block)。

应该指出的是，PLD 和 LCA 器件适合在电子系统开发阶段采用。目前这两类器件的价格较高，因而在系统进入大量生产时，往往由于成本的原因，将 PLD 和 LCA 再转换成相应的门阵列；或由于性能的原因，将其转换成相应的标准单元，甚至再设计为全定制电路。

图 6-18 为 FPGA 的图示。FPGA 的基本特性有：

- 无定制掩膜层；
- 基本逻辑单元和互连采用编程的方法；
- 其核心是规则的基本逻辑单元阵列，可实现组合逻辑和时序逻辑（触发器）；
- 基本逻辑单元被可编程互连矩阵围绕；
- 可编程 I/O 单元围绕着核心；
- 设计周期很短。

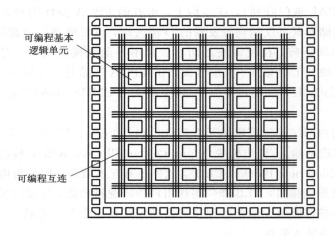

可编程基本逻辑单元

可编程互连

图 6-18　现场可编程门阵列（FPGA）管芯

6.4.2　现场可编程门阵列（FPGA）的优点及设计过程

FPGA 的主要优点有研制周期短、成本低、小型化、低功耗、多功能、可多次编程、保密性好等。它可以现场模拟、调试、验证，真正实现由用户自行设计、研制和生产。由于 FPGA 器件是用户可编程的，用户可以反复使用 FPGA 器件，可随时更新 LCA 设计，从而能够紧跟市场需求。

FPGA 的设计过程是：利用计算机指令设计出实现用户逻辑的原理图或布尔方程，再通过一系列的编译程序、自动布局布线以及模拟仿真过程，在确保满足设计的功能要求及定时器关系后，生成二进制文件，用通用编程器写入 EPROM，作为 FPGA 工作的数据存储器，然后将此 EPROM 和目标 FPGA 适当连接，加上 5 V 电源即可作为 VLSI 使用了。

6.5　不同设计方法的比较

总地来讲，我们希望能在尽可能短的时间内以最低的成本来获得最佳的设计指标，而所用的芯片面积又是最小的。但实际上要全面达到上述要求是很困难的，只能进行某种折中。

　　目前集成电路已渗透到各个应用领域。它的品种极其多样，从高性能的微处理器、数字信号处理器一直到电视用电路、玩具用电路，可谓五花八门。由于品种不同，在性能和价格上会有很大差别，因而实现各种设计的方法和手段也就有所不同。

　　如果一个半导体制造厂想推出一种新的功能最强的微处理器芯片，它必须进行精心的设计。为了提高芯片的速度，就要采用最佳的随机逻辑网络，并把芯片设计得最紧凑，以节省每一小块面积。

　　但是很多产品的产量不大或者不允许设计时间过长，这时只能对芯片面积或性能做出某种折中，并尽可能采用一部分已有的、规则结构的版图。为了争取时间或市场，也可先用最短的时间设计出芯片，在占领市场的过程中，再予以改进，即进行一次再开发、再设计。设计人员可以根据不同的要求选择现有的各种设计方法。

　　要对上述各种设计方法作出全面比较是不太容易的，表6-2给出粗略的综合比较。

表 6-2　不同设计方法的综合比较

设计方法	设计效率	功能/面积	电路速度	设计出错率	可测性	重新设计的可能性
全定制	×	√	√	√	△	×
标准单元	—		○	△	△	○
门阵列	○	△		△	△	
PLA(ROM)	√	×	×	×	√	√
FPGA	√	△	×	×	√	√

　　注：√表示最高(最大)，○表示高(大)，—表示中等，△表示低(小)，×表示最低(最小)。

　　图6-19仅从成本与产量之间的关系上对不同的方法作一比较。可以看出，为了得到合理的成本，不同的设计方法要求有不同的最小产量。对于全定制法设计的芯片，只有当产量超过10万块以上时，它的价格才是可接受的。而对于门阵列芯片，生产量只要超过1万块，就有明显的市场竞争力。

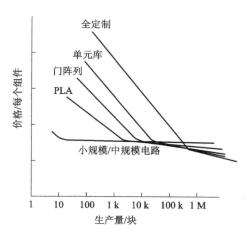

图 6-19　不同方法时成本与产量关系

随着 VLSI 芯片复杂性的增加，在整个芯片中只利用一种设计方法已被认为是不经济的，因而提出了一种结构化的层次式设计方法（Structured Hierarchical Design Approach），见图 6-20。这种方法在一个芯片的设计中采用多种不同的方法，即在一个芯片上可以有标准单元、通用单元或编译后的各种模块，也可以将已设计好的版图（或加以缩小后）利用起来放置在设计中。对于那些严重影响性能的模块则采用全定制法加以精心设计。采用这种设计方法，可以大大缩短设计周期，而在性能和芯片面积方面也可以与全定制法相比拟。

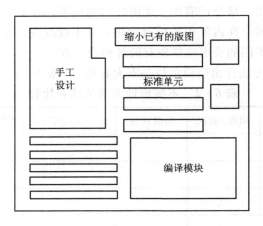

图 6-20　结构化层次式设计方法

第 7 章　专用集成电路测试与可测性设计

7.1　测试的重要性

在生产阶段完成之后，在硅圆片（wafer）上形成了排成阵列的管芯。每个管芯都可能是一个工作正常的电路，但由于在生产过程中出现的各种问题及随机变化的影响，并不是每个电路都能像原来所设计的那样正常工作，因而对 IC 产品进行测试是设计制造环节中的重要一步。其过程是按照给定的测试程序，在设计好的测试电路条件下，用所选的测试模板对芯片加激励信号，并将实际输出信号与期望输出矢量比较，从而判断芯片的好坏。这样就可以在划片前或封装后将不合格芯片筛选出来。

随着 LSI、VLSI 以及 ULSI 的飞速发展，电路日趋复杂，测试问题就更加突出了，因为 IC 的可测试性往往与电路的复杂程度成反比。对于 100 门左右的 MSI 电路来说，利用人工测试与自动测试仪可以比较容易地完成各种功能测试，但对于更大规模的 IC 来讲，要进行全功能的测试几乎是不可能的，因为测试时间太长、成本太高。

例如，一个有 n 输入的组合逻辑电路，为了详尽地测试该电路，需要外加 2^n 次输入或测试矢量，进行 2^n 次观察。若此组合电路再加上 m 个存储用的锁存器而成为时序电路，则电路的状态取决于当前的输入和前一时刻各单元电路的状态。要彻底测试这个电路需要外加 2^{n+m} 个测试矢量。如果 $n=25$，$m=50$，则对这样一个网络就需要 $2^{n+m}=2^{75}$ 个测试图案（约为 3.8×10^{22}）。假设每个测试矢量以 1 μs 的速度加到这个网络上，那么对所有测试图案都测试一遍的时间将超过 10 亿年，显然这是无法实现的。因此必须减少测试次数，同时又要保证测试质量。

全球半导体业发展到今天，测试已经成为其产业链中独立的、不可缺少的一环。同时，计算机技术的飞速发展也为 IC 测试提供了强有力的技术支持和不断更新的解决方案。IC 的集成度越来越高，实现的功能也越来越多，功耗越来越低，IC 的测试成本在其生产过程中占有的比重也越来越大。如图 7-1 所示，测试成本随着电路的复杂度而呈指数增长。故尽可能地降低 IC 测试费用并保证电路质量，是 IC 产品具有竞争力的一个重要方面。

在进行 ASIC 设计之初就必须充分考虑测试问题，在电路上作一个小的修正就有可能避免大的错误，这种方法称为面向测试的设计（Design For Test，DFT）。DFT 是设计过程中一个重要的部分，在整个设计流程中越早考虑越好。DFT 的方法可包含两方面：

（1）提供必要的电路使测试程序迅速而全面地进行。

（2）在测试过程中提供必要的测试模版（激励矢量）。由于成本的原因，在最大程度包含可能出现的错误的同时，测试序列越短越好。

制造业的测试依据目的的不同可分为以下几类：

· 诊断测试：在芯片或电路板调试中使用，尽量达到给出失效元件以及确定和定位故障的目的。

· 功能测试（也称为合格—不合格测试）：决定了生产出来的元件是否能正常工作。这个问题比故障测试简单，因为答案只有"是"或"不是"。由于每个生产出来的芯片都必须经过这种测试而且对成本有直接影响，因此要求其尽可能地简单、快速。

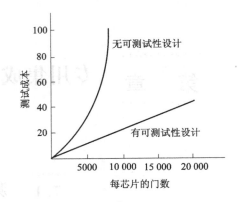

图 7-1　芯片测试成本

· 参数测试：检查在多种工作环境下（如温度、电源电压）的一些非离散参数，如噪声容限、传输延迟、最大时钟频率等。与功能测试仅涉及 0 和 1 信号不同，参数测试需要不同的设置。参数测试大体可分为静态(dc)测试和动态(ac)测试。

一个典型的测试过程如下：将预先定义的测试模板加载到测试设备中，它给被测元件(Device Under Test，DUT)提供激励和收集相应的响应；需要一个探针板或 DUT 板将测试设备的输入、输出与管芯或封装后芯片的相应管脚连接起来。测试模板指的是施加的波形、电压电平、时钟频率和预期响应在测试程序中的定义。

新的元件被自动装入测试设备，测试设备执行测试程序，将输入模板序列应用于DUT，比较得到的和预期的响应。如果观察到不同，则标记元件出错（例如用墨水点），之后探针自动移到晶圆上的下一个管芯处。其后在将晶圆分成独立管芯的工艺中，标记的元件将被自动剔除。对于一个封装好的元件，根据测试结果，被测元件从测试板上被移入分别装有好的或有缺陷的元件容器中。每个元件的测试过程在几秒内完成，使得一台测试设备每小时处理几千个元件成为可能。

自动测试设备非常昂贵，当今高速 IC 要求其不断提高性能的需要加重了这种状态，使得测试设备的成本飞涨。减少每个芯片花费在测试设备上的时间是降低测试成本的一个最有效的方法。但随着 IC 复杂程度的增加，出现了相反的趋势，因此就非常需要减少测试成本的设计方法。

7.2　故障模型与模拟

7.2.1　故障模型

一个逻辑元件、电路和系统，由于某种原因导致其不能完成应有的逻辑功能，则称其已经失效。而故障是指一个元件、电路和系统的物理缺陷，它可以使这个元件、电路和系统失效，也可能不失效。也就是说，存在有一定故障的元件、电路和系统仍有可能完成其固有的逻辑功能。

为了研究故障对电路或系统的影响，诊断（定位）故障的位置，有必要对故障做一些分类，并构造最典型的故障，这个过程称为故障的模型化。简单来讲，故障模型是电路物理缺陷的逻辑等效。物理缺陷反映到电气模型和逻辑模型的关系如图 7-2 所示。

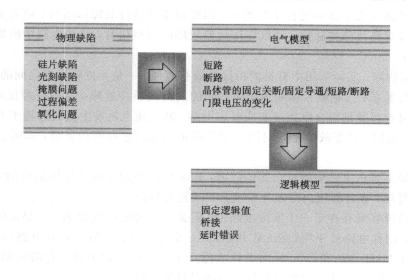

图 7-2　物理缺陷与电气模型和逻辑模型的关系

故障模型化有两个基本原则：一是应能准确反映某一类故障对电路的影响，即故障模型化应具有典型性、准确性和全面性；二是应尽可能简单，以便做各种运算和处理。显然这两个原则是相互矛盾的，因此常需要采取一些折中的方案。由于需要解决的问题不同，故采用的故障模型也不同，目前常用的几种故障模型有：

（1）固定型故障。固定型故障模型主要反映电路中某个信号的不可控性，即在系统运行过程中该信号永远固定在某一个值上。在数字系统中，如果该信号固定在逻辑高电平上，则称之为固定 1 故障（stuck-at-1），简写为 sa 1；如果该信号固定在逻辑低电平上，则称之为固定 0 故障（stuck-at-0），简写为 sa 0。

固定型故障在实际应用中用得最普遍，因为电路中元件的损坏、连线的开路和相当一部分的短路故障都可以用固定型故障模型比较准确地描述出来，而且由于它的描述比较简单，因此处理故障也比较方便。以 TTL 门电路为例，输出管的对地短路故障属于 sa 0 故障，而输出管的开路故障属于 sa 1 故障。任何使输出固定为 1 的各种物理故障都属于 sa 1 故障。

需要着重指出的是，故障模型 sa 1 和 sa 0 都是相对于故障对电路的逻辑功能而言的，而不能简单理解为具体的物理故障。因此 sa 1 故障决不单纯指节点与电源的短路故障，sa 0 也不单纯指节点与地之间的短路故障，而是指节点不可控，始终使节点上的逻辑电平停留在逻辑高电平或逻辑低电平上的各种物理故障之集合。

根据电路中固定型故障的数目，可以把固定型故障分为两大类：如果一个电路中只存在一个固定型故障，则称之为单固定型故障；如果一个电路中有两个或两个以上的固定型故障，则称之为多固定型故障。

固定型故障主要是指系统或电路内节点上的信号不能用原始输入信号控制的故障，因此固定故障模型一般不会改变电路的拓扑结构，即不会使电路或系统的基本功能有根本性的变化。但是，如果一个系统或电路中发生了短路故障，而短路故障的情况又是多种多样的，则完全有可能改变电路的拓扑结构，导致系统或电路的基本功能发生根本性的变化，这将使自动测试与故障诊断变得十分困难。因此通常在进行故障诊断时，应先采用专门的技术将大部分短路故障排除掉，所以在作短路故障的模型化时，认为电路中的短路故障已经是比较少了。

（2）桥接故障。实际应用中常见的桥接故障有两种：一是元件输入端之间的桥接故障，一般形成线与关系；二是输入端和输出端之间的反馈式桥接故障，这种故障比较复杂，发生这类故障时有可能把组合电路改变成时序电路，甚至使电路发生振荡而趋于不稳定。

（3）暂态故障。暂态故障是相对固定型故障而言的。它有两种类型，即瞬态故障和间歇性故障。

瞬态故障不是由电路中硬件引起的故障，而是由电源的干扰等原因造成的，这一类故障无法人为复现。在计算机内存芯片中经常出现这种故障。

间歇性故障客观存在于一个实际电路中，但又不是总能反映出来。如果故障存在但没有反映出来，则称电路处于"故障无作用状态"；反之，如果故障影响着电路的正常工作，则称电路处于"故障作用状态"。从间歇性故障产生的原因可以看出，它的影响是随机的，而不是确定的，因此必须采用概率分析的方法对其进行模型化。

（4）时滞故障。时滞故障主要考虑电路中信号的动态故障，也即电路中各元件的时延变化和脉冲信号的边沿参数的变化等。这类故障主要导致时序配合上的错误，因此在时序电路中影响较大。这可能是由于元件参数变化引起的，也可能是电路结构设计不合理引起的。后者经常可以用故障仿真的方法来解决，而对前者的检测和诊断往往是很困难的。

上述四种典型故障实际上还不包括一个电路或系统中可能发生的全部故障，比如TTL门电路的输入端二极管的短路故障，虽然它可以转换成固定型故障，但一个二极管的短路故障并不等效为一个单固定型故障，而有可能等效为多固定型故障。至于短路故障，则更多样化了，不可能一一列出，因此人们通常针对一定的电路或系统，在所需要的研究范围内采取一些切实可行的特殊处理方法，以解决其主要矛盾。例如 PLA 阵列中相邻线之间的短路、交叉点的丢失性或多余性故障都是常见的，因此必须作为主要矛盾，采取相应的特殊方法来处理。但是对一般的系统或电路，根据统计可知，固定型故障在故障总数中占 90% 以上，因此必须对固定型故障作充分的研究，其他有些故障也可部分地等效于固定型故障，因此也可以用处理固定型故障的方法来处理它们。

在芯片制造的过程中，出现的常见故障有常短接（stuck-at-short）、常开（stuck-at-open）、常 0（stuck-at-0）、常 1（stuck-at-1）、某节点浮空等。

为了实用化，目前许多故障模拟程序基本上将模型简化为 sa 0、sa 1 两种。简化的一条论据是将许多常开、常短接故障等价为某些常 0 或常 1 故障；如果不简化，测试模板的生成和故障模拟都将非常困难。

7.2.2　故障模拟

若一个物理故障可以被转换成逻辑故障模型，便能开发出测试矢量集。一个测试矢量是一个二进制输入的阵列，它们被应用到需要进行测试的器件（DUT）或芯片（CUT）。对于每个输入矢量，测量响应并与期望的输出进行比较，如图 7-3 所示，若两者不等，则可确定故障位置，对设计进行修改。为了充分地测试 DUT 或 CUT，需要不止一个的输入矢量，一次一般都要设计一个测试矢量集来决定器件或芯片是否正常工作。因为每个测试都需要时间，希望得到一个最小的测试矢量集来减少总的测试时间，所以测试矢量生成是测试中的一个富有挑战性的问题。

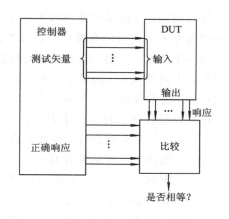

图 7-3 测试原理框图

故障模拟是指求出一组故障测试矢量集，并检验这些测试矢量在检测或定位故障时的有效性（尤其是异步时序电路），同时还可确定测试集的故障覆盖情况。故障模拟也可用于分析一个新设计的电路在各种条件下（包括存在故障的情况）的运行情况，以便检测设计人员未及考虑的若干电路特性。例如，故障可导致产生竞争冒险的现象，故障可能把一个组合电路改变成时序电路，甚至产生振荡，要检测和分析这些故障经常需要对电路进行时序分析。

故障模拟是比较复杂的。采用故障模型可以表示制造过程中有代表性的问题，如短路、开路及坏的器件。一旦在物理层上识别出这些故障，就可以生成能够找出这些问题的测试矢量集。尽管故障模拟要求完成相当数量的工作，但它是很有用的，因为它能找出已知问题的所在并反馈给工艺线。圆片分析可在实验室中进行，以验证故障的原因且在相应的制造阶段加以改正。从长远来看，故障模拟可帮助提高设计的成品率和可靠性。

故障模拟软件以一定的算法为依据，按设定的故障模型给出故障集合，给定一套模拟测试矢量来分析内部各节点的故障情况，并计算出故障覆盖的百分比。覆盖率的计算方法为：将全部可检测的故障数除以电路全部节点数的 2 倍，因为我们已经假设每个节点规定有两种故障模型。显然，这种覆盖率总是小于 1，最多等于 1。

故障模拟软件通常对正确电路和人为在某一节点塞入一个不同的 sa 0 或 sa 1 故障的许多缺陷电路实行并发运算，同时加入同样的测试模板激励，然后依次比较缺陷电路与正确电路响应的异同。如果相异，故障覆盖率的分子累计值加一，否则不变，直到将所有缺陷电路枚举完毕，就可以获得最终对应于该模板的覆盖率。一般地，计算机需要运行几个小时甚至几天才能完成故障模拟。

7.3 可测性设计

测试考虑是 ASIC 设计中的最棘手的问题之一，设计的可测性是指完整测试程序的生成和执行的有效性。评价一个设计的可测性的基本要素有：故障诊断、功能核实、性能评估以及可控性和可观性。

可测性设计或面向测试的设计（Design For Test，DFT）通常包括设计测试电路和设计测试模板两类内容。

测试电路的设计准则是：以尽可能少的附加测试电路为代价，获得将来制造后测试时的最大化制造故障覆盖率，其目的是简化测试、加速测试、提高测试的可信度。测试模板的设计准则是：选择尽可能短的测试序列，同时又拥有最大的制造故障覆盖率。之所以需要特别研究测试模板的有效性，是因为：一则，测试模板通常有冗余，例如两个模板可能覆盖同一个故障；二则，需要对模板复杂度和覆盖率进行合理折中，例如为了在 99% 覆盖率的基础上再增加 1% 的覆盖，所增加的模板矢量将是天文数字，从而造成的代价付出是不值得的。通常提出 95%～99% 的故障覆盖率较为适宜。

可测性设计通常包括三个方面：

（1）测试矢量生成设计，即在允许的时间内产生故障测试矢量或序列；

（2）对测试进行评估和计算；

（3）实施测试的设计，即解决电路和自动测试设备的连接问题。为此，要把进行测试所必需的辅助电路也集成到整体电路中去。

目前的常规测试通常是依靠给予的信号直接经过测试接口进入电路来进行测试的，这样就可能导致以下后果：

（1）测试的参数不可靠（因存在引线及接口界面的影响）；

（2）存在测试者的技巧和测试方法上的局限性；

（3）测试信号进入界面时，时间同步是不可能的（因为有附加延迟）。

可测性设计就是在测试对象（电路）内部增加附加电路，使得电路易于测试，这在很大程度上可以解决以上三个问题。

如前所述，可以完全处理最新型元件的高速测试设备的成本可以达到天文数字。减少单个元件的测试时间能有助于增加测试设备的效率，对测试成本有重要的影响。在设计过程的早期阶段就考虑测试问题，就有可能简化整个检测流程。后面将给出达到这个目标的几个方法。在详述这些技术之前，首先应该理解测试问题的复杂性。

图 7-4(a) 所示为组合电路模块。电路的正确性能通过列举出所有可能的输入模板和观察响应而得到。对于一个 N 输入电路，需要应用 2^N 种模板。如 $N=20$，则需要 100 万种模板。如果一个模板的应用和观察需要 1 μs，则模块总的测试时间就需要 1 s。当考虑到图 7-4(b) 的时序模块时，情况就更加复杂了。电路输出不仅依赖输入，还与状态值有关。要完全测试出有限的状态机（FSM），需要 2^{N+M} 种模板，M 是状态寄存器的数量。对于中等大小的状态机（如 $M=10$），就意味着要测定 10 亿种模式，就需要 16 分钟。将一个现代微处理器作为状态机而转化为等效模型，需要超过 50 个状态寄存器。若穷尽所有测试，则需要超过 10 亿年的时间。

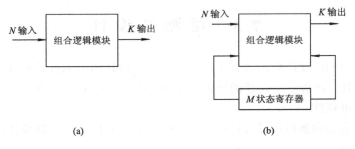

(a)　　　　　　　　　　　　(b)

图 7-4　组合及时序器件的测试

(a) 组合功能；(b) 时序机

显然，以上方法不可行。一个更切实可行的方法以下述假定为前提。

· 穷尽列举出所有可能的输入模式存在大量的冗余，即电路的一个错误被大量的输入模板所包含。检测出这个错误仅需要这些模板中的一个，而其他模板是多余的。

· 可以通过放宽所有错误都必须被检测出的要求而大量减少模板数量。例如，测试出最后一个可能出现错误的比例也许需要过多的模板，测试成本可能会大于最终的重置成本。而典型的测试过程仅需做到 95%～99% 的错误覆盖率即可。

通过减少冗余和错误覆盖率，大多数具有有限输入矢量的组合逻辑模块的测试就成为可能，但却不能解决时序问题。要测试状态机中的一个确定错误，应用正确的输入激励并不够；状态机必须首先回到要求的状态，这就需要输入序列。将电路响应传送至输出管脚或许需要另一模式序列。即测试一个 FSM 中的一个错误需要一系列矢量，这又增加了成本。

解决这个问题的一个方法就是在测试过程中，通过断开反馈环路的方法将时序网络变为组合模块。这就是后面要描述的扫描测试方法的关键概念之一。另一个方法就是让电路自己进行测试。这种测试不需要外部矢量且速度更快。自测试的概念在下文有更详细的说明。考虑到设计的可测性，有两个性质是最重要的：

（1）可控性：衡量仅用输入管脚就可将一个电路节点恢复到给定状态的难易程度。如果一个输入矢量就能将一个节点恢复到任何状态，则它具有易可控性。一个节点（或电路）需要一系列矢量才能到需要的状态意味着其可控性较低。显而易见，高度的可控性在可测设计中是需要的。

（2）可观测性：衡量在输出管脚观测节点值的难易程度。具有高度可观测性的节点能直接在输出管脚监测到。而具有较低可观测性的节点需要在几个周期之后，其状态才能在输出管脚出现。由于电路的复杂性和输出管脚数量的限制，被测电路应具有高度可观测性。

可将组合电路归为易观测和可控电路这两类，因为任何节点在单个周期内就可以被控制和观测。

时序模块的可测性设计方法可分为三类：针对性（Ad Hoc）测试、基于扫描的测试及自测试。

7.3.1　针对性（Ad Hoc）测试法

针对性测试的一个例子如图 7-5 所示，图中为一个处理器及其数据存储器。在一般情况下，存储器仅仅通过处理器才能使用。向存储器写或读数据需要几个周期，其可控性和可观测性通过在数据和地址总线上增加多路选择器而显著增强。

在常用工作模式下，存储器端口通过选择器而指向处理器。在测试时，数据和地址端口直接与 I/O 管脚相连，存储器的测试过程更有效率。这个例子描述了可测性设计的一些重要概念：

· 引入除了提高可测性外没有其他功能的额外硬件是有必要的。设计人员通常愿意用牺牲一小部分面积和性能的代价来换取实质上的可观测性和可控性的改善。

· 可测性通常意味着除了功能性 I/O 口之外，还必须增加额外的 I/O 管脚。图 7-5 （b）的测试管脚就是如此。要减少可能需要的额外焊盘的数量，可以在同一个焊盘上使用多路测试和功能信号。例如，图 7-5(b)的 I/O 总线在正常工作时作为数据线使用，而在测试时用来提供和收集测试模板信号。

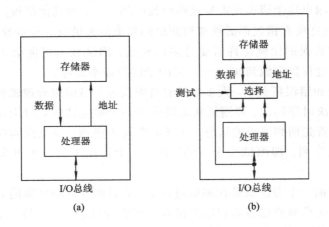

图 7-5　通过增加多路选择器增强可测性

(a) 低可测性设计；(b) 加入选择器提高可测性

设计人员已经研究出了大量的针对性测试方法，包括多状态机的划分、额外测试点的加入、复位状态的提供以及测试总线的引入等。在保证有效性的同时，大多数方法的适用性要依据实际设计的具体应用和结构来决定。要将它们运用到给定的设计中，需要熟练运用知识，更需要利用结构化和自动化方法。

7.3.2　基于扫描的测试技术

解决时序测试问题的方法之一就是将所有的寄存器都转化为外部的负载性和可读性元件，这样就将待测电路变为一个组合实体。要控制一个节点，需要构造一个合适的矢量，并将其载入寄存器并按照逻辑传输，结果在其内容传到外部之后被锁存。如果将一个设计中的所有寄存器都连接到测试总线上，其费用几乎是不可接受的。一个更好的方法是如图 7-6 所示的串行扫描技术。

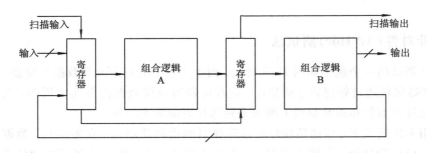

图 7-6　串行扫描测试

寄存器被设计为支持两种工作模式。在通常模式下，它作为 N 位宽度时钟寄存器。在测试模式下，寄存器被连接到一起作为一个串行移位寄存器。测试过程如下：

(1) 逻辑模块 A(或/和 B)的激励矢量通过管脚"扫描输入"进入，并在测试时钟的控制下移入寄存器。

　　（2）激励施加到逻辑模块并向其输出传递，其结果通过单独的一个系统时钟事件控制而被锁存到寄存器中。

　　（3）结果通过"扫描输出"管脚被移至电路之外，并与预期的数据相比较。同时新的激励矢量被允许进入。

　　这种方法成本很低，因为扫描的串行特性降低了布线费用，而且传统寄存器很容易被改进以支持扫描技术。如图 7 - 7 所示，一个 4 位寄存器通过一个扫描链而被扩展，仅仅需要在输入端加入一个外部多路选择器。当"Test"端为低电平时，电路在正常工作模式。将"Test"端置为高电平时，则选择了"扫描输入"并将这些寄存器连接到扫描链中。寄存器的输出端"Out"与扇出逻辑相连，但同时作为"扫描输出"端而与相邻寄存器的"扫描输入"端相连。

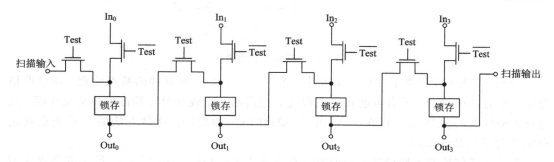

图 7 - 7　通过串行扫描链扩展寄存器

　　图 7 - 8 描述了图 7 - 6（串行扫描测试）的时序，这里假定采用两相时钟的方法。对于一个具有 N 个寄存器的扫描链，当 Test 为"高"时，加入 N 个时钟脉冲，加载寄存器；当 Test 为"低"时，加入一个时钟脉冲，在正常电路工作情况下，将组合逻辑中的结果锁存至寄存器。最后，N 个额外的脉冲（Test 为"高"）将得到的结果送至输出。还要注意的是，扫描输出端可能与下一个矢量进入形成交叠。

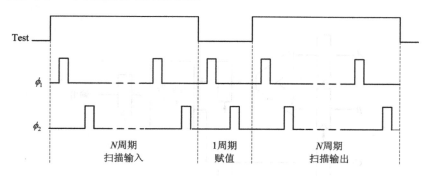

图 7 - 8　测试序列时序图（N 代表测试链中寄存器的数量）

　　串行扫描方法有许多变化的设计。其中非常流行的、实际上也是具有开创性的方法之一由 IBM 提出，被称为电平敏感扫描设计（LSSD）。LSSD 方法的基本模块为移位寄存器锁存（SRL），如图 7 - 9 所示。它含有两个锁存器 L1 和 L2，后者仅用于测试。当电路正常工作时，信号 D、$Q(\overline{Q})$ 和 C 分别作为锁存输入、输出以及时钟，测试时钟 A 和 B 在此模式下为低。在扫描模式下，SI 和 SO 作为扫描输入和输出，时钟 C 为低，A 和 B 为不重叠的两相测试时钟。

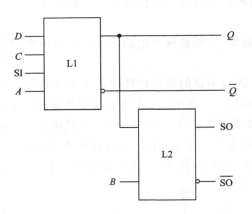

图 7 - 9　移位寄存器锁存

LSSD 方法不仅提供了一种测试方法，还给出了一个完整时钟的基本原理。通过严格遵守这种方法的规则，就有可能在很大程度上提高测试生成和时序验证的自动化程度。这就是 LSSD 长时间以来一直在 IBM 内部强制性使用的原因。这种方法的主要缺点就是 SRL 锁存的复杂性较高。

不必在任何情况下使设计中的所有寄存器都能进行扫描。在图 7 - 10 所示的流水线数据通路中，流水线寄存器的设计仅仅出于对性能的考虑，因而不必严格地加到电路状态中。因此，这意味着仅对输入和输出寄存器扫描即可。在测试生成期间，加法器和比较器可合并，看做一个组合模块。与其他扫描方法唯一不同的是，这种扫描方法在测试执行期间，需要两个时钟周期来将一个激励矢量的影响传输给输出寄存器。这种方法称为局部扫描，常用在性能作为主要考虑方面的场合。其缺点在于哪些寄存器要求是能扫描的并不总是很明显。

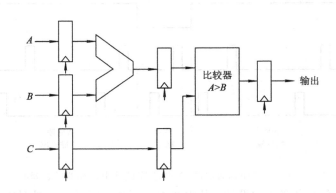

图 7 - 10　局部扫描的流水线数据通道(只有带阴影的寄存器包含在链路中)

基于扫描测试的理论依据是：测试的难度主要由时序电路造成，必须将其拆分。拆分的方法是：首先将有关寄存器串接起来形成移位寄存器，然后在测试模式下，通过控制移位寄存器加入输入信号，激励某一部分指定电路，并再次通过控制移位寄存器将该部分电路的响应导出。

7.3.3　内建自测试(BIST)技术

另一个可供选择并且是具有吸引力的可测性方法就是，使电路本身产生测试模板，而不需要应用外部模板。这是一种由电路本身来判定得到的结果是否正确的技术。根据电路的特性，或许需要外加电路以产生或分析这些模板。因有些硬件也许作为正常功能的一部分已经得到，所以自测试在尺寸的花费上能够小一些。

一个内建自测试设计的简化结构框图如图 7-11 所示。它包括在测试时向器件提供测试模板的方法以及将器件响应与已知的正确结果相比较的方法。

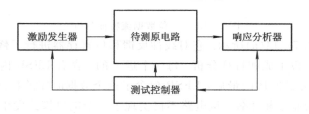

图 7-11　内建自测试的简化结构框图

有许多方法产生激励，应用最多的是穷尽和随机方法。在穷尽方法中，测试长度为 $2N$，N 为向电路输入的数量。穷尽这种测试方法的特性意味着，在输入信号容量足够的情况下，所有可被发现的错误都将被检测到。N 位计数器是穷尽模板发生器的一个很好的例子。对于 N 值很大的电路来说，循环扫描所有输入的时间可能要受到限制。另一个方法就是使用随机测试，即随机选择 $2N$ 个可能的输入模板中的子集。这个子集的选择要求获得一个合理的错误覆盖率。一个伪随机模板发生器的例子是线性反馈移位寄存器(LFSR)，如图 7-12 所示。它由几个 1 位寄存器串联组成，其一部分输出经过异或门反馈到移位寄存器的输入。一个 N 位 LFSR 循环需要 2^{N-1} 个状态之后才能重复序列，形成了看起来好像随机的模式。给定的一个初值决定了随后将要产生的值。

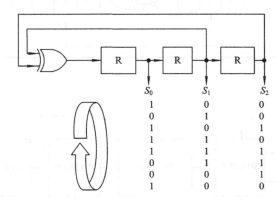

图 7-12　3 位线性反馈移位寄存器及其产生的时序

通过比较产生的响应与存储在芯片存储器中预期响应之间的差异，就可以实现响应分析器的功能。但这种方法由于占用太多的面积而不太实际。一个更廉价的技术就是在比较这些响应之前先压缩它们。存储正确电路的、经过压缩的响应仅仅需要很小的花费，特别是当压缩率很高时。这时响应分析器就由动态压缩待测电路的输出和比较器组成。经过压缩的输出常被称为电路的"特征",于是这种方法就被称为"特征分析"。

　　一个压缩一位数据流的特征分析器的例子如图 7 - 13 所示。经过分析表明,该电路简单地计算从 0 到 1 和从 1 到 0 转换的数目,即在同样转换数目下,顺序却有所不同。但发生这种情况的机率很小,如果保持在一定的误差范围以内,那么这种方法也值得采用。

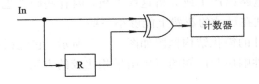

图 7 - 13　一位数据流特征分析

　　另一项技术如图 7 - 14(a)所示。它对线性反馈移位寄存器进行了修改,其优点是同样的硬件可同时用于模板生成和特征分析。每一个进入的、含有 LFSR 内容的数据字都顺序地经过 XOR 门。在测试时序的最后,LFSR 包含了这个数据时序的特征或是校验子,可以用它与正确电路的校验子相比较。该电路不仅实现了一个随机模式发生器和特征分析器的功能,而且还可用做普通寄存器和扫描寄存器,这由控制信号 B_0 和 B_1 的值决定,如表 7 - 1 所示。该方法结合了不同的技术,被称做内建逻辑模块观测(BILBO)。图 7 - 14(b)描述了其典型应用。使用扫描选项时,种子被移入 BILBO 寄存器 A 中,此时 BILBO 寄存器 B 进行初始化。接下来,寄存器 A 和 B 分别工作在随机模板生成和特征分析模式。在测试序列末端,使用扫描模式将特征从 B 读出。

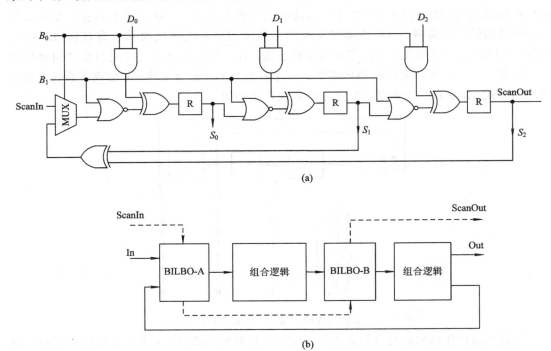

图 7 - 14　内建逻辑模块观测
(a) 3 位 BILBO 寄存器;(b) BILBO 的应用

表 7 - 1　BILBO 模式

B_0	B_1	工作模式
1	1	正常
0	0	扫描
1	0	模板生成或特征分析
0	1	复位

最后值得提出的是，自测试方法在对存储器这样规则的结构进行测试时是特别有利的。保证使时序电路的存储器无故障并不容易。由于交叉耦合或其他寄生效应，一个单元读或写的数据值可能会受到存储在邻近单元内的数值的影响，从而使得工作变得复杂，因此包含了许多不同模式读和写的存储器测试使用交互式地址时序。典型模板可能全为 0 或全为 1，或检测板全为 0 或全为 1。地址方案可包括整个存储器的写，以及完全读出或不同的交互式读/写时序。与存储器的尺寸比，这种测试方法花费很小，因此可在 IC 自身内部建立，如图 7 - 15 所示。这种方法显著缩短了测试时间并减少了外部控制。随着集成元件复杂性的增加以及嵌入式存储器的逐渐普及，自测试肯定会变得更加重要。

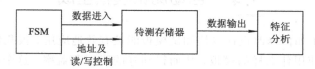

图 7 - 15　存储器自测试

系统芯片（SOC）时代的到来并没有使测试变得更容易。一片 IC 可能含有微型信号处理器、多个嵌入式存储器、ASIC 模块、FPGA 以及片上总线和网络等。每一个模块都有它们自己最适合的测试方法，将这些模块统一是一个挑战。一个用于 SOC 的、基于 BIST 的结构化的测试方法如图 7 - 16 所示。每个模块通过"包装器"形成了与片上网络的系统连接，支持同步和通信功能。这个包装器可扩展，使其包含测试支持模块。例如，对于一个含有扫描链的 ASIC 模块，测试支持模块向扫描链提供接口和测试模板缓冲器，此缓冲器可直接通过系统总线读/写。类似地，存储模块可配有模板产生器和特征分析，但如果没有通常的测试协调器，那么所有这些都还不够。这些 SOC 大多含有程序处理器，在启动时可引导测试并验证其他模块。测试模板和特征量存储在处理器的主存储器中，在测试时提供给模块。这种方法的优点就是可以利用在芯片上就能得到的资源，而且 BIST 自测试方法允许测试在实际时钟速度下进行，缩短了测试时间，降低了对外部测试器的要求和成本。如图 7 - 16 所示的结构化的自测试方法是人们现在研究的课题之一。

总之，内建自测试（Bulit-In Self-Test，BIST）在芯片内部安排了完整的测试模板信号发生器，它可以向被测电路部分注入激励；另外的响应信号分析器则检测并判断被测电路的输出正确性。芯片的优劣可以通过启动自测试获取结果，特别是对于存储器一类的电路，目前已经成功实现。由于许多电路可以复用，额外开销不一定很大。

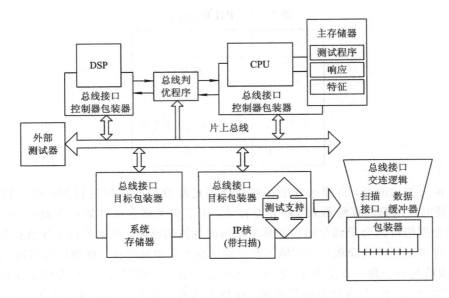

图 7 - 16　SOC 测试方法

7.4　自动测试模板生成

前面已经讨论了如何修改设计以使测试模板能被有效地应用。被我们忽略的任务的复杂性就决定了应该使用什么样的模板,从而得到好的错误覆盖率。这个过程在过去是非常有疑问的,因为测试工程师不是设计师,因而不得不在设计完成之后才构建测试矢量。这是总要有一定浪费的逆向工程设计,而测试如果在设计流程的早期就被考虑进去,就可以避免这些浪费。对于可测性设计的敏感性的增加以及自动测试模板生成(ATPG)技术的出现,很大程度上改变了这种状态。

ASIC 制造完成之后只能用 CAT 技术来解决问题。为了完成测试程序(test program),需要给出测试模板(test pattern)。完整的测试模板包括输入信号波形、期望的响应波形、电源电压、时钟频率等。

所谓 ATPG(Automatic Test Pattern Generation,自动测试模板生成),就是研究出一种自动生成最小测试矢量模板集合的算法及软件。其实质性的核心要求是在最大化故障覆盖的前提下获得最小化的激励信号矢量集合。即如图 7 - 17 所示,如果想检测 X 处的 sa 0 故障,我们所给出的测试模板可以是:

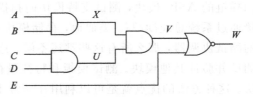

图 7 - 17　对故障 X 处进行检测

设加给输入端的激励信号为: $A=B=C=D=1$, $E=0$;
我们期望的端响应为: $W=0$。
如不满足,则可能 X 处有 sa 0 故障。这说明采用上述测试模板可以完成对此故障的检测。
ATPG 研究的思路是努力设法做到使各节点的各种故障具有可控性和可观性。

第 8 章　专用集成电路计算机辅助设计简介

8.1　概　　述

从 1958 年世界上出现第一块平面集成电路开始，微电子技术在 50 年中以令人震惊的速度突飞猛进地发展。这其中离不开集成电路计算机辅助设计(IC CAD)技术的进步。IC CAD 的发展史可简述如下：

第一代：20 世纪 70 年代以 Applicon、Calma、CV 为代表的版图编辑＋DRC。

第二代：20 世纪 80 年代以 Mentor、Daisy、Valid 为代表的 CAD 系统，从原理图输入、模拟、分析到自动布图及验证。

第三代：20 世纪 90 年代以 Cadence、Tanner、Synopsys、Avanti 等为代表的 ESDA 系统，包括系统级的设计工具。

第四代：正在研制面向 VDSM＋System－On－Chip 的新一代 CAD 系统。

到目前为止，利用 CAD 方法进行全自动的电路设计在实际中还有困难，实际情况往往是设计者根据电路框图进行电路结构的设计并初步确定元器件参数，然后对该电路进行计算机模拟分析，再根据分析结果进行修改，经过多次反复，最后得到符合要求的电路。

电路的计算机辅助分析就其内容上讲可以分成两个方面：一是电路模拟，二是电路优化。电路模拟是在给定电路结构和元器件参数的条件下，确定电路的性能指标。电路优化是在指定的性能指标及电路结构条件下，确定电路中指定元器件的参数最佳值。

电路分析除了在版图设计以前进行外，在版图设计以后还要再次进行，这称为"后"仿真。它的目的是把实际版图中所引入的寄生效应考虑进去，以检验在版图设计前后电路性能上的差异。

图 8－1 给出了一个简化的 IC 设计流程。图 8－2 示出功能设计、逻辑设计、电路设计和布图设计等各个阶段的设计图例。表 8－1 列出了 IC 的设计程序和各个程序中所使用的 CAD 技术的概要。各个设计阶段中所使用的 CAD 技术又可细分成生成 CAD 技术和验证 CAD 技术。

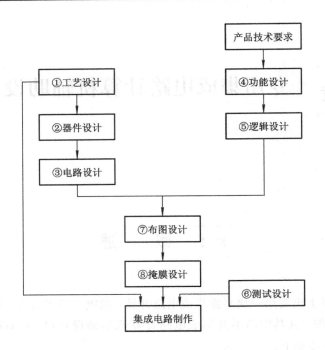

图 8-1　集成电路的简化设计流程

表 8-1　设计集成电路时使用的主要 CAD 技术

序号	设计阶段	生成 CAD 技术	验证 CAD 技术
①	工艺设计		工艺模拟
②	器件设计		器件模拟
③	电路设计		电路模拟
④	功能设计		功能模拟
⑤	逻辑设计	逻辑合成	逻辑模拟
⑥	测试设计	测试电路生成，测试矢量生成	故障模拟
⑦	布图设计	自动排列，自动布线	布图模拟
⑧	掩膜制作	掩膜图形的生成	设计规则验证

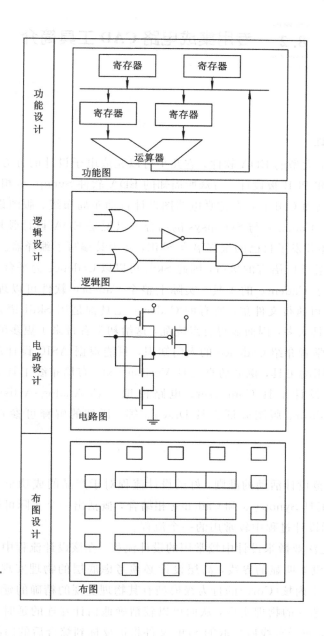

图 8-2　各设计阶段及其图例

8.2　专用集成电路 CAD 工具简介

8.2.1　Cadence

1. Cadence 概述

Cadence 是一个大型的 EDA 软件，它几乎可以完成电子设计的方方面面，包括 ASIC 设计、FPGA 设计和 PCB 板设计。与众所周知的 EDA 软件 Synopsys 相比，Cadence 的综合工具略为逊色。然而 Cadence 在仿真电路图设计自动布局布线、版图设计及验证等方面却有着绝对的优势。Cadence 与 Synopsys 的结合可以说是 EDA 设计领域的黄金搭档。此外，Cadence 公司还开发了自己的编程语言 Skill，并为其编写了编译器。由于 Skill 语言提供了编程接口，甚至与 C 语言的接口，因此 Skill 可以以 Cadence 为平台进行扩展，用户还可以开发自己的基于 Cadence 的工具。实际上整个 Cadence 软件可以理解为一个搭建在 Skill 语言平台上的可执行文件集，所有的 Cadence 工具都是用 Skill 语言编写的，但同时由于 Cadence 的工具太多，因而显得有点凌乱，这给初学者带来了更多的麻烦。

本节旨在向初学者介绍 Cadence 的入门知识，只能根据 ASIC 设计流程，简单介绍一些 ASIC 设计者常用的工具，例如仿真工具 Verilog-xl、布局布线工具 Preview 和 Silicon Ensemble、电路图设计工具 Composer、电路模拟工具 Analog Artist、版图设计工具 Virtuoso Layout Editor、版图验证工具 Dracula 等。详细的解释可参看 Cadence 的帮助手册。

2. 设计流程

设计流程是规范设计活动的准则，好的设计流程对于产品的成功至关重要。本节将通过与具体的 EDA 工具 Synopsys 和 Cadence 相结合，概括出一个实际可行的 ASIC 设计流程。图 8-3 是实际设计过程中较常用的一个流程。

图 8-3 所示是深亚微米设计中较常用的设计流程。在该设计流程中，高层次综合和底层的布局布线之间没有明显的界线，高层设计必须考虑底层的物理实现（高层的划分与布局规划）。同时，由于内核（Core）的行为级模型有其物理实现的精确的延时信息，设计者可在设计的早期兼顾芯片的物理实现，从而可以较精确地估计互连的延时，以达到关键路径的延时要求。同时，布局布线后提取的 SDF 文件将被反标到综合后的门级网表中以验证其功能和时序是否正确。

从该流程中可看出，在实际设计中较常用到的 Cadence 的工具有 VerilogHDL、仿真工具 Verilog-XL、电路设计工具 Composer、电路模拟工具 Analog Artist、版图设计工具 Virtuoso Layout Editor、版图验证工具 Dracula 和 Diva 以及自动布局布线工具 Preview 和 Silicon Ensemble。本节将对这些工具作一个初步介绍。

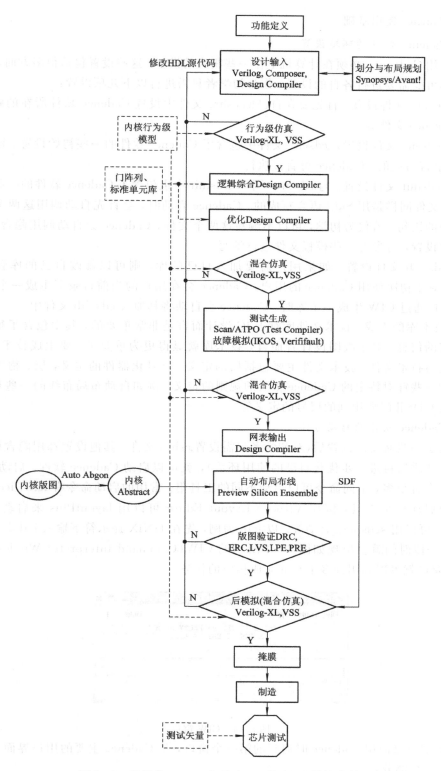

图 8－3　基于 Synopsys 和 Cadence 的 ASIC 设计流程

3. Cadence 使用基础

1) Cadence 软件的环境设置

要使用 Cadence，必须在计算机上作一些相应的设置。这些设置包括很多方面，而且不同的工具可能需要进行各自的设置。作为初学者只需进行以下几项设置：

① .cshrc 文件设置。首先要在自己的 .cshrc 文件中设置 Cadence 软件所在的路径、所使用的 licence 文件等。

② .cdsenv 文件设置。.cdsenv 文件中包含了 Cadence 软件的一些初始设置。该文件是用 Skill 语言写成的，Cadence 可直接执行。

③ .cdsinit 文件设置。与 .cdsenv 一样，.cdsinit 中也包含了 Cadence 软件的一些初始化设置。该文件同样是用 Skill 语言写成的。Cadence 启动时，会首先自动调用这两个文件并执行其中的语句。若仅为初学，可以不编写这两个文件，Cadence 会自动调用隐含的设置。若想更改设置，可参考一些模板文件进行编写。

④ cds.lib 文件设置。如果用户需要加入自己的库，则可以修改自己的库管理文件 cds.lib。对于初次使用 Cadence 的用户，Cadence 会在用户的当前目录下生成一个 cds.lib 文件。用户通过 CIW 生成一个库时，Cadence 会自动将其加入 cds.lib 文件中。

⑤ 技术库的生成。技术文件库对于 IC 设计而言是非常重要的，其中包含了很多设计中所必需的信息。对于版图设计者而言，技术库就显得更为重要了。要生成技术文件库，必须先编写技术文件。技术文件主要包括层的定义，符号化器件的定义，层、物理以及电学规则和一些针对特定的 Cadence 工具的规则的定义。例如自动布局布线的一些规则、版图转换成 GDS Ⅱ 时所用到的层号的定义等。

2) Cadence 软件的启动方法

完成了一些必要的设置后(对初学者只需设置 .cshrc 文件，其他设置都用隐含设置，等熟练了一些之后再进一步优化自己的使用环境)，就可以启动 Cadence 软件。启动 Cadence 软件的命令有很多，不同命令可以启动不同的工具集。常用的启动命令有 icfb、icca 等。也可以单独启动单个工具，例如 Viruoso Layout Editor 可以用 layoutPlus 来启动，Silicon Ensemble 可以用 sedsm 来启动等。以 icfb 为例，先在 UNIX 提示符下输入 icfb&，再按回车，经过一段时间就会出现如图 8-4 所示的 CIW(Command Interpreter Window)窗口。从 CIW 窗口就可以调用许多工具并完成相应的任务。

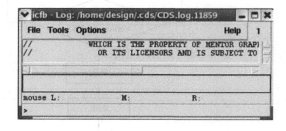

图 8-4　CIW 窗口

CIW 窗口是使用 Cadence 时遇到的第一个窗口，是 Cadence 主要的用户界面。它主要包括以下几个部分：

① 标题栏，显示使用的软件名及 log 文件目录，如图 8-4 中的最上面一行"icfb-

Log：/ home/design/. cds/CDS. log. 11859"。

② 菜单栏。

③ 输出区，输出 Cadence 对用户命令的反应。

④ 输入行，可用来输入 Skill 命令。

⑤ 鼠标捆绑行，显示捆绑在鼠标左中右三键上的快捷键。

⑥ 滚动条。

Cadence 将许多常用工具集成在一块，以完成一些典型的任务。表 8 - 2 总结了一些常用的启动命令及其可使用的工具，用户可根据自己的需要选择最少的命令集。

表 8 - 2　Cadence 启动命令

工具	命令	类型	功　　能
前设计	icde	S	完成数字和模拟电路输入
	icds	S	前设计（icde 和数字设计环境，包括 PIC、Synergy、TIDS 及 CSI）
	icms	M	模拟、混合信号以及微波前设计（icds 和模拟、混合信号以及微波环境、DIVA LVS）
	icca	XL	带有预布局的前设计（icds 和 Preview）
版图	layout	S	启动具有 DRC 接口的版图设计
	layoutPlus	M	具有自动设计工具和验证接口的版图设计（layout 和 LAS、Compactor、DIVA、InQuery、DLE）
布局布线	icca	L	基于芯片组合单元
系统	swb	S	PCB 板设计（包括和 Allegro 的接口）
	msfb	L	混合信号 IC 设计，不包括布局布线软件
	icfb	XL	从前至后设计（包括大多数 Cadence 工具，但没有 Dracula 或者 Vampire）

3）库文件的管理

启动了 Cadence 后，就可以利用 File 菜单建立自己的工作库。点击 CIW 窗口上的 File 菜单，选定其中的 New lib 项，输入库名并选择相应的工艺库，然后点击 OK 按钮，这时在 CIW 的显示区会出现如下提示：

The lib is created successfully!

新建的库是一个空的库，里面什么也没有。用户可在库中生成自己所需的单元，例如可以生成一个反相器单元，并为其生成一个电路及一个版图视图。其流程如下：

① 选择 File 菜单中的 New 项，并选择 Cellview 项，则弹出如图 8 - 5 所示的对话框。选择所需的库并输入单元名 inv，选择视图类型 schematic，再点击 OK 按钮。

② 用 Add 菜单中的 Component 命令调用 analogLib 中的单元，输入 PMOS 和 NMOS 管以及电源和地，如图 8 - 6 所示。

③ 点击 Check and Save 命令保存。

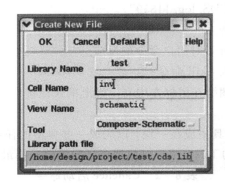

图 8-5　生成电路对话框

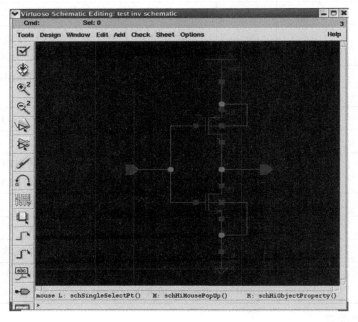

图 8-6　生成电路

用同样的流程可生成 inv 的版图视图。利用 Tools 中的 library manager 可以对库进行管理。

4）文件格式的转化

Cadence 有自己的内部数据格式，为了与其他 EDA 软件进行数据交换，Cadence 提供了内部数据与标准数据格式之间的转换。点击 CIW 的 File 菜单中的 Import，可将各种外部数据格式转换成 Cadence 内部数据格式；利用 CIW 的 File 菜单中的 Export，可将各种 Cadence 内部数据格式转换成外部标准数据格式。

4. Verilog XL 的介绍

人们在进行电子设计时较常用的输入方法有两种：硬件描述语言（HDL）和电路图输入。作为 EDA 设计的主流软件之一，Cadence 提供了对两种主流 HDL（Verilog 及 VHDL）的强大支持，尤其是对 Verilog 的支持。Cadence 很早就引入了 Verilog，并为其开发了一整套工具。而其中最出色的当数 Verilog 的仿真工具 Verilog-XL。它一直以其友好的用户界面及强大的功能而受到广大 Verilog 用户的青睐。关于 Verilog 语言在后面小节中有详细描述，这里先给出其在 Cadence 中的应用。

1) Verilog-XL 的启动

Verilog-XL 较常用的启动方法是：

verilog-s＋gui -v libname -f scriptFile sourcefilename &

其中，libname 为所使用的库的名字，scriptFile 为用可选项编写的命令文件。

2) Verilog-XL 的界面

运行以上的启动命令后，如果未发生什么错误，就会弹出如图 8 - 7 所示的用户界面。这就是 Verilog-XL 的 SimControl 窗口，通过该图形界面可控制仿真的执行。

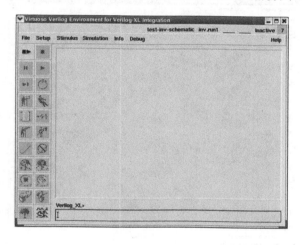

图 8 - 7 Verilog-XL 的图形界面

Verilog-XL 的图形界面主要有以下几个窗口：

① SimControl。SimControl 窗口是主要的仿真控制窗口。当用带有 gui 选项的 Verilog 命令启动 Verilog-XL 时，就会弹出这个窗口。通过这个窗口，可以显示设计的模块结构、运行 Verilog-XL 命令、设置及显示断点、强行给变量赋值等。通过这个窗口还可以实现用户与仿真的交互，从而达到对仿真的控制。

② Navigator。通过点击 SimControl 窗口上部工具栏中的星形图标即可激活 Navigator 窗口。该窗口可用来图形化显示设计的层次、设计中的实体及其变量。

③ 信号流浏览器。

④ 观察窗口。

⑤ SimWave。SimWave 窗口可以用来显示已经选择并跟踪了的信号波形。

5. 电路图设计及电路模拟

设计时除了可以用硬件描述语言如 VHDL 及 Verilog 输入外，还可以用电路图输入。在早期的 ASIC 设计中，电路图起着更为重要的作用。作为流行的 EDA 软件，Cadence 提供了一个优秀的电路图编辑工具 Composer。Composer 不但界面友好、操作方便，而且功能非常强大。电路图设计好后，其功能是否正确，性能是否优越，必须通过电路模拟才能进行验证。Cadence 同样提供了一个优秀的电路模拟软件 Analog Artist。Analog Artist 通过 Cadence 与 Hspice 的接口，调用 Hspice 对电路进行模拟。

1）电路图设计工具 Composer

Composer 是一种设计输入的工具。逻辑或者电路设计工程师、物理设计工程师，其至 PCB 板设计工程师都可以用它来支持自己的工作。

（1）启动。Composer 的启动很简单。在启动 Cadence 后，从 CIW 窗口中打开或新建一个单元的 Schematic 视图，就会自动启动 Composer 的用户界面。用户即可在其中放入单元及连线以构成电路图。

（2）用户界面及使用方法。图 8-8 是 Composer 的用户界面。在该用户界面中，显示区占了大部分面积。显示区左边的图标是一些常用的工具。

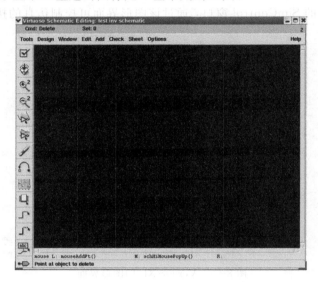

图 8-8　Composer 的用户界面

编辑电路图的一般流程如图 8-9 所示，图中各步骤的说明如下：

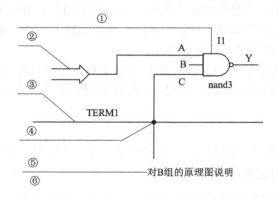

图 8-9　电路图设计的简单流程

① 用 Component 命令调用符号库中的符号来添加元件，如图中的 nand3；

② 添加完所有的元件后，就可以加入 pin，可通过 add 菜单中的 pin 项来进行添加；

③ 布线及标线名，可通过 wire 命令布线，通过更改其属性标上线名；

④ 在特殊情况下添加节点，通常节点是自动生成的；

⑤ 加注释；

⑥ 加整体属性，如一些自动布局布线属性。

符号是用来代表元件的，如反相器用一个三角形代替。在 Cadence 中，当上层调用下层单元和进行上下级映射时通常调用其符号。所以符号在电路设计中起着很重要的作用。

与启动 Schematic Editor 类似，通过在 CIW 窗口中新建或打开一个单元的 symbol 视图，就可启动 Symbol Editor 对符号进行编辑。图 8 - 10 是编辑符号的一般流程，主要包括以下几步：

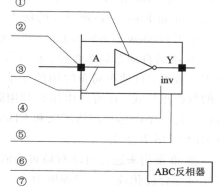

① 在编辑区加入一些基本的图形；

② 加入符号的 pin；

③ 加入连接基本图形与 pin 的线；

④ 加入符号的标记，如 inv；

⑤ 加入选择外框；

⑥ 加入文本注释；

⑦ 更改整体属性。

图 8 - 10　符号设计的简单流程

2) 电路模拟工具 Analog Artist

Cadence 提供进行电路模拟的工具 Analog Artist。Anglog Artist 通过调用 Hspice 进行电路模拟，然后进行各种后续处理并显示结果。

① 启动。Analog Artist 可以用 Composer 的 Tools 菜单启动，也可以用 CIW 的 Tools 菜单启动。

② 用户界面及使用方法。图 8 - 11 是 Analog Artist 的用户界面，关于具体的使用方法可参考相应手册。

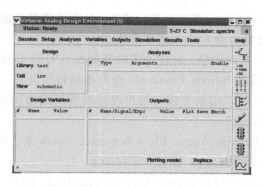

图 8 - 11　Analog Artist 的用户界面

6. 自动布局布线

1) Cadence 中的自动布局布线流程

设计输入经过综合和优化后，就应对所生成的门级网表进行自动布局布线。自动布局布线是连接逻辑设计和物理设计之间的纽带。

在自动布局布线前必须进行布局规划（floorplan），在 Cadence 中进行布局规划的工具为 Preview，进行自动布局布线的引擎有四种：Block Ensemble、Cell Ensemble、Gate

Ensemble 和 Silicon Ensemble。其中，Block Ensemble 适用于宏单元的自动布局布线，Cell Ensemble 适用于标准单元或标准单元与宏单元相混合的布局布线，Gate Ensemble 适用于门阵列的布局布线，SiliconEnsemble 主要用在标准单元的布局布线中。将 Preview 与四种引擎相结合可产生四种不同的自动布局布线环境和流程。由于 Silicon Ensemble(DSM)的功能很完全，几乎可以完成所有复杂的自动布局布线的任务，因此在考虑自动布局布线引擎时，一般都采用 Silicon Ensemble。SRAM 编译器所生成的用于自动布局布线的端口模型为 Silicon Ensemble 所要求的格式。

采用 Preview 和 Silicon Ensemble 进行自动布局布线的流程主要由以下几个主要步骤组成：

① 准备自动布局布线库。在进行自动布局布线之前，必须准备好相应的库。该库中含有工艺数据、自动布局布线用的库单元及显示信息。库的格式必须为 Design Framework Ⅱ 的数据库格式。库可以由用户利用版图生成工具 Virtuoso Layout Editor 设计产生，也可以来自一个由芯片制造厂家和 EDA 公司提供的 LEF(Library Exchange Format)文件，或者由 GDS Ⅱ 生成。

② 准备用来进行自动布局布线的网表。用来进行布局布线的网表可以由硬件描述语言经过综合优化或由电路提取而来。所有网表在进行自动布局布线前，都必须首先生成对应的 autoLayout 视图(view)。

③ 用 Preview 进行布局规划。Preview 是 Cadence 的布局规划器。它可以用来规划物理设计，从而在自动布局布线前预估物理实现的影响。在 Cadence 中使用 Preview 与自动布局布线引擎相结合来进行自动布局布线。

④ 用 Silicon Ensemble 进行自动布局布线。

⑤ 对完成布局布线的版图进行验证。生成的版图其连接性是否正确、是否符合设计规则、是否符合时序要求等，必须通过验证才能确定。通过点击 Verify&Report 菜单中的相应项，可对版图进行连接性设计规则验证，并可生成 SDF(Standard Delay Format)文件。通过反标 SDF 文件可对原来的门级网表进行仿真，从而确定其功能和时序是否正确。

2) 用 AutoAbgen 进行自动布局布线库设计

对于不同的自动布局布线引擎，对应的库的数据格式有所不同，用来生成库的工具也不同。本 SRAM 编译器选择 Silicon Ensemble 作为布局布线引擎，其对应的库生成工具为 AutoAbgen。AutoAbgen 可以用来生成与用户设计的版图或版图库所对应的 Abstract(即用于自动布局布线的端口模型)。

可以用 AutoAbgen 的 AutoAbgen Flow Sequencer form 来生成 Abstract(对于单个版图)和 LEF 文件(对于整个物理库)，其基本流程如下：

① 首先在局部 .cdsinit 中设置好 AutoAbgen 运行的环境，即在.cdsinit 中加入以下语句：
aabsInstallPath="<install_dir>/tools/autoAbgen/etc/autoAbgen"
load(buildstring(list(aabsInstallPath "aaicca. ile") "/"))。

② 将 AutoAbgen 的初始化文件 .autoAbgen 拷入运行目录，并用 icfb& 启动Cadence。

③ 点击 CIW 窗口中的 AutoAbgen 菜单下的 AutoAbgen Flow Sequencer 项，打开 Flow Sequencer Form。

④ 选择合适的流程。

⑤ 建立布局布线所需的工艺信息。如果在工艺文件中已经包含布局布线的工艺信息，

可以忽略这一步。

⑥ 建立用来生成 Abstract 的版图数据。如果所用的版图数据已经是 DF Ⅱ 的版图格式，可以忽略这一步。

⑦ 更新单元的属性及其管脚属性。由于 AutoAbgen 对所操作的版图有些特殊要求，因此在生成 Abstract 前必须对其属性进行更新，以符合 AutoAbgen 的要求。

⑧ 建立一个库单元，将所需建立的 Abstract 的所有单元包括到里面。

⑨ 填写环境设置表格和运行选项表格，输入/输出 LEF 的文件名（如果是对库进行操作）。

⑩ 选择 Apply 运行 AutoAbgen，生成所需的 Abstract。

7. 版图设计及其验证

可以说，Cadence 最突出的优点就在于版图设计及其验证，这个工具是任何其他 EDA 软件所无法比拟的。Cadence 的版图设计工具是 Vituoso Layout Editor，即"版图编辑大师"，它不但界面很漂亮而且操作方便、功能强大，可以完成版图编辑的所有任务。

版图设计得好坏、其功能是否正确，必须通过验证才能确定。Cadence 中进行版图验证的工具主要有 Dracula 和 Diva。两者的主要区别是：Diva 是在线的验证工具，被集成在 Design Frame Work Ⅱ 中，可直接点击"版图编辑大师"上的菜单来启动；而 Dracula 是一个单独的验证工具，可以独立运行，相比之下 Dracula 的功能比较强大。

1）版图设计大师（Virtuoso Layout Editor）

版图设计大师是 Cadence 提供给用户进行版图设计的工具，使用起来十分方便。下面是它的简单介绍。

① 启动。有很多种方法可以启动版图设计大师。最简单的办法是通过 CIW 打开或者新建一个单元的版图视图，这样就会自动启动版图设计大师。此外也可以用 layoutPlus 或 layout 命令启动。

② 用户界面及使用方法。通过上述方法启动版图设计大师后，就会出现如图 8-12 所示的用户界面及一个 LSW 窗口。从 LSW 窗口中选择所需的层，然后在显示区画图。具体的操作可参考相关手册。

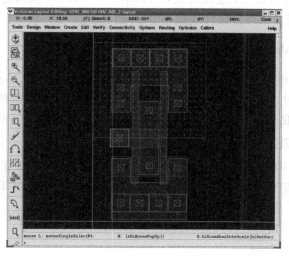

图 8-12　Virtuoso Layout Editor 用户界面

2) 版图验证工具(Dracula)

用 Virtuoso Layout Editor 编辑生成的版图是否符合设计规则、电学规则,其功能是否正确,必须通过版图验证系统来验证。Cadence 提供的版图验证系统有 Dracula 和 Diva。Diva 嵌入在 Cadence 的主体框架之中,使用较方便,但功能较之 Dracula 稍有逊色。Dracula 为独立的版图验证系统,可以进行 DRC(设计规则检查)、ERC(电学规则检查)、LVS(版图和电路比较)、LPE(版图寄生参数提取)、PRE(寄生电阻提取),其运算速度快、功能强大,能验证和提取较大的电路,本书着重介绍 Dracula 的使用。

使用 Dracula 和 Diva 的第一步是编写与自己的工艺一致的命令文件,包括 DRC、ERC、LVS、LPE,甚至 PRE 文件。

假设要验证的版图为 mySRAM 库中的 sram256x8 单元,用来进行验证的当前目录为 myver,运行 Dracula 的命令文件为 mydrc.com。执行 DRC、ERC 和 LPE 的流程如下:

① 利用 Virtuoso Layout Editor 生成所需的版图 sram256x8,然后利用 CIW 窗口中的 Export→Stream 菜单,将单元 sram256x8 的版图转变成 GDS Ⅱ 格式文件 sram256x8.gds,并存到运行目录 myver 下。

② 修改运行 Dracula 所需的命令文件 mydrc.com,将其中的 INDISK 文件改为 sram256x8.gds,将 OUTDISK 改为任何自己喜欢的文件,例如 sram256x8_out.gds,将 WORK-DIR 改为当前的运行目录 myver,将 PRIMARY 改为大写的单元名,即 SRAM256X8。

③ 在当前目录下运行 PDRACULA,即在 UNIX 操作符下输入 PDRACULA&,然后输入/GET mydrc.com 并回车,接着输入/fi 即可生成 jxrun.com 及 jxsub.com。

④ 在当前目录下运行 jxrun.com 或 jxsub.com。

⑤ 检查结果文件,DRC 检查为 printfile_name.drc,ERC 为 printfile_name.erc,LVS 为 printfile_name.lvs。其中 printfile_name 为命令文件中 PRINTFILE 所指定的字符串。

⑥ 利用 InQuery& 命令启动图形界面查找并修改错误。

⑦ 重复①~⑥,直至改完所有的错误。

由于 Dracula 的功能强大,速度较快,可以对整个 SRAM 版图进行验证,因而可以确保生成的 SRAM 版图完全符合设计规则和电学规则。

8.2.2　Tanner Tools

Tanner Tools 是电子设计专业技术人员的 ASIC 设计工具,具有简便、易学、实用、普及等优点。整个软件基于 PC 机平台,功能包括原理图绘制、逻辑仿真、电性能仿真、版图编辑、版图参数提取和版图校验(LVS)等,并有和多种 EDA 软件的接口。

1. Tanner V6.0 及 V8.22 的安装

Tanner V6.0 及 V8.22 安装时与普通 Windows 软件安装没有任何区别,即直接运行 Setup 程序,但需先安装 License 文件。之后会自动形成 L-edit Pro、LVS、Tspice 和 S-Edit 四个主目录。此软件包括了以下模块:

① 网表转换 NetTran;

② 原理图绘制 S-Edit;

③ 电路模拟工具 T‐Spice；

④ 全定制版图编辑工具 L‐Edit；

⑤ 自动布局布线工具 L‐Edit/SPR；

⑥ 验证工具 L‐Edit/DRC、Extract 及 LVS；

⑦ 门级时序仿真工具 GateSim；

⑧ 横截面观测工具 CSV。

2. Tanner TooIs 软件的主要模块使用介绍

1）使用 S‐Eidt 输入原理图

（1）双击 S‐Edit 图标 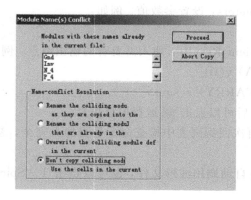 就可启动 S‐Edit，正常启动时，S‐Edit 会创建一个名叫 File0 的文件（这个文件具有一个模块 Module0，显示页码为 Page0）。启动 S‐Edit 打开一个不存在的文件时，S‐Edit 就会寻找文件 ∗.sab。阅读这个文件可以得到设置信息。

（2）加库。选择 Module→Symbol blowser…＞Add library…，如 C：\Tanner\S-Edit \library\scmos.sdb、C：\Tanner\S-Edit\library\spice.sdb。

（3）放置元件。使用菜单 Module→Symbol Blowser 或图标 ，在 Symbol Blowse 对话框中选择要放置的元件，如 INV，然后点击 Place 按钮放置元件。

如果在原理图中已经有相同的元件，则会出现如图 8‐13 所示的 Module Name(s) Conflict 对话框，选择第四个选项。

图 8‐13　添加元件图示

若要移动元件，则先选中元件，再用 Alt＋左键移动，或使用鼠标中键移动。

（4）连线。点击 Schematic Toolbar（原理图工具栏）中的连线图标 ，在原理图中用鼠标左键确定连线的起点，右键确定连线的终点，将各个元件按功能连接起来。

（5）添加输入/输出端口。点击 Schematic Toolbar 中的输入端口 图标和输出端口 图标，添加输入/输出端口到原理图中。

（6）从 Module→Symbol Blowser 中加入电源和地（U_{dd} 和 GND，Spice 中有电源）。

（7）添加输入信号。

（8）完成原理图输入并确认无误后，保存。已完成的 S‐Edit 原理图如图 8‐14 所示。

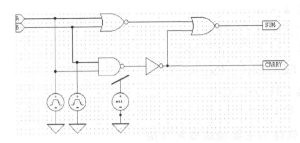

图 8-14 已完成的 S-Edit 原理图

2）使用 T-Spice 仿真

在 S-Edit 窗口中点击 T-Spice 图标进入 T-Spice 仿真环境。

（1）加入 Spice 仿真命令。在 T-Spice 界面中，点击 Edit 下拉菜单中的 Insert. command，它包含基本的 Spice 命令语句，例如参数设置、交流分析、直流分析以及输出的结果等。也可以在 S-Edit 中加入 MODULE 命令来设置参数，此时要确保仿真命令输入完全正确。加入的仿真命令包括：

① Analysis... Transient：设置瞬态分析扫描参数。例如：

.tran 1N 500N

② Files... Include：加入模型库。例如：

.include "D：\tanner\tanner\TSpice70\models\ml1_typ. md"

③ Settings... Parameters：设置参数值。例如：

.param l=1U

④ Output... Transient Results：加入需要看的输出节点。例如：

.print tran v(A) v(B)

.print tran v(CARRY) v(sum)

加完 Spice 仿真命令后可以点击 ▶ 运行模拟仿真。

若仿真出现错误则再次回到网表中检查命令是否加入完全，参数设置是否正确。也可以手动修改或加入参数。

运行没错误时，软件自动调用波形文件，也可以点击 T-Spice 中的 ▨ 显示输出波形结果，如图 8-15 所示。

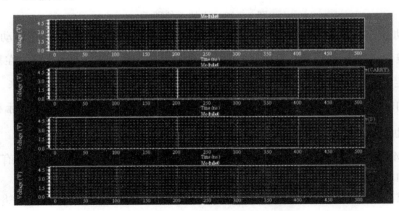

图 8-15 W-Edit 显示的输出波形

3）使用 L－Edit/SPR 自动布局布线

SPR 的一般使用流程如下：

（1）生成设计电路图、原理图与仿真的原理图。这三种图的不同之处是电源、地、输入/输出 PAD 及信号源的有无。用 SPR 生成的设计原理图如图 8－16 所示。

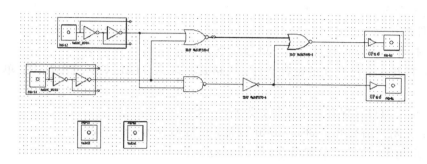

图 8－16　SPR 设计原理图

（2）输出 EDIF 或 TPR 的网表。L－Edit 支持 EDIF200、EDIF.LEVEL.0。关键词 LEVEL.0 显示网表类型。

（3）启动 L－Edit。用 File→New 生成设计文件（即版图文件），这需要通过在 New File 对话框的 Copy TDB setup from 栏中输入单元库文件名来完成，如此可将单元库的工艺设置信息传递给设计文件（即版图文件）。

（4）用 File→Save 存储设计文件。

（5）选择 Tools→SPR→Set up，出现 SPR.setup 对话框。在此对话框中指定标准单元库文件名和网表文件、电源、地节点及在电路图中所用的端口名（此名必须和标准单元的电源、地的端口名一致）。

（6）点击 Initialize setup 按钮，注入网表，并且使用网表信息初始化各设置对话框中的内容。各设置对话框是通过点击 Core setup、Padframe setup 和 Pad Route setup 按钮进入的。

（7）选择 Tools→SPR→Place and Route 设置适当参数。

（8）运行。

若运行没有错误，L－Edit 将显示自动布局布线好的版图。

4）L－Edit 使用说明

（1）简单介绍。

① 鼠标的使用。使用 L－Edit 时最好用三键鼠标，如果用两键鼠标，则中键的功能由按下 Alt 键的同时按下左键来实现。

② 屏幕显示。空格键用于屏幕刷新，而其他键或鼠标任一键可中断屏幕刷新；↑、↓、←、→键用于显示窗口的上下左右移动；"＋"键用于屏幕的放大，"－"键用于屏幕的缩小。

③ 调整网格点。可通过 Setup→Design→Grid 来调节网格宽度，通常设一个网格宽度为 1 μm。

（2）设计规则检查 DRC。

① DRC 的设置。设计规则检查可用 Tools→DRC Setup 命令项或点击界面左上方第三

个小图标进行设置。可以根据不同的设计规则进行调节。

② 运行 DRC。完成布线后，应对版图作设计规则检查，其方法是点击 Tools→DRC...命令项(或点击界面左上方第一个小图标)，这时就会出现一个是否要将错误信息存入一个文件的对话框，点确定按钮后即可得到相关信息。

(3) 基本命令。

① 文件操作命令(File)。

New：打开一个新的设计文件，单键命令为 Ctrl＋N。

Open：打开一个已存在的磁盘文件，此格式必须为 TDB、CIF 或 GDSII，单键命令为 Ctrl＋O。

Save：将当前设计保存，单键命令为 Ctrl＋S。

Close：关闭当前打开着的 L－Edit 设计，单键命令为 Ctrl＋W。

Quit：退出 L－Edit，单键命令为 Ctrl＋Q。

② 编辑命令(Edit)。

Undo：取消以前的编辑命令，单键命令为 Ctrl＋Z。

Cut：将当前选中的目标剪下来放入缓冲区 Paste 中，单键命令为 Ctrl＋X。

Copy：将当前选中的目标复制到缓冲区 Paste 中，单键命令为 Ctrl＋C。

Paste：将缓冲区 Paste 中的内容恢复到屏幕中规定的位置，单键命令为 Ctrl＋V。

Clear：删除当前所选中的目标(与 Cut 的区别是目标并不拷入缓冲区 Paste 中)，单键命令为 Ctrl＋B。

Duplicate：为当前的所选目标产生一个副本，单键命令为 Ctrl＋D。

Select All：在有效空间中选中所有目标，单键命令为 Ctrl＋A。

3. 举例

1) 模拟电路

图 8－17 所示为一基本差动对电路，输入为 A 和 B，单端输出为 OUT。$BIAS_1$ 为 PMOS 管提供电流偏置信号，从而为差动对提供电流源负载。$BIAS_2$ 为最下方的 NMOS 管提供电流偏置信号，从而为差动对提供恒定的尾电流源。

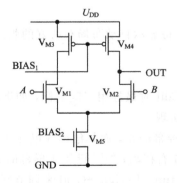

图 8－17 以 PMOS 电流源为负载的差分对

如果采用 CMOS 工艺，则版图层次依次为：N 阱——确定有源区——多晶(MOS 管的栅)——P＋扩散——N＋扩散——引线孔刻蚀——金属连线。

其详细步骤如下(工艺设计选择 λ 规则)：

(1) 选择 File→New，出现如图 8 - 18 所示的对话框，在 File 栏中选择 Layout，在 Copy TDB setup from 栏中选择已存在的版图文件，点击 OK 按钮后就会出现一个同所选择的版图文件一样的设计界面。

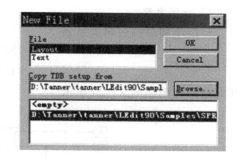

图 8 - 18　建立新的设计文件

(2) 在屏幕左侧的版图层次框中选择 N - Well，点击 BOX 快捷键，在界面的相应位置画出一矩形，代表 N 阱。

(3) 在屏幕左侧的版图层次框中选择Active，在 N 阱中画两个矩形有源区准备作 PMOS 管，在 N 阱外大于 5λ 处画三个有源区，准备作 NMOS 管，有源区间的最小距离为 3λ。

(4) 在屏幕左侧的版图层次框中选择 Poly，在所有有源区中间画一细长多晶作 MOS 管的栅，最小宽度为 2λ，栅在有源区的最小伸展为 2λ。

(5) 在屏幕左侧的版图层次框中选择 P - Select，在 N 阱中覆盖两个有源区，最小覆盖为 2λ，在阱外也画一块 P 扩散区，作为 NMOS 管的衬底。

(6) 在屏幕左侧的版图层次框中选择 N - Select，在阱外覆盖所有 NMOS 的有源区，并且在阱内相应位置画一 N 扩散区，作为 PMOS 管的衬底。

(7) 在屏幕左侧的版图层次框中选择 Poly Contact，在多晶上打接触孔，孔的边长为 2λ；在屏幕左侧的版图层次框中选择 Active Contact，在有源区上打接触孔，边长也为 2λ，孔间距为 2λ。在屏幕左侧的版图层次框中选择 Origin Layer，在衬底上打接触孔，边长都是 2λ。

(8) 在屏幕左侧的版图层次框中选择 Metal 1，把相应的接触孔连接起来，输入/输出信号可以通过点击 Port 快捷键写出线名。如果还有二铝的话，先在一铝上打过孔(Via1)，再选择二铝(Metal 2)进行连接。

最后形成的基于 CMOS 的差动对版图如图 8 - 19 所示。

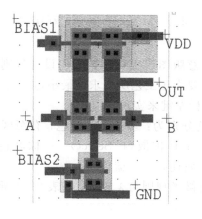

图 8 - 19　基于 CMOS 的差动对版图

2) 数字电路

一位半加器的逻辑关系为

$$SUM = A \oplus B$$
$$CARRY = AB$$

其电路原理图如图 8 - 20 所示。

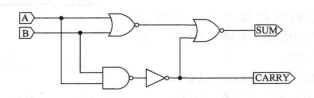

图 8 - 20　一位半加器电路原理图

一位半加器的版图如图 8 - 21 所示。其详细形成步骤同上，但在此例中加入了 Metal 2 连线。

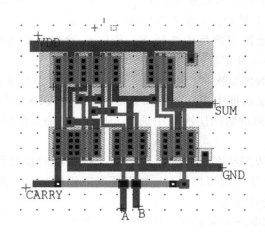

图 8 - 21　一位半加器的版图设计

注意：

(1) 画版图时，一定要注意版图层次和工艺几何设计规则。例如：有源区在多晶层前画；引线接触孔边长要小，但要大于工艺所要求的最小边长（在 λ 规则中为 2λ）等。

(2) 移动元件用 Alt＋鼠标左键来实现。

(3) 各层的默认习惯颜色分别为：多晶——红色；有源区——草绿色；接触孔——黑色；N 阱——土黄色（带网格）；P 扩散（P Select）——棕红色（带网格）；N 扩散（N Select）——墨绿色（带网格）；金属连线——蓝色。

(4) 常用版图设计规则有微米规则与 λ 规则，如表 8 - 3 所示。

表 8－3　版图设计规则

工艺设计参数	λ 规则	微米规则/μm
A. N 阱区		
A.1　N 阱最小宽度	10λ	2
A.2　N 阱最小宽度（相同电位）	6λ	2
A.3　N 阱最小宽度（不同电位）	8λ	2
B. 有源区或薄氧化层区		
B.1　有源区最小宽度	3λ	1
B.2　有源区之间最小间隔	3λ	1
B.3　N 阱内 P 扩到阱边的最小间隔	5λ	1
B.4　N 阱内 N 扩到阱边的最小间隔	3λ	1
B.5　N 阱到阱外 N 扩的最小间隔	5λ	5
B.6　N 阱到阱外 P 扩的最小间隔	3λ	3
C. 多晶硅 1（第一层多晶）		
C.1　多晶最小宽度	2λ	1
C.2　多晶硅之间的最小间隔	2λ	1
C.3　多晶至有源区的最小间隔	1λ	0.5
C.4　多晶硅栅在有源区的最小伸展	2λ	1
D. P 扩区（或 N 扩区）		
D.1　P 扩区对有源区的最小覆盖	2λ	1
D.2　P 扩区最小宽度	7λ	3
D.3　在毗邻接触中有源区 P 扩、N 扩注入区的最小交叠	1λ	2
E. 接触孔		
E.1　接触孔最小边长	2λ	0.75
E.2　有源区接触孔最小间距	2λ	1

参 考 文 献

[1]　Sebastian Mchael John. SmithApplication-Specific Integrated Circuits[M]. Addison-Wesley，1997.

[2]　Uyemura John P. Introduction to VLSI Circuits and Systems[M]. JOHN WILEY&SONS，2001.

[3]　Wojciech Maly. A Point of View on the Future of IC Design：Testing and Manufacturing. European Design and Test Conference，1996.

[4]　Naish Paul. Designing Asics[M]. HTML edition，1988.

[5]　Baker R Jacob，Li Harry W，Boyce David E. CMOS Circuit Design，Layout，and Simulation[M]. IEEE PRESS，1997.

[6]　INTEL Corp. INTEL Packaging Databook[EB/OL].

[7]　Rabaey Jan M. Digital Integrated Circuits：A Design Perspective [M]. 2nd ed. Prentice Hall，2002.

[8]　Blackwell Glenn R. The electronic packaging handbook[M]. CRC Press LLC，2000.

[9]　Saint Christopher，Saint Judy. IC Layout Basics：A Pracical Guide[M]. McGraw-Hill，2001.

[10]　Hastings Alan. The Art of Analog Layout[M]. Pearson Education Inc. ，2004.

[11]　Weste Neil H E，Eshraghian Kamran. Principles of CMOS VLSI Design：A Systems perspective [M]. Addison-Wesley，1988.

[12]　Mukherjee Amar. Introduction to NMOS and CMOS VLSI Systems Design[M]. Prentice Hall，1986.

[13]　Johns David A，Martin Ken. Analog Integrated Circuit Design[M]. John Wiley&Sons，1997.

[14]　Allen Phillip E，Holberg Douglas R. CMOS Analog Circuit Design[M]. 2nd ed. Oxford University Press，2002.

[15]　Razavi Behzad. Design of Analog CMOS Integrated Circuits[M]. McGraw-Hill，2001.

[16]　Gray P R，Hurst P J，Meyer R G. Analysis and Design of Analog Integrated Circuits[M]. 4th ed. John wiley & Sons Inc. 2001.

[17]　Wakerly John F. Digital Design：Principles and Practices[M]. 3rd ed. Prentice Hall，1999.

[18]　Hodges David A，Jackson Horace G，Saleh Resve A. Analysis and Design of Digital Integrated Circuits[M]. 3rd ed. McGraw-Hill，2003.

[19]　Martin Ken. Digital Integrated Circuit Design[M]. Oxford University Press，2000.

[20]　Toumazou C，Lidgey F J，Haigh D G. Analogue IC design：the current-mode approach[G]. IEEE Circuits and systems series，1990.

[21]　Laker Kenneth R，Sansen Willy M C. Design of Analog Integrated Circuits and Systems[M]. McGraw-Hill，1994.

[22]　Gregorian Roubik. Introduction to CMOS Op-Amps and Comparators [M]. John Wiley&Sons，1999.

[23]　Huijsing Johan. Operational Amplifiers：Theory and Design[M]. Kluwer Academic，2001.

[24]　Daly James C，Galipeau Denis P. Analog BiCMOS Design：Practices and Pitfalls[M]. CRC Press，2000.

[25]　Maloberti Franco. Analog Design for CMOS VLSI Systems[M]. Kluwer Academic，2001.

[26]　Gregorian Roubik，Temes Gabor C. Analog MOS Integrated Circuits for Signal Processing[M]. John Wiley&Sons，1986.

[27]　Grebene Alan B. Bipolar and MOS Analog Integrated Circuit Design[M]. John Wiley&Sons，1984.

[28]　Dueck Robert K. Digital Design with CPLD Applications and VHDL[M]. 2nd ed. CENGAGE Delmar Learning，2004.

[29]　Clive"Max" Maxfield. The Design Warrior's Guide to FPGAs[M]. Mentor Graphics Corporation and Xilinx Inc.，2004.

[30]　Sherwani Naveed A. Algorithms for VLSI Physical Design Automation[M]. 3rd ed. Kluwer Academic，2002.

[31]　Sarrafzadeh M，Wong C K. An Introduction to VLSI Physical Design[M]. McGraw-Hill，1996.

[32]　MIYAZAKI M. A DFT Selection Method for Reducingtest Application Time of System-On-Chips [C]. Proc 12th Asian Test Symp，2003.

[33]　Pedroni Volnei A. Circuit Design with VHDL[M]. Massachusetts Institute of Technology，2004.

[34]　Perry Douglas L. VHDL：Programming by Example[M]. 4th ed. McGraw-Hill Companies，2002.

[35]　Samir Palnitkar. Verilog HDL：A guide to Digital Design and Synthesis[M]. SunSoft Press，1996.

[36]　荒井英辅. 集成电路[M]. 邵春林，蔡凤鸣，译. 北京：科学出版社，2000.

[37]　杨荣斌. 集成电路发展趋势. 半导体国际[EB/OL]，2004，9.

[38]　刘昌孝. 专用集成电路设计[M]. 北京：国防工业出版社，1995.

[39]　周祖成，王志华. 专用集成电路和集成系统自动化设计方法[M]. 北京：国防工业出版社，1997.

[40]　杨之廉，申明. 超大规模集成电路设计方法学导论[M]. 2 版. 北京：清华大学出版社，1999.

[41]　捷嘉. EDA 技术的概念及规范[EB/OL].

[42]　吴冰，李森森. EDA 技术的发展与应用[EB/OL]. 今日电子，2004. 11.

[43]　汪惠，王志华. 电子电路的计算机辅助分析与设计方法[M]. 北京：清华大学出版社，1996.

[44]　李玉山，来新泉. 电子系统集成设计技术[M]. 北京：电子工业出版社，2002.

[45]　朱正涌. 半导体集成电路[M]. 北京：清华大学出版社，2001.

[46]　童诗白，华成英. 模拟电子技术基础[M]. 3 版. 北京：高等教育出版社，2001.

[47]　王汝君，钱秀珍. 模拟集成电子电路(上册)[M]. 南京：东南大学出版社，1993.

[48]　谢嘉奎，宣月清，冯军. 电子线路(线性部分)[M]. 4 版. 北京：高等教育出版社，1999.

[49]　郝跃，贾新章，吴玉广. 微电子概论[M]. 北京：高等教育出版社，2003.

[50]　陈金松. 模拟集成电路(原理、设计、应用)[M]. 合肥：中国科学技术大学出版社，1997.

[51]　曾树荣. 半导体器件物理基础[M]. 北京：北京大学出版社，2002.

[52]　阎石. 数字电子技术基础[M]. 北京：高等教育出版社，1998.

[53]　Uyemura John P. 超大规模集成电路与系统导论[M]. 周润德，译. 北京：电子工业出版社，2004.

[54]　李本俊，刘丽华，辛德禄. CMOS 集成电路原理与设计[M]. 北京：北京邮电大学出版社，2002.

[55]　Behzad Razavi. 模拟 CMOS 集成电路设计[M]. 陈贵灿，程军，等，译. 西安：西安交通大学出版社，2002.

[56]　孙肖子，张企民. 模拟电子技术基础[M]. 西安：西安电子科技大学出版社，2001.

[57]　康华光. 电子技术基础——模拟部分[M]. 4 版. 北京：高等教育出版社，1996.

[58]　Phillip E. Allen. CMOS 模拟集成电路设计[M]. 冯军，李智群，译. 2 版. 北京：电子工业出版社，2005.

[59]　Jan M. Rabaey. 数字集成电路——电路、系统与设计[M]. 周润德，译. 2 版. 北京：电子工业出版社，2004.

[60]　孙斌. 可测试性设计(DFT)的发展状况 [J]. 国外电子测量技术，2000(3)：40－41.

[61] 雷绍充，邵志标，梁峰. VLSI 测试方法学和可测性设计[M]. 北京：电子工业出版社，2005.

[62] 杨士元. 数字系统的故障诊断与可靠性设计[M]. 2 版. 北京：清华大学出版社，2000.

[63] 王鸿猷. 谢远达. Full Custom IC Design Concepts：Training Manual[R]. Chip Implementation Center，2003.

[64] 吴继华，王诚. Altera FPGA/CPLD 设计[M]. 北京：人民邮电出版社，2005.

[65] 夏宇闻，Verilog 数字系统设计教程[M]. 北京：北京航空航天大学出版社，2003.

[66] 宋万杰. CPLD 技术及其应用[M]. 西安：西安电子科技大学出版社，1999.

[67] 邓海飞微电子学研究所设计室[R]. Cadence 使用参考手册，2000.

[68] Baker R Jacob，Li Harry W，等. CMOS 电路设计、布局与仿真[M]. 陈中建，等，译. 北京：机械工业出版社，2006.

[69] 杨颂华，等. 数字电子技术基础[M]. 西安：西安电子科技大学出版社，2000.

[70] 秦世才，贾香鸾. 模拟集成电子学[M]. 天津：天津科技出版社，1996.

[71] 李联. MOS 运算放大器原理、设计与应用[M]. 上海：复旦大学出版社，1988.

[72] 邵丙铣，郑国祥. MOS 集成电路的分析与设计[M]. 上海：复旦大学出版社，2002

[73] Saint Christopher，Saint Judy. 集成电路掩膜设计[M]. 周润德，金申美，译. 北京：清华大学出版社，2006.

[74] 弗雷德里克·W·休斯. 集成运算放大器原理及应用[M]. 周联升，古政声，译. 成都：成都电讯工程学院出版社，1987.

[75] 张兴. 基于嵌入式技术的 SOC 是微电子科学发展的重要方向[J]. 电子技术展望，2007.

[76] 冯亚林，张蜀平. 面向工程的 SOC 技术及其挑战[J]. 计算机工程，2006，32(23).

[77] 林鸿溢，李映雪. 微电子技术的进展与挑战[J]. 科技前沿与学术评论，21(4).

[78] 专用集成电路的发展概况[J/OL]. 维普资讯.

[79] 包晓敏，严国红，管瑞霞. 触发器电路的分析[J]. 浙江教育学院学报，2004，3(2).

[80] 刘红燕. 超低漏失噪声双路 LDO 线性稳压器的分析与设计[D]. 西安电子科技大学硕士论文. 2007.

[81] 王红义，王松林，等. CMOS 电压基准的设计原理[J]. 微电子学，2003，33(5).

[82] Cadence 芯片版图设计工具 Virtuoso[M/OL]. 百思论坛. 2007 [2007-6-25].

[83] 使用 Virtuoso 设计全定制版图[M/OL]. 中国电子顶级开发网. 2007[2007-6-5].

[84] 版图设计工具 VIRTUOSO/DIVA/DRACULA 入门手册[M/OL]. 2007 [2007-5-24]

[85] 半导体集成电路讲义[M/OL]. 电子信息网-电子电器. 2006 [2006-9-22].

[86] Dracula DRC 介绍[M/OL]. 2005.

[87] Dracula LVS 介绍[M/OL]. 2005. www. chalayout. com/Article/测试验证/200505/20050511112911. html.

[88] 集成电路的后端设计[M/OL]. 集成电路的后端设计网. 2006 [2006-11-16].